Uni-Taschenbücher 785

T0210938

UTB

Eine Arbeitsgemeinschaft der Verlage

Birkhäuser Verlag Basel und Stuttgart
Wilhelm Fink Verlag München
Gustav Fischer Verlag Stuttgart
Francke Verlag München
Paul Haupt Verlag Bern und Stuttgart
Dr. Alfred Hüthig Verlag Heidelberg
Leske Verlag + Budrich GmbH Opladen
J. C. B. Mohr (Paul Siebeck) Tübingen
C. F. Müller Juristischer Verlag – R. v. Decker's Verlag Heidelberg
Quelle & Meyer Heidelberg
Ernst Reinhardt Verlag München und Basel
K. G. Saur München · New York · London · Paris
F. K. Schattauer Verlag Stuttgart · New York
Ferdinand Schöningh Verlag Paderborn
Dr. Dietrich Steinkopff Verlag Darmstadt
Eugen Ulmer Verlag Stuttgart
Vandenhoeck & Ruprecht in Göttingen und Zürich

Nicholas C. Price
Raymond A. Dwek

Physikalische Chemie für Biologen und Biochemiker

Autorisierte Übersetzung von
Hugo Fasold

Mit 51 Abbildungen und 9 Tabellen

Springer-Verlag Berlin Heidelberg GmbH

Dr. *Nicholas C. Price* ist Dozent für Biochemie an der Universität Stirling.
Dr. *Raymond A. Dwek* ist Dozent für Biochemie und Anorganische Chemie an der Universität bzw. dem Christ Church College in Oxford und Verfasser des Buches „Nuclear Magnetic Resonance in Biochemistry" (Oxford University Press).
Prof. Dr. *Hugo Fasold* ist Direktor des Instituts für Biochemie im Fachbereich Biochemie und Pharmazie der Johann Wolfgang Goethe-Universität in Frankfurt a. M. und u. a. Verfasser des UTB-Bandes 547 über „Bioregulation" (Verlag Quelle & Meyer, Heidelberg 1976).

Autorisierte Übersetzung 1978 von:
N. C. Price / R. A. Dwek
PRINCIPLES AND PROBLEMS IN PHYSICAL CHEMISTRY FOR BIOCHEMISTS
Clarendon Press, Oxford 1974
© 1974 Springer-Verlag Berlin Heidelberg
Ursprünglich erschienen bei Oxford University Press 1974

CIP-Kurztitelaufnahme der Deutschen Bibliothek

Price, Nicholas C.:

Physikalische Chemie für Biologen und Biochemiker / Nicholas C. Price;
Raymond A. Dwek. Autoris. Übers. von Hugo Fasold. – Darmstadt: Steinkopff 1979.
(Uni-Taschenbücher; 785)
Einheitssacht.: Principles and problems in physical chemistry for biochemists ⟨dt.⟩
ISBN 978-3-7985-0506-3   ISBN 978-3-642-72337-7 (eBook)
DOI 10.1007/978-3-642-72337-7
NE: Dwek, Raymond A.:

Einbandgestaltung: Alfred Krugmann, Stuttgart

Gebunden bei der Großbuchbinderei, Sigloch, Stuttgart

Vorwort

Man ist allgemein der Ansicht – und wir teilen diese Meinung –, daß Unterricht in physikalischer Biochemie in bester Form geleistet wird, indem die Studenten selbst Aufgaben lösen. Aber häufig sind die ausgewählten Beispiele vielleicht ausgezeichnet für Chemiestudenten geeignet, geben jedoch wenig für Biochemiestudenten her, da sie keine rechte Anwendung für ihr Gebiet besitzen. Wir haben hier versucht, Aufgaben zu stellen, von denen wir meinen, daß Studenten im ersten (oder zweiten) Studienjahr sie bewältigen können sollten, und die doch einige der heute wichtigen Vorstellungen und Methoden darstellen. Das Gewicht liegt mehr bei den Grundlagen, weniger bei ausgeklügelter mathematischer Behandlung (wie sie leider in vielen physikalisch-chemischen Lehrbüchern geübt wird). Aus dieser Sicht haben wir unseren Text besonders als Anleitung für die Aufgaben am Ende jeden Kapitels geschrieben. Auch die durchgeführten Aufgabenbeispiele bilden einen integralen und wichtigen Teil des Textes – sie sollten jeweils einige neue Punkte darstellen. Besondere Bedeutung mißt das Buch der Behandlung von Gleichgewichten und Geschwindigkeiten bei, denn wir glauben, daß das Verständnis dieser Grundlagen eine solide Basis für schwierigere Gebiete (etwa die physikalische Chemie der Makromoleküle) liefert.

Im ersten Teil des Buches haben wir versucht, die universelle Anwendbarkeit thermodynamischer Gleichungen und die Begriffe chemischer Gleichgewichte hervorzuheben – nicht nur bei chemischen Umsetzungen, sondern auch bei den Eigenschaften von Lösungen, bei Säuren und Basen und bei Redoxvorgängen. Der zweite Teil des Buches wendet sich den Reaktionsgeschwindigkeiten zu, und hier soll gezeigt werden, wie sich viele der grundlegenden chemischen kinetischen Regeln auf die Kinetik der Enzymkatalyse übertragen lassen. Der Vollständigkeit halber haben wir zwei kurze Kapitel über Spektrophotometrie und Isotopentechnik mit einbezogen, da diese in der Biochemie beträchtliche Bedeutung besitzen. Der Abschnitt mit den Lösungen der Aufgaben enthält nicht nur die reinen Zahlenangaben, sondern auch genügend Kommentare und Ausarbeitung, um dem einzelnen Studenten zu zeigen ob oder wo er vielleicht Fehler gemacht oder bestimmte Grundlagen falsch verstanden hat. Dies sollte es den Studenten möglich machen, die Aufgaben zum großen Teil selbständig durchzuarbeiten. Wo es angemessen schien, haben wir versucht, die Bedeutung der Ergebnisse erkennbar zu machen. Mehrere Anhänge enthalten einigen Stoff, den man beim ersten Durcharbeiten des Buches beiseite lassen kann, auch ohne daß der Text dann schwer verständlich würde.

Schließlich sollte man bedenken, daß biologische Systeme im allgemeinen viel komplizierter aufgebaut sind als jene, mit denen sich die Chemie abgibt. Deshalb muß man oft drastische Vereinfachungen einführen, um Berechnungen mit Hilfe der grundlegenden Gesetzmäßigkeiten anstellen zu können, zumindest auf der Ebene dieses Buches.

November, 1973   *Nicholas C. Price*
Oxford   *Raymond A. Dwek*

Danksagung

Bei der Ausarbeitung unseres Textes haben wir vielfach den Rat und die Hilfe unserer Kollegen im Fachbereich in Anspruch genommen. Besonders möchten wir den Herren Dr. *Keith Dalziel,* Dr. *David Brooks*, Dr. *John Griffiths* und Dr. *Simon van Heyningen* danken. Professor Dr. *H. Gutfreund* leistete nützliche Kritik am Manuskript.

Wir danken auch Mrs. *Shirley Greenslade*, die sorgfältig und geduldig die Reinschrift anfertigte.

Inhalt

Bemerkung zu den Einheiten

Zur Zeit werden die SI-Einheiten noch nicht häufig von Biochemikern verwendet. Deshalb haben wir die älteren *c-g-s*-Einheiten benutzt. Es würde die Darstellung empfindlich stören, wollte man beide Systeme überall im Text angeben, aber die Aufgaben und Lösungen sind in den beiden Einheitensystemen ausgedrückt. Es ist wichtig, daß der Student Mengenangaben in den beiden Systemen ineinander umrechnen kann. In unserem Text wird Energie in Wärmeeinheiten ausgedrückt, d. h. als kleine Kalorien (cal) und Kilokalorien (kcal), seltener in Arbeitseinheiten, d. h. Joules (J) und Kilojoules (kJ).

Beispiel

Die Verbrennungswärme von Kohlenstoff zu Kohlendioxid beträgt -94 kcal mol^{-1} (es wird Wärme abgegeben). Dies bedeutet ($-94 \times 4{,}18$) kJ mol^{-1}, d. h. $\underline{-393 \text{ kJ mol}^{-1}}$.

Eine ausführliche Diskussion der verschiedenen Einheitensysteme findet sich in: *M. L. McGlashan* (1968), Physico-chemical quantities and units, Royal Institute of Chemistry Monographs for Teachers No. 15.

1. Der erste Hauptsatz der Thermodynamik

1.1. Was ist Thermodynamik?

Die Thermodynamik beschäftigt sich summarisch mit dem Verhalten von Substanzen. Bestimmte empirische Gesetze werden dazu benutzt, Gleichungen abzuleiten, mit Hilfe derer man dann die Endergebnisse chemischer Vorgänge berechnen kann. Sie befaßt sich nicht mit der Geschwindigkeit solcher Vorgänge, dieses Thema umfaßt vielmehr der Bereich der Kinetik. Für den Biochemiker liegt die Bedeutung der Thermodynamik in ihrer Fähigkeit, die Lage des Gleichgewichtes eines Systems vorherzusagen. Nehmen wir an, wir kennen die Energiebeträge, die bei den beiden folgenden Reaktionen umgesetzt werden:

$$ATP + H_2O \rightarrow ADP + Phosphat$$

$$Glucose + Phosphat \rightarrow Glucose-6-phosphat + H_2O.$$

Wir könnten dann diese Meßgrößen und unsere thermodynamischen Gleichungen dazu benutzen, die Lage der Gleichgewichte dieser Reaktionen und auch in der gekoppelten Reaktion anzugeben:

$$ATP + Glucose \rightarrow ADP + Glucose-6-phosphat,$$

ohne daß wir zu dieser Reaktion noch Messungen anstellen müßten.

Die Lage des Gleichgewichtes ist in biochemischen Systemen oft von kritischer Bedeutung. So wird etwa die Aktivität vieler Enzyme durch die Anheftung bestimmter kleiner Moleküle gesteuert:

$$Enzym + R \rightleftharpoons (Enzym \cdot R).$$
$$\begin{pmatrix} aktive \\ Form \end{pmatrix} \quad \begin{matrix} Regulator- \\ molekül \end{matrix} \quad \begin{pmatrix} inaktive \\ Form \end{pmatrix}$$

Die Kenntnis der thermodynamischen Größen dieser Reaktion erlaubt es uns, die Lage des Gleichgewichtes für jeden Satz von Milieubedingungen (Konzentration, Temperatur usf.) vorherzusagen; damit auch den Anteil des Enzyms, der dann in der aktivierten Form vorliegt, zu berechnen.

Ein zweites Beispiel findet sich im Bereich der Proteinbiosynthese. Ein bestimmtes Protein (der Repressor) bindet sich spezifisch an ein Teilstück eines Gens an (DNS) und blockiert die Proteinbiosynthese, indem er die Transscription der DNS verhindert.

1

Repressor-Protein + DNS ⇌ (Repressor-DNS)

⇓ ⇓

Protein-   keine Protein-
Synthese   Synthese

Die Lage dieses Gleichgewichtes hängt oft sehr von der Konzentration einiger Stoffwechselprodukte ab, diese können so in unserem System eine Feinregulation auf die Geschwindigkeit der Proteinbiosynthese ausüben. Wiederum könnten wir anhand der Gesetze der Thermodynamik die Lage des Gleichgewichtes unter den vorgegebenen Bedingungen vorhersagen, schließlich auch die Menge an Protein-Neusynthese, die dabei möglich würde.

1.2. Grundlegende Definitionen

Ein *System* besteht aus Materie, die eine Veränderung erfahren kann. Seine genaue Definition umschließt den Materiegehalt, ferner Druck, Volumen und Temperatur.

Die *Umgebung* ist alles, was mit dem System in Kontakt steht und seinen Zustand beeinflussen kann.

Eine *Reaktion* oder ein *Vorgang* ist jede Veränderung, die im System stattfindet.

1.3. Wechselwirkung der Systeme mit ihrer Umgebung

Systeme können mit ihrer Umgebung über den Fluß von Wärme, von Arbeit, oder von Materie in Wechselwirkung treten. Systeme wie die lebende Zelle, aus denen Materie ein- und ausfließt, heißen *offene* Systeme. Zunächst wollen wir aber *geschlossene* Systeme betrachten, bei denen nur Wärme- und Arbeitsbeträge umgesetzt werden. Wenn zwei Systeme, oder ein System und seine Umgebung, die gleiche Temperatur besitzen, so stehen sie im thermischen Gleichgewicht.

Bevor wir die Hauptsätze der Thermodynamik formulieren, müssen zwei Symbole definiert werden, δ und Δ. Betrachten wir, in der Abb. 1.1., ein in einem Zylinder eingesperrtes Gas. Arbeit wird dann geleistet, wenn das Volumen des Gases geändert wird.

Nehmen wir an, eine sehr kleine Volumenänderung tritt ein. Diese bezeichnen wir mit δV. Wenn δV klein genug ist, wird sich der Druck P während dieser Kompression kaum ändern, die dabei geleistete Arbeit wird $P\delta V$ (Kraft × Weg) oder $\delta\omega$ betragen. Wenn δV so klein bleibt, daß der Druck während dieser Veränderung konstant bleibt, so wird dies als dV beschrieben. Nehmen wir aber an, daß eine größere, meßbare Volumenänderung eintritt. Diese schreiben wir dann als ΔV, und

$$\Delta V = V_{\text{Ende}} - V_{\text{Anfang}}.$$

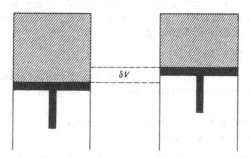

Abb. 1.1. Dieses System besteht aus einem Gas, das durch einen Stempel in einem Zylinder eingeschlossen ist.

Eine solche Veränderung wird auch eine Druckänderung verursachen. Um die geleistete Arbeit, $\Delta\omega$, aufzufinden, wird die Volumenänderung ΔV in viele sehr kleine dV-Änderungen zerlegt, so daß $\Delta\omega$ die Summe aller der kleinen PdV-Beträge wird. Also ist

$$\Delta\omega = \int_{V_{\text{Anfang}}}^{V_{\text{Ende}}} PdV.$$

Der Druck muß als Funktion des Volumens beschrieben sein, bevor $\Delta\omega$ durch Integration berechnet werden kann.

1.4. Formulierung des ersten Hauptsatzes der Thermodynamik

Der erste Hauptsatz ist das Gesetz der Erhaltung der Energie; er definiert eine Größe, die man als *Innere Energie* bezeichnet. Wenn ein System isoliert ist (also nicht mit seiner Umgebung in Wechselwirkung steht), so sagt der erste Hauptsatz aus, daß sein Energieinhalt konstant bleiben muß, gleichgültig welche Vorgänge darin auch stattfinden. Nehmen wir aber an, daß die Wechselwirkung mit der Umgebung möglich ist, so sagt der erste Hauptsatz aus, daß eine Änderung der *Inneren Energie* ΔU so stattfinden wird, daß dabei

$$\boxed{\Delta U = \Delta q - \Delta\omega}.$$

Δq ist die Wärme, die vom System während der Wechselwirkung *aufgenommen* wird, und $\Delta\omega$ ist die Arbeitsmenge, die das System an seine Umgebung *abgibt*. Jeder Überschuß an Wärmeenergie wird als Innere Energie gewonnen, also wird keine Energie vernichtet oder neugeschaffen. Wir sollten festhalten, daß die Änderung der Inneren Energie dabei unabhängig ist von dem Weg, der zwischen dem Anfangs- und dem Endzustand liegt *):

$$\Delta U = U_E - U_A.$$

Wenn das nicht so wäre, könnte ein Kreisprozeß Energie schaffen oder vernichten, und ein Perpetuum mobile wäre möglich.

1.5. Anwendungen des ersten Hauptsatzes der Thermodynamik

In biochemischen Systemen werden verschiedene Formen der Arbeit ausgeführt. Einige Beispiele: die mechanische Arbeit der Muskulatur, die elektrische Arbeit zur Aufladung von Nervenzellmembranen und die chemische Arbeit zur Synthese großer Moleküle, oder um das Licht der Glühwürmchen zu produzieren. Aber anfänglich wollen wir nur Arbeit betrachten, die gegen einen Druck ausgeübt wird, wenn chemische Reaktionen ablaufen. Wenn eine derartige Reaktion eine Volumenänderung δV hervorruft, dann ist die geleistete Arbeit $\delta\omega$

$$\delta\omega = P\delta V.$$

Dann ist nach dem ersten Hauptsatz

$$\delta U = \delta q - P\delta V,$$

wobei δU und δq die kleinen Änderungen der Inneren Energie und Wärme sind. Für makroskopische Änderungen

$$\Delta U = \Delta q - \int P dV.$$

Reaktionen werden meist bei konstantem Volumen oder konstantem Druck untersucht, um dieses Integral zu vereinfachen. Bei konstantem Volumen wird dV gleich Null, so daß $\Delta U = \Delta q_v$, während bei konstantem Druck

---

*) Eigenschaften eines Systems, die nur vom Anfangs- und Endzustand des Systems abhängen, heißen Zustandsfunktionen. Die Beispiele, die wir kennen lernen werden, umfassen die Innere Energie, Enthalpie, Entropie und *Gibbs'* Freie Enthalpie.

4

$$\int_{V_A}^{V_E} P dV = P(V_E - V_A) = P\Delta V,$$

deshalb

$$\Delta U = \Delta q_p - P\Delta V.$$

Offensichtlich ergibt die Messung von Δq_v, der Wärme also, die bei konstantem Volumen aufgenommen wird (z. B. in einer Kalorimeterbombe), direkt ΔU für die Reaktion. Andererseits ist aber nach obiger Gleichung Δq_p, der aufgenommene Wärmebetrag bei konstantem Druck, der Summe $\Delta U + P\Delta V$ gleich. Zur Erleichterung der weiteren Berechnungen definieren wir nun eine Energiefunktion H (als Enthalpie bezeichnet), so daß

$$\boxed{H = U + PV}.$$

Also ist bei konstantem Druck

$$(H_E - H_A) = (U_E - U_A) + P(V_E - V_A)$$

oder

$$\Delta H = \Delta U + P\Delta V$$

für jede Reaktion.

Folglich ist ΔH (die Enthalpieänderung bei einer Reaktion) Δq_p gleich. Da fast alle chemischen Vorgänge bei konstantem Druck untersucht werden, werden eigentlich immer Enthalpieänderungen (ΔH), selten Innere Energiebeträge (ΔU) angegeben. Für ideale Gase besteht eine einfache Beziehung zwischen ΔH und ΔU. Da $PV = nRT$, gilt für eine Reaktion bei konstanter Temperatur und konstantem Druck, die eine Änderung von Δn Molen des Gases umfaßt

$$P\Delta V = \Delta n(RT),$$

$$\boxed{\Delta H = \Delta U + \Delta n(RT)}.$$

Bei Reaktionen in *Lösungen* sind überhaupt die Volumenänderungen vernachlässigbar klein und deshalb $\underline{\Delta H = \Delta U.}$

1.6. Ausgearbeitete Beispiele

1. Die Oxidation von fester Milchsäure wurde in einer Kalorimeterbombe bei 18 °C ausgemessen. Die freigesetzte Wärme betrug 327 kcal mol^{-1}, berechne ΔH für den Vorgang.

Lösung:

Da Δq_v die *aufgenommene* Wärme bei konstantem Volumen ist:

$$\Delta U = \Delta q_v = -327 \text{ kcal mol}^{-1},$$

$$CH_3CHOH - CO_2H(f) + 3O_2(g) \rightarrow 3CO_2(g) + 3H_2O(fl).$$

Δn bedeutet die Änderung der Zahl der Mole der gasförmigen Komponenten, sie ist hier Null. Also ist ΔH auch $\underline{-327 \text{ kcal mol}^{-1}}$ für diese Reaktion.

2. In einer Kalorimeterbombe setzte die Verbrennung von Fumarsäure 318,1 kcal mol^{-1} frei; berechne ΔH für diesen Vorgang ($T = 18°C$), $R = 2 \text{ cal mol}^{-1} \text{ K}^{-1}$.

Lösung:

$$\begin{array}{c} H \diagdown \qquad \diagup CO_2H \\ \qquad C = C \quad (s) \quad + 3O_2(g) \rightarrow 4CO_2(g) + 2H_2O(fl). \\ HO_2C \diagup \qquad \diagdown H \end{array}$$

Hier ist $\Delta n = +1$. Deshalb

$$\Delta H = -318,1 + \frac{1(2)291}{1000} \text{ kcal mol}^{-1}.$$

$$= \underline{-317,5 \text{ kcal mol}^{-1}}.$$

Diese Beispiele zeigen, daß die vollständige Oxidation (Verbrennung) einer organischen Verbindung einen großen*) Energiebetrag freisetzt. Zum Beispiel wird in der lebenden Zelle ein beträchtlicher Teil der Energie für den Stoffwechsel durch die Oxidation von Brenztraubensäure im Zitronensäure-Zyklus gewonnen. In diesem Fall wird die freigesetzte Energie in mehreren Stufen verwertet, so daß pro Mol oxidierter Brenztraubensäure 15 Mole ADP zu ATP umgesetzt werden können.

1.7. Thermochemie

Thermochemie umfaßt die Anwendung des ersten Hauptsatzes auf chemische Reaktionen. Zur Vereinfachung werden verschiedene Arten der Reaktionswärme definiert.

---

*) Der Energiebetrag ist groß, verglichen mit demjenigen der meisten biochemischen Reaktionen (siehe Kapitel 3).

Die *Reaktionsenthalpie* wird als *aufgenommene* Wärme während einer Reaktion bei konstantem Druck definiert. Folgerichtig ist ΔH bei exothermen Reaktionen immer negativ (also bei Reaktionen, während derer Wärme entwickelt wird).

Die *Verbrennungsenthalpie* ist die bei konstantem Druck *aufgenommene* Wärmemenge, wenn ein Mol einer Substanz in die Verbrennungsprodukte überführt wird, z. B. in CO_2, H_2O, SO_2.

Eine wichtige Größe ist die *Bildungsenthalpie* ΔH_b einer Verbindung. Dies ist die bei konstantem Druck aufgenommene Wärmemenge, wenn 1 Mol der Verbindung aus ihren Elementen in ihrer stabilsten Form gebildet wird. Der Wert von ΔH_b bei 25°C und 1 Atmosphäre Druck wird als die Standard-Bildungsenthalpie bezeichnet (mit dem Zeichen ΔH_b^0). Diese Größe kann oft nur unter Schwierigkeiten direkt gemessen werden, doch läßt sich das umgehen, wenn man den *Hess'schen Satz* der konstanten Wärmesummen ausnutzt. Er leitet sich vom ersten Hauptsatz ab und besagt, daß der Wert von ΔH für jede chemische Reaktion unabhängig vom Weg der Reaktion ist (d. h.: die Enthalpie ist eine Zustandsgröße und hängt nur vom Anfangs- und Endzustand ab). Wenn man zum Beispiel ΔH_b^0 für CS_2(fl) ermitteln möchte, so läßt sie sich aus der Kombination mehrerer Reaktionen ablesen:

$$C \text{ (Graphit)} + O_2(g) \rightarrow CO_2(g);$$
$$\Delta H_1^0 = -94 \text{ kcal mol}^{-1} \quad [1.1]$$

$$S \text{ (rhombisch)} + O_2(g) \rightarrow SO_2(g);$$
$$\Delta H_2^0 = -70 \text{ kcal mol}^{-1} \quad [1.2]$$

$$CS_2(fl) + 3 O_2(g) \rightarrow CO_2(g) + 2 SO_2(g);$$
$$\Delta H_3^0 = -265 \text{ kcal mol}^{-1}. \quad [1.3]$$

Wir sind an der Reaktion:

$$C \text{ (Graphit)} + 2 S \text{ (rhombisch)} \rightarrow CS_2(fl) (\Delta H_b^0)$$

interessiert. Nach dem *Hess*'schen Satz ist $\Delta H_b^0 = \Delta H_1^0 + 2\Delta H_2^0 - \Delta H_3^0 = 31$ kcal mol^{-1}. CS_2 ist also eine *endotherme* *) Verbindung (d. h. ΔH_b^0 hat positives Vorzeichen). Eine *exotherme* Verbindung wie CO_2 (s. oben) besitzt einen negativen Wert von ΔH_b^0.

---

*) ΔH_b^0 ist die *Differenz* aus der Enthalpie der Produkte *minus* derjenigen der Ausgangsstoffe. Ein positiver Wert für ΔH_b^0 bedeutet, daß das System Enthalpie hinzugewonnen hat (aus der Umgebung), und umgekehrt. Diese *Vorzeichenübereinkunft* gilt für das ganze Buch.

1.8. Bindungsenergien

Die Theorie der Valenzen beschreibt die kovalente Verknüpfung von Atomen als Bindungen durch gemeinsame Elektronenpaare. Bei vielen organischen Molekülen kann man mit guter Berechtigung annehmen, daß die Bindungsenergien fast unabhängig von der Art benachbarter Bindungen sind, solange der orbitale Hybridisierungszustand der verbundenen Atome unverändert bleibt. So ist zum Beispiel die Energie der $O-H$-Bindungen in H_2O, CH_3OH und NH_2OH gleich (ungefähr). Nehmen wir den Fall des CH_4-Moleküls. Die vier $C-H$-Bindungen sind äquivalent, so daß bei einer Dissoziation des CH_4 in vier H-Atome und ein C-Atom (alle gasförmig) die $C-H$-Bindungsenergie definiert werden könnte als ein Viertel der Enthalpie-änderung der Reaktion $CH_4(g) \rightarrow C(g) + 4H(g)$. Dieses ΔH wäre direkt schwierig zu messen, man kann es wiederum mit Hilfe des *Hess*'schen Satzes ermitteln. Betrachten wir die Vorgänge, die der Messung zugänglich sind:

$$C(f) + 2H_2(g) \rightarrow CH_4(g); \quad \Delta H_1^0 = -17{,}9 \text{ kcal mol}^{-1},$$

$$H_2(g) \rightarrow 2H(g); \qquad \Delta H_2^0 = +104 \text{ kcal mol}^{-1},$$

$$C(f) \rightarrow C(g); \qquad \Delta H_3^0 = +172 \text{ kcal mol}^{-1}.$$

Dann ist offensichtlich ΔH für die Reaktion $CH_4(g) \rightarrow C(g) + 4H(g)$:

$$\Delta H = \Delta H_3^0 + 2\Delta H_2 - \Delta H_1^0 = +398 \text{ kcal mol}^{-1},$$

deshalb ist die $C-H$-Bindungsenergie 100 kcal mol^{-1}.

1.9. Ausgearbeitete Beispiele

1. Wir suchen die Bindungsenergie der $C=C$-Doppelbindung ($E_{C=C}$) im Äthylen; gegeben ist die $C-H$-Bindungsenergie von 100 kcal mol^{-1}. Die Bildungswärme von Äthylen kann man aus seiner Verbrennungswärme erhalten:

$$C_2H_4(g) + 3O_2(g) \rightarrow 2CO_2(g) + 2H_2O(fl);$$
$$\Delta H_1^0 = -337 \text{ kcal mol}^{-1}, \quad [1.4]$$

$$C(fl) + O_2(g) \rightarrow CO_2(g); \quad \Delta H_2^0 = -94 \text{ kcal mol}^{-1}, \quad [1.5]$$

$$H_2(g) + \tfrac{1}{2}O_2(g) \rightarrow H_2O(fl);$$
$$\Delta H_3^0 = -68 \text{ kcal mol}^{-1}. \quad [1.6]$$

Die Bildungswärme von Äthylen, ΔH_b^0

$$2\,C(f) + 2\,H_2(g) \rightarrow C_2H_4(g); \quad \Delta H_b^0$$

ist dann

$$\Delta H_b^0 = 2\Delta H_2^0 + 2\Delta H_3^0 - \Delta H_1^0 = +13 \text{ kcal mol}^{-1}.$$

(Wie CS_2 ist Äthylen eine endotherme Verbindung).

2. Um die Bindungsenergie der $C = C$-Doppelbindung zu erhalten, benötigen wir ein ΔH_4^0 für die Reaktion:

$$C_2H_4(g) \rightarrow 2\,C(g) + 4\,H(g); \quad \Delta H_4^0. \qquad [1.7]$$

Man betrachte die Reaktionen

$$C(f) \rightarrow C(g); \qquad \qquad \Delta H_5^0 = +172 \text{ kcal mol}^{-1}, \qquad [1.8]$$

$$H_2(g) \rightarrow 2\,H(g); \qquad \qquad \Delta H_6^0 = +104 \text{ kcal mol}^{-1}, \qquad [1.9]$$

$$2\,C(f) + 2\,H_2(g) \rightarrow C_2H_4(g);$$
$$\Delta H_7^0 = +13 \text{ kcal mol}^{-1}, \qquad [1.10]$$

dann ist $\Delta H_4^0 = 2\Delta H_5^0 + 2\Delta H_6^0 - \Delta H_7^0 = 539 \text{ kcal mol}^{-1}.$

In der Reaktion [1.4] werden vier $C-H$- und eine $C = C$-Bindung zerlegt, deshalb ist

$$E_{C=C} = 539 - 4E_{C-H} = \underline{139 \text{ kcal mol}^{-1}}$$

(wobei man voraussetzt, daß die $C-H$-Bindungsenergie sowohl in Äthylen wie in Methan 100 kcal ist).

In ähnlicher Weise könnte man die $C-C$-Bindungsenergie in Äthan abschätzen, aber da benutzt eine viel einfachere Methode die Hydrierungs-Enthalpie von Äthylen:

$$C_2H_4(g) + H_2(g) \rightarrow C_2H_6(g); \quad \Delta H = -32,6 \text{ kcal mol}^{-1}.$$

Eine $C-C$- und zwei $C-H$-Bindungen sind dabei entstanden, während eine $C = C$-Bindung und eine $H-H$-Bindung zerlegt wurden, deshalb ist

$$E_{C-C} + 2E_{C-H} - E_{C-C} - E_{H-H} = 32,6 \text{ kcal mol}^{-1}.$$

Also ist $E_{C=C} = \underline{75,6 \text{ kcal mol}^{-1}}.$

Bindungsenergien sind immer Größen mit positivem Vorzeichen *).

---

*) Das heißt, das ΔH für die Zerlegung einer Bindung hat immer positives Vorzeichen.

Hydrierungswärmen zeigen auch die sogenannten Resonanz-Stabilisierungsenergien des Benzols und anderer aromatischer Systeme auf.

$$C_6H_6(fl) + 3\,H_2(g) \rightarrow C_6H_{12}(fl); \quad \Delta H^0 = -49,8 \text{ kcal mol}^{-1}.$$

Wenn Benzol drei „einfache" Doppelbindungen enthielte, dann sollte seine Hydrierungsenergie das Dreifache derjenigen des Äthylens betragen, also $-97,8$ kcal mol^{-1}. Also ist Benzol um 48 kcal mol^{-1} stabiler, als die klassische Strukturformel

angibt. Mann nennt diese Größe die *Resonanzenergie des Benzols*.

1.10. Aufgaben

1. Die Verbrennungswärmen von Fumarsäure und Maleinsäure betragen $-319,60$ und $-325,15$ kcal mol^{-1} ($-1335,9$ und $-1359,1$ kJ mol^{-1}) bei 25 °C. Berechne die Bildungswärme aus den Elementen für jedes der beiden Isomeren, außerdem die Wärme der Isomerisierung, d. h. für die Umwandlung Maleinsäure → Fumarsäure bei 25 °C.
   (Die Bildungswärmen für CO_2 und für H_2O sind $-94,05$ bzw. $-68,3$ kcal mol^{-1} ($-393,1$ und $-285,5$ kJ mol^{-1}) bei 25 °C).

2. Berechne den Unterschied zwischen ΔH und ΔU für jede der folgenden Reaktionen in der angegebenen Richtung, alle bei 27 °C.
   (*a*) $CO_2(g) + H_2O(fl) \rightarrow H_2CO_3(fl)$ at pH = 3,0.
   (*b*) $CH_3CO_2C_2H_5(fl) + H_2O(fl) \rightarrow C_2H_5OH(fl) + CH_3CO_2H(fl)$.
   (*c*) $C_{18}H_{36}O_2(fl) + 26\,O_2(g) \rightarrow 18\,CO_2(g) + 18\,H_2O(fl)$.
   (Stearinsäure)

3. Die Verbrennungswärmen von Glucose und Brenztraubensäure betragen bei 25 °C und 1 atm Druck -675 und -280 kcal mol^{-1} ($-2821,5$ und $-1170,4$ kJ mol^{-1}). Berechne die Enthalpieänderung für die Umwandlung von Glucose in Brenztraubensäure bei der Reaktion: Glucose + $O_2 \rightarrow 2$ Brenztraubensäure + $2\,H_2O$.

4. (*a*) Berechne die Gitterenergie des $MgCl_2$, d. h. ΔH für den Vorgang

   $$MgCl_2(f) \rightarrow Mg^{2+}(g) + 2\,Cl^-(g)$$

   unter Benutzung des *Hess*'schen Satzes, wobei folgende Angaben notwendig sind:

   $Mg(f) \rightarrow Mg(g); \quad \Delta H = 40$ kcal mol^{-1} (167,2 kJ mol^{-1}),
   $Mg(g) \rightarrow Mg^{2+}(g); \Delta H = 522$ kcal mol^{-1} (2182,0 kJ mol^{-1}),
   $Cl_2(g) \rightarrow 2\,Cl(g); \quad \Delta H = 57,8$ kcal mol^{-1} (241,6 kJ mol^{-1}),
   $Cl(g) \rightarrow Cl^-(g); \quad \Delta H = -87,3$ kcal mol^{-1} ($-364,9$ kJ mol^{-1}).

Außerdem ist die Bildungswärme von $MgCl_2$ -153 kcal mol^{-1} ($-639,5$ kJ mol^{-1}).

(b) Die Lösungswärme für festes wasserfreies $MgCl_2$ beträgt -36 kcal mol^{-1} ($-150,5$ kJ mol^{-1}). Berechne unter Verwendung der Ergebnisse aus dem Teil (a) die Hydratationswärme der Ionen aus dem Gaszustand.

(c) Nimmt man einen Wert von $-91,8$ kcal mol^{-1} ($-383,7$ kJ mol^{-1}) für die Hydratationswärme gasförmiger Cl^--Ionen an, wie groß ist dann die Hydratationswärme für die gasförmigen Mg^{2+}-Ionen? Der entsprechende Wert für gasförmige Ca^{2+}-Ionen ist $-373,2$ kcal mol^{-1} (-1560 kJ mol^{-1}). Erkläre den Unterschied.

2. Der zweite Hauptsatz der Thermodynamik

2.1. Einleitung

Der erste Hauptsatz der Thermodynamik behandelt einfach die Energiebilanz bei einem vorgegebenen Vorgang oder einer Reaktion. Nach diesem Satz kann ein Vorgang oder eine Reaktion in beiden Richtungen ablaufen, solange die Innere Energie des Systems konstant bleibt. In der Praxis aber findet man, daß viele Reaktionen nur in einer Richtung ablaufen. So wird zum Beispiel Wärme von einem System höherer Temperatur zu einem anderen bei niederer Temperatur überfließen, aber der umgekehrte Vorgang kommt einfach nicht vor. Auch teilt ein Becherglas mit Wasser ganz offensichtlich seine Innere Energie nicht spontan so auf, daß die Hälfte des Wassers einfriert, während die andere Hälfte sich erwärmt (oder kocht!) (obwohl im ersten Hauptsatz nichts steht, wonach dies nicht einmal passieren könnte). Wir brauchen also ein Kriterium, das uns etwas über die Wahrscheinlichkeit aussagt, mit der ein Vorgang in einer bestimmten Richtung läuft. Dies ist, kurz gefaßt, das Thema des zweiten Hauptsatzes der Thermodynamik.

Allerdings müssen wir, bevor wir diesen zweiten Hauptsatz behandeln, einen neuen Begriff einführen – den der Entropie eines Systems.

2.2. Die Bedeutung der Entropie

Die einfachste Art, Entropie begreiflich zu machen, liegt darin, sie als Maß der Unordnung (der Freiheitsgrade) eines Systems zu beschreiben. Also stellen wir fest, daß die Entropie von Wasser (bei 0 °C) beträchtlich größer ist als die von Eis (bei 0 °C); das ist auf die besser geordnete Aufreihung der Moleküle in der Eisstruktur zurückzuführen. Auch ist die Entropie von Wasserdampf bei 100 °C größer als die des Wassers bei der gleichen Temperatur; wiederum zeigt das die größere Freiheit der Beweglichkeit (der Freiheitsgrade) der Moleküle in der Gasphase. Betrachten wir den Schmelzvorgang des Eises. Bei 0 °C, zum Beispiel, erreichen wir einen Anstieg der Entropie (der Unordnung) durch Einspeisen von Wärmeenergie (hier als *latente Wärme* des Schmelzvorganges oder der Verschmelzung benannt). Daraus folgt, daß die Entropie und Wärmeflüsse irgendwie verknüpft sein müssen.

2.3. Formulierung des zweiten Hauptsatzes

Der zweite Hauptsatz verbindet die *Entropie*änderung eines Systems (dS) während eines Vorganges (oder einer Reaktion) mit der Wärme-

menge (dq), die bei bestimmter Temperatur, T (K), vom System aufgenommen wird. Man kann den Satz wie folgt schreiben:

$$\boxed{dS \geqslant dq/T}.$$

Das Gleichheitszeichen in dieser Definition (d. h. wenn dS = dq/T)
bezeichnet einen reversiblen Vorgang, während das Ungleichheitszei-
chen einen irreversiblen Prozeß beschreibt*).

2.4. Reversible und irreversible Vorgänge

Einen Vorgang nennen wir *reversibel* (oder reversibel geführt), wenn
die Versuchsbedingungen so gewählt werden können, daß der Vorgang in beiden Richtungen ablaufen kann, wie etwa beim Schmelzen
von Eis zu Wasser bei 0°C.

Eis $\rightleftharpoons$ Wasser
(0°C)   (0°C)

Dieses Gleichgewicht kann man in eine der beiden Richtungen nur
durch angemessene Druckänderungen lenken. Hier liegt nur ein Beispiel einer Gleichgewichts-Situation vor, offensichtlich eines dynami-
schen Gleichgewichtes (die Geschwindigkeiten der Vor- und Rückreaktion sind gleich). Das Gleichgewicht läßt sich durch Änderung der
Bedingungen in beiden Richtungen verschieden; dies betont, daß Systeme *im Gleichgewicht reversibel sind.*

Die Bezeichnung *irreversibel* gilt für Reaktionen und Vorgänge, die
spontan ablaufen (ohne äußere Einwirkung), wie die plötzliche Expan-
sion eines Gases in ein Vacuum hinein.

Die meisten chemischen Reaktionen werden irreversibel geführt,
man mischt also die Ausgangsstoffe und läßt die Reaktion ablaufen**).

---

*) Natürlich wird Wärme von der *Umgebung* in das System einfließen, deshalb muß die Entropie der Umgebung abnehmen. Tatsächlich wird bei einem
reversiblen Prozeß die Entropie konserviert (d. h. die Entropie, die die Umgebung verliert, ist ebenso groß wie der Entropiebetrag, den das System
gewinnt), während bei einem irreversiblen Vorgang die Entropiemenge, welche
das System gewinnt, *größer* ist als die, die die Umgebung verliert (d. h. es
kommt insgesamt zu einem Anstieg der Entropie).

**) Wie wir später (Kapitel 7) lernen, werden bei elektrochemischen Zellen die
Ausgangsstoffe gemischt, die Reaktion wird dann aber verhindert, indem man
eine entgegengesetzte EMK anlegt.

Bei diesen Ansätzen leiten wir aus dem zweiten Hauptsatz ab, daß $dS > dq/T$. Diese Ungleichung liefert ein Maß für die Spontaneität, oder die Tendenz einer Reaktion, mit der sie in einer bestimmten Richtung läuft. *Solange $dS > dq/T$ ist, läuft die Reaktion ab.*

Der Nutzen der Thermodynamik wäre recht gering, wenn wir mit ihrer Hilfe nur Ungleichungen aufstellen könnten. Zwar *werden* natürlich die meisten Reaktionen irreversibel ausgeführt, aber mit der Voraussetzung der Reversibilität können wir Gleichungen ableiten, die sich in der Praxis sehr gut bewähren.

2.5. Der Begriff der freien Energie

Die Formel des zweiten Hauptsatzes erklärt uns, daß eine Reaktion oder ein chemischer Prozeß so lange fortschreiten, als $dq < TdS$. Die allermeisten Reaktionen führt man bei konstanter Temperatur und konstantem Druck durch, dann ist

$$dq = dH,$$

d. h. die aufgenommene Wärme ist mit der Enthalpieänderung der Reaktion gleich (siehe Kapitel 11). Setzen wir dq ein, so ist

oder
$$dH < TdS$$
$$dH - TdS < 0.$$

Solange diese Beziehung gilt, schreitet die Reaktion fort. Die Bedeutung der Größe ($dH - TdS$) als Maß des Antriebs, der hinter einer Reaktion steht, ist so groß, daß man ihr ein eigenes Symbol verliehen hat (dG), d. h.

$$dG = dH - TdS.$$

Wenn ein Vorgang also abläuft, ist $dG < 0$. Er wird weiter ablaufen, bis ein Gleichgewicht erreicht ist. Der zweite Hauptsatz sagt aus, daß dann

$$dq = TdS,$$

so daß unter unseren Bedingungen der konstanten Temperatur und des konstanten Druckes

$$dH = TdS.$$

Also finden wir beim Gleichgewicht

$$\boxed{dG = dH - TdS = 0}.$$

14

Wir sind jetzt in der Lage, eine Aussage über die Möglichkeit eines Reaktionsablaufs zu machen.

„Reaktionen werden bei konstantem Druck und konstanter Temperatur so lange ablaufen, als die Änderungen von G negativ sind, also $dG < 0$. Die Gleichgewichtsbedingung lautet $dG = 0$." Das Zeichen G wird als *Gibbssche Freie Energie* benannt.

Die Abbildung 2.1. stellt diese allgemeine Formulierung bildlich dar.

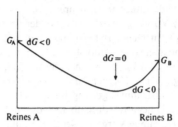

Abb. 2.1. Änderung der *Gibbs*schen Freien Energie während des Ablaufs der Reaktion A ⇌ B. Beim Gleichgewichtszustand durchläuft G ein Minimum (d. h. $dG = 0$).

Ebenso, wie wir die Enthalpie und Entropie einer Substanz charakterisieren können, können wir auch ihre *Gibbs*sche Freie Energie darstellen. Sie ist einfach definiert:

$$G = H - TS.$$

Für eine *Reaktion* bei konstanter Temperatur und konstantem Druck wird die Änderung der *Gibbs*schen Freien Energie (ΔG)

$$\boxed{\Delta G = \Delta H - T\Delta S}\,,$$

wobei ΔH und ΔS die zugehörigen Änderungen der Enthalpie und Entropie bedeuten.

Nach der vorangehenden Darstellung ist offensichtlich, daß eine Reaktion abläuft, solange $\Delta G < 0$ und sich im Gleichgewicht befindet, wenn $\Delta G = 0$. ΔG ist ein Maß für die Arbeit (oder Energie), die man aus einer Reaktion herausziehen kann. Im Gleichgewicht läßt sich keine Arbeit gewinnen (da nun auch keine Tendenz der Reaktion mehr besteht, in der einen oder anderen Richtung abzulaufen).

Ein alltägliches Beispiel liefert eine Batterie. Man erhält hier eine bestimmte Spannung, nur deshalb, weil die chemische Reaktion in der

15

Batterie noch nicht im Gleichgewicht ist. Während die Reaktion dem Gleichgewicht zuläuft, sinkt auch die Spannung, bis schließlich im Gleichgewicht die Spannung Null wird (man sagt dann, die Batterie sei „ausgelaufen").

Wie Enthalpie und Entropie ist auch G eine *Zustandsfunktion* – also leiten sich Änderungen ihres Wertes nur vom Anfangs- und Endzustand des Systems ab. Dies bedeutet, daß wir die Werte von ΔG für mehrere Reaktionen addieren und subtrahieren können, wie wir das für die Enthalpieänderungen taten (Kapitel 1).

Für die meisten Vorgänge wird ΔG entweder durch den Term von ΔH oder von $T\Delta S$ entscheidend bestimmt; man nennt dann den Vorgang enthalpie- oder entropiekontrolliert. Wenn ΔH einer Reaktion groß und negativ ist, wird auch ΔG negativ werden, wenn nicht auch ΔS groß und negativ ist. Folglich sind stark exotherme Reaktionen (ΔH negativ) auch fast immer günstig für den Gewinn freier Energie nach außen (d. h. ΔG negativ), deshalb auch durch ΔH bestimmt. Andererseits ist ΔH für einige Vorgänge sehr klein, und der Entropiebeitrag dominiert dann. Beispiele für solche Vorgänge liefern die Ausbildungen von Metallionen-Komplexen durch polydentate Liganden wie $EDTA^{-4}$, die Entstehung bestimmter Verbindungen wie CS_2 und einige Fälle der Denaturierungen von Proteinen. Diese Vorgänge verlaufen alle recht günstig im Bereich der normalen Zimmertemperatur, weil der Term $T\Delta S$ genügend groß ist, um ΔG negativ zu machen, obwohl auch ΔH positiv ist.

Wenn man Beispiele der Metallionenkomplexe auswählt, könnte der Vorgang zum Beispiel lauten:

$$Mg(H_2O)_6^{2+} + EDTA^{4-} \rightarrow [Mg(EDTA)(H_2O)]^{2-} + 5H_2O.$$

Der Betrag für ΔH liegt bei $+3{,}0$ kcal mol^{-1}, aber hier ist der Entropieterm sehr günstig (d. h. positiv), weil jeder Ligand für $EDTA^{-4}$ fünf Wassermoleküle aus einer geordneten Solvatationshülle freisetzt. Das macht ΔG für den Vorgang negativ, also wird die Komplexbildung begünstigt. Auch bei der Bildung von CS_2

$$C(f) + 2S(f) \rightarrow CS_2(fl)$$

favorisiert der Entropieterm der Bildung einer flüssigen Phase aus zwei geordneten festen Phasen die Synthese. Der $T\Delta S$-Term ist genügend groß, um den positiven Wert von ΔH zu überstimmen, also kann sich CS_2 bei Zimmertemperatur bilden.

Bei 40°C und pH 3 läßt sich Chymotrypsin denaturieren. ΔH ist hierfür recht ungünstig bei $+15$ kcal mol^{-1}. Aber da ΔS 440 cal K^{-1}

mol^{-1} bei 40°C beträgt, ist $\Delta G = -123$ kcal mol^{-1}. Damit ist dann die Denaturierung begünstigt *).

Die Denaturierung eines Proteins setzt die Spaltung einer großen Zahl nicht-kovalenter Bindungen (wie Wasserstoffbrücken) voraus. Sie sind dafür verantwortlich, die genau geordnete *Tertiär*struktur der aktiven Form zu halten. Die Denaturierung erhöht also die Unordnung (oder die Freiheitsgrade) des Systems, deshalb auch bezeichnet man oft die *denaturierte* Form als die *statistisch geknäuelte* Form (*random coil*).

2.6. Standardbedingungen

Der Wert für G einer Substanz wird für die Standardbedingungen mit G^0 bezeichnet. Die *Standardbedingungen* einer Substanz (die damit ein fester Bezugspunkt sind) werden nur als *Substanz unter 1 Atmosphäre Druck* definiert. Die Definition schließt die Temperatur nicht ein, also kann man Freie Energien einer Verbindung bei 25°C (298 K) oder 37°C (310 K) oder bei einer anderen Temperatur angeben, und benennt sie mit G^0_{298} oder G^0_{310} usf.

Für eine Reaktion können wir dann ΔG^0 für die Änderung der Freien Energie angeben, wenn 1 Mol der Ausgangsstoffe unter Standardbedingungen in 1 Mol der Produkte unter Standardbedingungen umgewandelt wurden. Die Bezeichnung (^{0}) der Enthalpie- und Entropiegrößen besitzt die analoge Bedeutung.

$$\Delta G^0 = \Delta H^0 - T\mathrm{d}S^0.$$

2.7. Ausgearbeitete Beispiele

(1) Vorgegeben ist ΔG^0 für die Hydrolyse von ATP zu ADP und anorganischem Phosphat mit $-7,3$ kcal mol^{-1}, außerdem ΔG^0 der Hydrolyse von ADP zu AMP und Phosphat mit $-7,44$ kcal mol^{-1}. Wie groß ist ΔG^0 für den Vorgang

$$\text{ATP} + \text{AMP} \rightarrow 2\,\text{ADP}$$

bei den gleichen Bedingungen? Man bezeichnet dies als eine „gekoppelte" Reaktion (die Hydrolyse von ATP ist mit der Phosphorylierung von AMP verknüpft).

---

*) Die aktive Form ist nur wegen der hohen „Aktivierungsenergie", die für ihre Denaturierung benötigt wird, stabil (siehe Kapitel 8).

Lösung

Wie angegeben, ist

$$ATP \rightarrow ADP + P_i*) \qquad \Delta G^0 = -7,3 \text{ kcal mol}^{-1}, \qquad [2.1]$$

$$ADP \rightarrow AMP + P_i \qquad \Delta G^0 = -7,44 \text{ kcal mol}^{-1}. \qquad [2.2]$$

Da G eine *Zustandsfunktion* ist, dürfen wir die ΔG-Werte addieren oder subtrahieren. Durch Subtraktion von [2.2] von [2.1] erhalten wir

$$ATP + AMP \rightarrow 2\,ADP \qquad \Delta G^0 = \underline{0,14 \text{ kcal mol}^{-1}}.$$

Also liegt das Gleichgewicht dieser zusammenfassenden Reaktion ein wenig nach der linken Seite.

(2) Bei 37 °C ist ΔG^0 für die Hydrolyse von ATP $-7,3$ kcal mol^{-1}. Kalorimetrische Messungen bestimmen ΔH^0 zu $-4,8$ kcal mol^{-1}. Wie groß ist dann der Wert von ΔS^0 der Reaktion?

Lösung

Es ist

$$\Delta G^0 = \Delta H^0 - T\mathrm{d}S$$

$$\therefore \Delta S^0 = \frac{\Delta H^0 - \Delta G^0}{T}$$

$$= \frac{-4,8 + 7,3}{310} (1000) \text{ cal K}^{-1} \text{ mol}^{-1} \text{ (e.u.)**)}$$

$$\Delta S^0 = \underline{8,1 \text{ cal K}^{-1} \text{ mol}^{-1}}.$$

2.8. Die „biochemische" Standardbedingung

Bei vielen biologisch interessanten Reaktionen ergibt sich während ihres Verlaufes eine Netto-Aufnahme oder -Abgabe von Protonen; so etwa bei der Hydrolyse von ATP bei einem pH um 8, die Formel stellt dies so dar:

$$H_2O + ATP^{4-} \rightarrow ADP^{3-} + HPO_4^{2-} + H^+.$$

Genau genommen ist ΔG^0 die Änderung der Freien Energie, wenn die Reaktionsteilnehmer im Standardzustand in die Produkte im Stan-

---

*) P_i wird oft als Abkürzung für anorganisches Phosphat benutzt.

**) Die Abkürzung e. u. (entropy units) wird oft für die Einheit der Entropie benutzt, d. h. für cal K^{-1} mol^{-1}.

dardzustand überführt werden. Für gelöste Stoffe, wie ATP^{4-}, ADP^{3-}, HPO_4^{2-} und H^+ werden wir später ableiten, daß hier die Standardbestimmung als 1 molare Lösung dieser Ionen definiert wird (natürlich immer noch unter 1 atm Druck). Für H^+ würde eine 1 M Lösung dem pH-Wert von 0 entsprechen. Diese Standardbedingung ist für den Biochemiker wenig anziehend, da er es meistens mit Reaktionen in Lösungen in der Nähe des Neutralpunktes zu tun hat (pH ca. 7). Aus diesem Grunde hat man eine „biochemische" Standardbedingung definiert, bei der alle Komponenten in ihrem Standardzustand vorliegen *außer* H^+, sie mit 10^{-7} M (pH = 7) eingehen. Die „biochemische" Standardänderung der Freien Energie wird mit $\Delta G^{0\prime}$ bezeichnet.

2.9. Aufgaben

1. Berechne die Entropieänderungen für die folgenden Vorgänge:

   (*a*) Eis (0°C) → Wasser (0°C).

   (*b*) Wasser (100°C) → Wasserdampf (100°C).

   Die latenten Schmelz- und Verdampfungswärmen betragen hier 80 und 580 cal g^{-1} (334 und 2424 kJ kg^{-1}).

2. Könnten die folgenden Reaktionen spontan ablaufen?

   (*a*) $Malat^{2-}$ → $Fumarat^{2-}$ + H_2O bei 25°C.

   (*b*) Leucin + Glycin → Leucylglycin + H_2O bei 25°C.

   (*c*) $Oxalacetat^{2-}$ + H_2O → Brenztraubensäure$^-$ + HCO_3 bei 25°C.

   (*d*) Eis → Wasser bei −10°C.

   Die Werte für die *Gibbs*schen Freien Standardenergien für die Bildung bei 25°C betragen dabei in kcal mol^{-1} (kJ mol^{-1}) für

$Malat^{2-}$	−201,98 (−844)	HCO_3^-	−140,31 (−586)
$Fumarat^{2-}$,	−144,41 (−604)	Leucylglycin	−110,90 (−464)
Wasser,	−56,69 (−237)	Leucine	−81,68 (−341)
$Oxalacetat^{2-}$,	−190,53 (−796)	Glycine	−89,14 (−373)
Pyruvat$^-$,	−113,44 (−474).		

3. Die Neutralisationswärme für Chloressigsäure und OH^- beträgt −14,9 kcal mol^{-1} (−62,3 kJ mol^{-1}). ΔG^0 für die Ionisierung (bei 25°C) für die Chloressigsäure ist 4,1 kcal mol^{-1} (17,1 kJ mol^{-1}). Berechne ΔS^0 für die Ionisierung der Chloressigsäure. (Für H^+ + OH^- → H_2O ist ΔH^0 = −13,6 kcal mol^{-1} (−56,8 kJ mol^{-1}).)

4. Der Übergang von Methan aus einem inerten (unpolaren) Lösungsmittel in Wasser wird oft als Modell für die Untersuchung „hydrophober" Kräfte benutzt. Berechne für die vorgegebenen Werte (bei 25°C):

CH$_4$ (inertes Lösungsmittel) → CH$_4$(g);

$$\Delta G^0 = -3,5 \text{ kcal mol}^{-1} (-14,6 \text{ kJ mol}^{-1}),$$
$$\Delta H^0 = +0,5 \text{ kcal mol}^{-1} (+2,1 \text{ kJ mol}^{-1})$$

und

CH$_4$(g) → CH$_4$ (wäßrige Lösung);

$$\Delta G^0 = +6,3 \text{ kcal mol}^{-1} (+26,3 \text{ kJ mol}^{-1}),$$
$$\Delta H^0 = -3,2 \text{ kcal mol}^{-1} (-13,4 \text{ kJ mol}^{-1}).$$

ΔG^0 und ΔH^0 für den Übergang von CH$_4$ aus dem inerten Lösungsmittel in Wasser. Zeige den Unterschied zwischen den beiden Größen auf.

5. In einer Untersuchung der Bindung eines Inhibitors an Trypsin wurde für ΔG^0 für die Bildung des Komplexes der Wert von -5 kcal mol^{-1} ($-20,9$ kJ mol^{-1}) bei 25 °C gefunden. Kalorimetrische Messungen zeigten hingegen einen Enthalpiewert von Null auf. Wie groß ist ΔS^0 für den folgenden Vorgang?

Trypsin + Inhibitor → (Trypsin-Inhibitor-Komplex).

Interpretiere das Ergebnis.

6. Das Enzym Glutamin-Synthetase katalysiert die Reaktion

Glutamat + NH$_4$ + ATP $\xrightarrow{\text{Mg}^{++}}$ Glutamin + ADP + P$_i$.

Für diese Reaktion ist $\Delta G^0 = -3,67$ kcal mol^{-1} ($-15,3$ kJ mol^{-1}) bei 37 °C. ΔG^0 der Hydrolyse von ATP beträgt $-7,3$ kcal mol^{-1} ($-30,4$ kJ mol^{-1}), d. h. für die Reaktion

ATP + H$_2$O → ATP + P$_i$.

Berechne ΔG^0 für die Synthese von Glutamin aus Glutamat und NH$_4$.

7. Für die Hydrolyse von Kreatin-phosphat

Kreatin-phosphat + H$_2$O → Kreatin + P$_i$

ist $\Delta G^0 = -9,0$ kcal mol^{-1} ($-37,6$ kJ mol^{-1}) bei 37 °C. Könnte man diese Reaktion dazu benutzen, die Synthese von ATP aus ADP und P$_i$ zu finanzieren? (ΔG^0 der Hydrolyse von ATP beträgt $-7,3$ kcal mol^{-1} ($-30,5$ kJ mol^{-1}) bei 37 °C).

8. Die Enthalpieänderung bei der Auffaltung eines Proteins beträgt $+60$ kcal mol^{-1} ($+250,8$ kJ mol^{-1}). Dabei ist die Entropieänderung 180 e.u. (752 JK^{-1} mol^{-1}). Berechne die Mindesttemperatur, bei der die Auffaltung spontan ablaufen könnte. Vergleiche die Größenordnungen der angeführten Zahlen.

3. Das chemische Gleichgewicht

3.1. Einführung

In der Zelle gelangen Reaktionen nur selten zum Gleichgewichtszustand, da ständig Materie ein- und ausfließt. Es stellt sich dann meist ein *stationärer Zustand (steady state)* anstelle eines echten Gleichgewichtes ein. Die Bezeichnung steady state wendet man oft auf eine Situation an, in der die Konzentration einer Substanz nahezu konstant bleibt. Die Geschwindigkeit ihrer Bildung ist gleichgroß wie die ihres Abbaues. Man kann deshalb die Thermodynamik von Gleichgewichtszuständen nicht streng anwenden; um solche Vorgänge zu beschreiben, wurde die irreversible Thermodynamik entwickelt*). Aber mit Hilfe der Gleichgewichtsthermodynamik läßt sich recht gut herausfinden, welche Reaktionen der Zelle *in vitro* günstig liegen, so daß der Biochemiker daraus Einblicke in die Energiebilanzen zellulärer Vorgänge ableiten kann.

3.2. Die Beziehung zwischen ΔG^0 und der Gleichgewichtskonstanten

In Kapitel 2 führten wir aus, wie ΔG als Maß für die Tendenz einer Reaktion, ihrem Gleichgewicht zuzulaufen (wo $\Delta G = 0$) dienen kann.

---

*) Der Unterschied zwischen den beiden Formen der Thermodynamik läßt sich wie folgt erklären. Die Thermodynamik der Gleichgewichtszustände beschreibt reversible (also im Gleichgewicht befindliche) Reaktionen. Unter diesen Umständen nimmt die Entropie eines Systems um einen Betrag $dS = dq/T$ zu, wobei dq der ausgetauschte Wärmebetrag ist. Diese Entropie geht der *Umgebung* verloren, so daß der *Netto*betrag der Entropie (d. h. im System selbst *und* in seiner Umgebung) Null ist. Für irreversible Vorgänge, wie für Systeme außerhalb ihres Gleichgewichts ist $dS > dq/T$, es stellt sich eine *Nettozunahme der Entropie* im Verlauf der Reaktion ein. Die irreversible Thermodynamik zeigt, daß die Geschwindigkeit der Entropiezunahme im System und in seiner Umgebung im *Minimum* liegt, wenn das System in einem *steady state* steht. Also leitet die irreversible Thermodynamik ab, daß für Systeme außerhalb des Gleichgewichtes der *steady state* auch der am *meisten geordnete* Zustand ist. In sehr guter Näherung können wir lebende Zellen als stationärer Zustand (steady state) betrachten, wobei die Konzentrationen der Intermediärstoffwechselprodukte angenähert konstant bleiben. Dabei ist beachtenswert, daß eine Reaktion im Gleichgewichtszustand ja keine Nutzarbeit abgeben kann (siehe das Beispiel einer „leergelaufenen" Batterie aus Kapitel 2), und nur wenn Bedingungen außerhalb des Gleichgewichtes vorliegen (wie im steady state) Nutzarbeit leistet.

Wir wollen jetzt eine Gleichung zur Verbindung der Änderung der Freien Standardenergie einer Reaktion (ΔG^0) mit der Gleichgewichtskonstante der Reaktion ableiten. Es wird dann möglich, die Lage des Gleichgewichtes einer Reaktion *vorherzusagen*, da die Werte für die Freien Standardenergien der Reaktanten und Produkte oft in Tabellen oder aus Messungen verfügbar sind.

Die Beziehung

$$G = H - TS,$$

für jede Komponente eines Systems gültig, steht am Anfang. Dann ist

$$H = U + PV,$$

$$G = U + PV - TS;$$

oder durch Differenzierung (d. h. bei sehr kleinen Änderungen)

$$dG = dU + PdV + VdP - TdS - SdT.$$

Nach dem ersten Hauptsatz gilt für alle Vorgänge

$$dU = dq - PdV,$$

wobei dq die vom System aufgenommene Wärme und PdV die von der Umgebung in das System abgezogene Arbeit bedeutet. Aus dem zweiten Hauptsatz folgt für einen *reversiblen* Prozeß

$$dS = dq/T,$$

d. h.

$$dq = TdS.$$

Wir erhalten also

$$\underline{dU = TdS - PdV.}$$

Indem wir den obigen Ausdruck für dG einsetzen, ergibt sich

$$dG = VdP - SdT.$$

Bei konstanter Temperatur (d. h. $dT = 0$)

$$dG = VdP.$$

Wir können diese Gleichung integrieren, wenn V als Funktion von P bekannt ist. Wenden wir etwa diese Gleichung auf ein ideales Gas an, wo $PV = nRT$

$$dG = \frac{nRT}{P} dP.$$

Indem wir dies zwischen dem Standardzustand ($P = P^0 = 1$ Atmosphäre und $G = G^0$) und irgendeinem beliebigen Wert für P integrieren, erhalten wir

$$\int_{G^0}^{G} dG = \int_{P^0}^{P} \frac{nRT}{P} \, dP,$$

$$\boxed{G - G^0 = nRT \ln(P/P^0)}. \qquad [3.1]$$

Wenn wir nun eine allgemeine Reaktion betrachten

$$a\mathrm{A} + b\mathrm{B} \rightleftharpoons c\mathrm{C} + d\mathrm{D},$$

wobei A, B, C und D alle Gase sind, so können wir die obige Gleichung auf jede Komponente der Reaktion anwenden. Zusammengefaßt und entsprechend umgeformt ergibt dies

$$\Delta G - \Delta G^0 = RT \ln \frac{(P_C/P_C^0)^c (P_D/P_D^0)^d}{(P_A/P_A^0)^a (P_B/P_B^0)^b}, \qquad [3.2]$$

wobei

$$\Delta G^0 = G^0 \text{ (Produkte)} - G^0 \text{ (Ausgangsstoffe)}.$$

Angenommen, die Reaktion ist bis zum *Gleichgewicht* verlaufen, dann wird $\Delta G = 0$, und die Werte P_A usf. wären die *Gleichgewichtswerte*. Daher

$$\boxed{- \Delta G^0 = RT \ln \frac{(P_C/P_C^0)^c (P_D/P_D^0)^d}{(P_A/P_A^0)^a (P_B/P_B^0)^b}}.$$

ΔG^0 ist die Änderung der Freien Energie, wenn gerade 1 mol der Ausgangsstoffe in 1 mol der Produkte überführt wurde, wobei alle im Standardzustand vorliegen. Bei einer gegebenen Temperatur ist dieser Wert eine Konstante, also muß auch der Bruch dieser Gleichung konstant sein. Wir schreiben sie daher um als

$$\boxed{\Delta G^0 = RT \ln K_p}, \qquad [3.3]$$

wobei K_p als *Gleichgewichtskonstante*, definiert als

$$\boxed{K_p = \frac{(P_C/P_C^0)^c (P_D/P_D^0)^d}{(P_A/P_A^0)^a (P_B/P_B^0)^b}},$$

bekannt ist.

Wir haben die Terme für P^0 für jede Komponente in dieser Gleichung beibehalten (obwohl P^0 = 1 atm). Das soll betonen, daß der Term für jede Komponente das *Verhältnis* des Druckes im Gleichgewicht zu dem im Standardzustand ist. K_p ist also dimensionslos, obwohl dies oft von vielen Autoren übergangen wird*).

3.3. Anwendungen auf Lösungen

Die ΔG^0 und K_p verbindende Gleichung wurde für Reaktionen idealer Gase abgeleitet. Wir können eine ähnliche Beziehung für Reaktionen in Lösungen aufstellen, wenn wir folgende Änderungen vornehmen:

a) Definitionen des Standardzustandes

Für *Gase* wird der Standardzustand als reines Gas bei 1 Atmosphäre Druck definiert, für *Flüssigkeiten* als reine Flüssigkeit bei 1 Atmosphäre Druck. Für *gelöste Stoffe* (Ionen oder andere) wird der Standardzustand meist als 1 molare Lösung unter einem Druck von 1 Atmosphäre definiert. Dies wird in Kapitel 5 ausführlicher dargestellt. Für feste Stoffe ist der Standardzustand als reine Substanz bei 1 Atmosphäre definiert. Liegt überhaupt ein fester Stoff vor, so ist er immer im Standardzustand, deshalb erscheinen Terme der Festsubstanz nicht in Formeln der Gleichgewichtskonstanten.

b) Definition der Gleichgewichtskonstanten

Für Lösungen wird nun die Gleichgewichtskonstante meist in Termen der Konzentrationen anstatt der Drücke definiert. Wir werden sie dann mit K bezeichnen.

Diese Punkte werden in den folgenden Beispielen ausgeführt.

3.4. Ausgearbeitete Beispiele**)

1. Man betrachte die Reaktion

$$CaCO_3 \rightleftharpoons CaO + CO_2.$$
$$\quad\text{(f)} \qquad\quad \text{(f)} \qquad \text{(g)}$$

---

*) In diesem Buch werden wir Gleichgewichtskonstanten immer als dimensionslose Größen behandeln, aber die Standardbedingung(en), in Klammern angegeben, einbeziehen; wenn also andere Autoren K = 5 mol l^{-1} oder 5 M schreiben, würde die als K = 5 (M) angegeben werden (1 Liter, l = 1 dm^3).

**) In diesem Buch benutzen wir natürliche Logarithmen. Dabei ist ln $x \equiv$ log$_e$ x = 2,303 log$_{10}$$x$.

In dieser Reaktion sind $CaCO_3$ und CaO beide im Grundzustand, da sie feste Stoffe sind (und nicht in der Formulierung der Gleichgewichtskonstante erscheinen werden). Der Standardzustand für CO_2 ist 1 Atmosphäre. Deshalb wird die Gleichgewichtskonstante

$$K = \frac{(P_{CO_2})}{(P^0_{CO_2})}.$$

Bei 298 K besitzen die Freien Standardenergien der Bildung von $CaCO_3$, CaO und CO_2 die Werte $-270,4$; $-142,0$ und $-94,3$ kcal mol^{-1}. Deshalb ist ΔG^0 für die Reaktion $+34,1$ kcal mol^{-1}. Benutzen wir

$$\Delta G^0 = -RT \ln K, \qquad\qquad [3.3]$$

erhalten wir

$$\Delta G^0 = -RT \ln (P_{CO_2}/P^0_{CO_2}),$$

d. h. $\quad \ln (P_{CO_2}/P^0_{CO_2}) = -\dfrac{\Delta G^0}{RT}$

$$= -\frac{34100}{2(298)}$$

$$= -57$$

$$\therefore (P_{CO_2}/P^0_{CO_2}) = 10^{-25}$$

$$\therefore P_{CO_2} = 10^{-25} \text{ atm}, \quad P^0_{CO_2} = 1 \text{ atm}.$$

2. In der Reaktion

$$\text{Citrat}^{3-} \rightarrow \textit{cis}\text{-Aconitat}^{3-} + H_2O$$

sind die Freien Standardenergien der Bildung bei 25 °C $-279,2$; $-220,5$ und $-56,7$ kcal mol^{-1} für Citrat, *cis*-Aconitat und Wasser. Welchen Wert zeigt die Gleichgewichtskonstante der Reaktion, und welche Konzentration an Citrat wird mit 0,4 mM *cis*-Aconitat im Gleichgewicht vorhanden sein?

Lösung

Aus den ΔG^0_b-Werten ergibt sich ΔG^0 der Reaktion zu $+2$ kcal mol^{-1}. Benutzen wir

$$-\Delta G^0 = RT \ln K, \qquad\qquad [3.3]$$

so ist

$$K = \underline{0,035 \text{ (M)}}.$$

Für die *gelösten Stoffe* Citrat und *cis*-Aconitat ist der Standardzustand eine 1 molare Lösung. Für das *Lösungsmittel*, Wasser, ist der Standardzustand das leere Lösungsmittel. Bei einer Reaktion im wäßrigen Milieu ist, wie hier auch, die Konzentration von Wasser meist praktisch konstant und der von reinem Wasser gleich, d. h. das Wasser ist hier in sehr guter Annäherung in seinem Standardzustand.

Deshalb läßt sich für die Gleichgewichtskonstante schreiben

$$K = \frac{([cis\text{-Aconitat}]/[cis\text{-Aconitat}]^0)([H_2O]/[H_2O]^0)}{([\text{Zitrat}]/[\text{Zitrat}]^0)},$$

wobei [ ] die Konzentration und [ ]^0 die Standard-Konzentration bedeuten.

Da H_2O im Standardzustand vorliegt und die Standardzustände von Zitrat und *cis*-Aconitat als 1 molare Konzentration eingehen, können wir den Ausdruck für K vereinfachen, nämlich

$$K = \frac{[cis\text{-Aconitat}]}{[\text{Zitrat}]}.$$

Nun ist $K = 0{,}035$ (M) und [*cis*-Aconitat] $= 0{,}4$ mM. Dann ist

$\therefore$ [Zitrat] $= 11{,}4$ mM.

Anmerkung: Meistens schreiben wir nicht den vollen Ausdruck für die Gleichgewichtskonstante an (d. h. unter Einschluß der Standardzustände), sondern benutzen einfachere Gleichungen für K, wie oben abgeleitet. Dies wird im nächsten Beispiel deutlich.

3. Gegeben ist eine 0,05 M Glycerinaldehyd-3-P(G-3-P)-Lösung. Nach Zusatz des Enzyms Triosephosphat-Isomerase betrug die Konzentration von G-3-P noch 0,002 M ($T = 25\,°C$).

Berechne das ΔG^0 für diese enzymkatalysierte Reaktion, also für Glycerinaldehyd-3-P $\rightleftharpoons$ Dihydroxiaceton-P.

Lösung

Im Gleichgewicht ist die [Hydroxiaceton-P] 0,048 M. Die Gleichgewichtskonstante K ergibt sich zu

$$K = \frac{[\text{Dihydroxyaceton-P}]}{[\text{Glyceraldehyd-3-P}]}$$

$$= \frac{[0{,}048]}{[0{,}002]}$$

$$K = 24 \text{ (M)}.$$

Durch Erhitzen in

$$\Delta G^0 = -RT \ln K, \qquad\qquad [3.3]$$

erhalten wir

$$\Delta G^0 = -2 \times 298 \times \ln 24$$

$$\underline{\Delta G^0 = -1,89 \text{ kcal mol}^{-1}.}$$

4. Unter bestimmten Bedingungen findet man ADP und P_i in der Zelle in einer Konzentration von 3 mM bzw. 1 mM. Berechne die Konzentration von ATP, die für ein $\Delta G^0 = 7,3$ kcal mol^{-1} der ATP-Hydrolyse im Gleichgewicht vorliegen müßte ($T = 37\,°C$).

Der tatsächliche Spiegel an ATP lag unter denselben Bedingungen bei 10 mM. Wie hoch ist der Wert von ΔG für die Reaktion

$$ATP \rightarrow ADP + P_i$$

unter diesen Umständen?

Lösung

Benutzt man die Gleichung

$$\Delta G^0 = -RT \ln K,$$

so ergibt sich

$$K = 1,3 \times 10^5 \text{ (M)}$$

für die ATP-Hydrolyse. Die Gleichgewichtskonstante für die Reaktion kann man dann schreiben

$$K = \frac{[ADP][P_i]}{[ATP]}.$$

Durch Einsetzen:

$$[ADP] = 3 \times 10^{-3} \text{ M und } [P_i] = 10^{-3} \text{ M},$$

$$[ATP] = \frac{3 \times 10^{-6}}{1,3 \times 10^5} \text{ M}$$

$$= \underline{2,3 \times 10^{-11} \text{ M}.}$$

Da der tatsächliche Spiegel an ATP 10 mM beträgt, ist klar, daß die Reaktion nicht im Gleichgewicht ist. Wir können den entsprechenden Wert von ΔG unter intrazellulären Bedingungen mit der Gleichung

$$\Delta G - \Delta G^0 = RT \ln \frac{[\text{ADP}][\text{P}_i]}{[\text{ATP}]}$$

berechnen, die die Form der Gleichung [3.2] für gelöste Stoffe darstellt

$$= RT \ln \frac{3 \times 10^{-3} \times 1 \times 10^{-3}}{10 \times 10^{-3}}$$

$$= -4,96 \text{ kcal mol}^{-1}.$$

$$\therefore \Delta G = -7,3 - 4,96 \text{ kcal mol}^{-1}$$

$$= -12,26 \text{ kcal mol}^{-1}.$$

Wenn der Spiegel von ATP $2,3 \times 10^{-11}$ M wäre, so läge das System im Gleichgewicht und es ließe sich keine Arbeit aus der Reaktion abziehen. Unter den tatsächlichen Bedingungen sehen wir ΔG noch wesentlich negativer als ΔG^0 werden. Deshalb besteht noch eine viel größere Tendenz für diesen Reaktionsablauf als für alle Komponenten beim Standardzustand (d. h. 1 M). Dies zeigt noch einmal auf, daß die Arbeit (ΔG), die man aus einem System gewinnen kann, um so größer ist, je weiter es vom Gleichgewicht entfernt ist. In der Zelle wird Arbeit aus der ATP-Hydrolyse in verschiedener Art genutzt (mechanische Arbeit, Biosynthesewege, Transport von Metaboliten gegen Konzentrationsgradienten, usf.).

3.5. Der Unterschied zwischen ΔG und ΔG^0

Bevor wir diesen Abschnitt beenden, sollten wir vielleicht noch einmal den Unterschied zwischen ΔG und ΔG^0 einer Reaktion hervorheben. ΔG^0 ist die Differenz zwischen der Freien Energie zwischen einem Mol der Produkte und einem Mol der Ausgangsstoffe (wobei alle im Standardzustand eingesetzt werden). Dies bezieht sich *nicht* auf die tatsächliche Reaktion beim Gleichgewicht (außer in dem sehr seltenen Fall, daß K, die Gleichgewichtskonstante, 1 ist). ΔG hingegen gibt die Differenz der Freien Energie (Produkte − Ausgangsstoffe) bei den tatsächlich gemessenen Konzentrationen (oder Drücken) der Komponenten an. Wenn $\Delta G = 0$, so ist die Reaktion im Gleichgewicht, und die Konzentrationen der Komponenten sind diejenigen, die im Ausdruck für die Gleichgewichtskonstante erscheinen, so daß z. B.

$$-\Delta G^0 = RT \ln \frac{[\text{ADP}]_{Gl}[\text{P}_i]_{Gl}}{[\text{ATP}]_{Gl}}$$

(da $\Delta G = 0$).

Wenn die Reaktion nicht im Gleichgewicht ist, so ist der tatsächliche Wert von ΔG aus

$$\Delta G - \Delta G^0 = RT \ln \frac{[ADP][P_i]}{[ATP]}$$

zu berechnen.

Es ist vielleicht hilfreich, einen Eindruck von der Größenordnung von ΔG^0 bei bestimmten Werten von K zu gewinnen. Die Tabelle 3.1. stellt dies für die Temperatur von 37°C (d. h. 310 K) dar.

Tabelle 3.1.

ΔG^0_{310} kcal mol^{-1}	+4,26	+2,84	+1,42	0	−1,42	−2,84	−4,26
K	10^{-3}	10^{-2}	10^{-1}	1	10^1	10^2	10^3

Man beachte, daß K um den Faktor 10 steigen muß, wenn sich ΔG^0 verdoppeln soll. So führen verhältnismäßig große Fehler bei der Bestimmung einer Gleichgewichtskonstante zu recht kleinen Fehlern bei ΔG^0.

3.6. Die Änderung der Gleichgewichtskonstante mit der Temperatur

Beim Gleichgewicht gilt die Beziehung

$$-\Delta G^0 = RT \ln K \qquad\qquad [3.3]$$

$$\therefore \ln K = -\frac{\Delta G^0}{RT}$$

$$\frac{d(\ln K)}{dT} = -\frac{1}{R} \cdot \frac{d(\Delta G^0/T)}{dT}. \qquad\qquad [3.4]$$

Wir vereinfachen den Bruch der Gleichung [3.4] wie folgt:

Aus $\qquad \Delta G^0 = \Delta H^0 - T \Delta S^0$

erhalten wir

$$\frac{\Delta G^0}{T} = \frac{\Delta H^0}{T} - \Delta S^0, \qquad\qquad [3.5]$$

so daß durch Differenzierung

$$\frac{d(\Delta G^0/T)}{dT} = \frac{\Delta H^0}{T^2},$$ [3.6]

vorausgesetzt, daß ΔH^0 und ΔS^0 über den vorgegebenen Bereich von der Temperatur unabhängig sind*), durch Einsetzen in Gleichung [3.4]

$$\frac{d(\ln K)}{dT} = \frac{\Delta H^0}{RT^2}.$$ [3.7]

Diese Gleichung [3.7] wird oft als die *van't Hoff*sche Isochore bezeichnet. Nützlicher ist sie in der zwischen den Temperaturen T_1 und T_2 integrierten Form:

$$\int_{K_1}^{K_2} d(\ln K) = \int_{T_1}^{T_2} \frac{\Delta H^0}{RT^2} dT,$$ [3.8]

$$\therefore \quad \ln \frac{K_2}{K_1} = -\frac{\Delta H^0}{R}\left(\frac{1}{T_2} - \frac{1}{T_1}\right) \quad **).$$ [3.9]

Also ergibt eine graphische Darstellung von $\ln K$ gegen $1/T$ eine Gerade mit der Neigung $-\Delta H^0/R$. Die Gleichung kann man hauptsächlich für zwei Zwecke benutzen:

---

*) Die Änderung der Enthalpie und der Entropie mit Temperatur und Druck wird in Anhang 1 behandelt.

**) Leichter erhält man die Formel durch Kombination der Gleichungen [3.3] mit [3.5]

$$\ln K = -\frac{\Delta G^0}{RT}$$

$$\ln K = -\frac{\Delta H^0}{RT} + \frac{\Delta S^0}{R}.$$

Nehmen wir an, daß ΔH^0 und ΔS^0 zwischen zwei Temperaturen T_1 und T_2 konstant sind, können wir setzen

$$\ln \frac{K_2}{K_1} = -\frac{\Delta H^0}{R}\left(\frac{1}{T_2} - \frac{1}{T_1}\right),$$

also Gleichung [3.9].

1. Wenn wir die Werte von K bei verschiedenen Temperaturen kennen, so läßt sich ΔH^0 aus der Neigung der Geraden der graphischen Darstellung von $\ln K$ gegen $1/T$ gewinnen.

2. Wenn wir K bei einer Temperatur und den Wert von ΔH^0 kennen, so läßt sich K bei anderen Temperaturen berechnen.

Die Annahme, daß ΔH^0 und ΔS^0 beide von der Temperatur unabhängig sind, wird meist bestätigt, wenn der Temperaturbereich einigermaßen klein bleibt. Für genaueres Arbeiten lassen sich Änderungen dieser Größen mit der Temperatur in der integrierten Formel berücksichtigen (s. Anhang 1). Wenn der Graph von $\ln K$ gegen $1/T$ linear ist, darf man mit der Gültigkeit dieser Annahme rechnen. Wir betrachten jetzt einige Beispiele der Anwendung dieser Gleichung.

3.7. Ausgearbeitete Beispiele

1. Die Gleichgewichtskonstante einer Reaktion verdoppelt sich, wenn man die Temperatur von $25\,°C$ auf $35\,°C$ anhebt. Welchen Wert besitzt ΔH^0 der Reaktion?

Lösung

Benutzen wir die Gleichung [3.9], also

$$\ln \frac{K_2}{K_1} = -\frac{\Delta H^0}{R} \left(\frac{1}{T_2} - \frac{1}{T_1} \right).$$

Nun ist $K_2/K_1 = 2$; $T_2 = 308$ K und $T_1 = 298$ K

$$\therefore \ln 2 = -\frac{\Delta H^0}{R} \left(\frac{1}{308} - \frac{1}{298} \right),$$

$$\therefore \underline{\Delta H^0 = 12{,}7 \text{ kcal mol}^{-1}}.$$

Dies ergibt eine einfache Faustregel — wenn eine Gleichgewichtskonstante sich bei einer Temperatursteigerung um 10^0 verdoppelt, so ist ΔH^0 ungefähr 13 kcal mol^{-1}. Wenn die Gleichgewichtskonstante weniger temperaturempfindlich ist, so ist ΔH^0 kleiner als dieser Wert.

Wir sollten auch festhalten, *daß ΔH^0 positiv ist, wenn K mit steigender Temperatur zunimmt.* Dies ersieht man leicht aus der Gleichung [3.7], also

$$\frac{d \ln K}{dT} = \frac{\Delta H^0}{RT^2}.$$

31

2. Die folgenden Angaben stammen aus Versuchen zur Bindung eines Inhibitors an das Enzym Carboanhydrase. Die Gleichgewichtskonstante änderte sich mit der Temperatur. Bestimme die Werte für ΔG^0, ΔH^0 und ΔS^0 für diesen Vorgang bei 25°C.

$T°C$	16	21,1	25	31,9	37,7
$K (\times 10^{-7})$ (M)	7,25	5,25	4,17	2,66	2,0

Lösung

Wir schreiben die Angaben in geeigneter Form an:

$T°C$	16	21,1	25	31,9	37,5
$1/T \times 10^3$	3,460	3,400	3,356	3,280	3,221
$K \times 10^{-7}$ (M)	7,25	5,25	4,17	2,66	2,0
$\ln K$	18,10	17,78	17,55	17,10	16,81

Aus der Neigung von $\ln K$ gegen $1/T$ können wir $\underline{\Delta H^0 = -10,8 \text{ kcal mol}^{-1}}$ berechnen. Bei 25°C ist $K = 4,17 \times 10^7$ (M), so daß wir aus der Gleichung

$$-\Delta G^0 = RT \ln K \qquad [3.3]$$

berechnen können, daß

$$\underline{\Delta G^0_{298} = -10,4 \text{ kcal mol}^{-1}},$$

wobei ja $\quad \Delta G^0 = \Delta H^0 - T\Delta S^0,$

$$\therefore \Delta S^0 = \frac{\Delta H^0 - \Delta G^0}{T},$$

d. h. $\qquad \Delta S^0 = \frac{(-10,8 + 10,4)}{298} \, 1000,$

$$\underline{\Delta S^0 = -1,3 \text{ e.u.}}$$

3. Bei 25°C ist der Wert der Gleichgewichtskonstante für die Bindung von Phosphat an Aldolase 540 (M). Direkte Messungen bestimmen den Wert der Enthalpieänderung zu $-21 \text{ kcal mol}^{-1}$. Wie groß ist der Wert der Gleichgewichtskonstante bei 37°C, wenn ΔH unabhängig von der Temperatur angenommen wird?

Lösung

Unter Benutzung der Gleichung [3.9] ist

$$\ln\left(\frac{K_2}{K_1}\right) = -\frac{\Delta H^0}{R}\left(\frac{1}{T_2} - \frac{1}{T_1}\right),$$

$K_1 = 540$, $\quad \Delta H^0 = -21\,000$, $\quad T_2 = 310$ K, $\quad T_1 = 298$ K,

$$\therefore \ln\left(\frac{K_2}{540}\right) = -\frac{(21\,000)}{2}\left(\frac{1}{310} - \frac{1}{298}\right),$$

$$= -1{,}365,$$

$$\therefore \frac{K_2}{540} = 0{,}255,$$

$$K_2 = 138,$$

also ist die Gleichgewichtskonstante bei $37\,°C = \underline{138}$ (M).

Dies stimmt mit unserer Erwartung überein, da ΔH^0 negativ ist und deshalb K mit steigender Temperatur abnehmen sollte. Da außerdem ΔH^0 numerisch größer als 13 kcal mol^{-1} ist, sollte sich die Gleichgewichtskonstante bei dieser Temperatursteigerung um mehr als den Faktor 2 ändern, dies tritt auch ein.

3.8. Die Messung der thermodynamischen Funktionen einer Reaktion

Wir sind jetzt in der Lage, einige der Methoden für die Messung von ΔG^0, ΔH^0 und ΔS^0 einer Reaktion anzugeben.

Messung von ΔG^0

Wenn man die Gleichgewichtskonstante einer Reaktion messen kann, so kann ΔG^0 direkt aus der Gleichung

$$-\Delta G^0 = RT\ln K$$

berechnet werden.

In einigen Fällen liegt das Gleichgewicht so sehr auf einer Seite, daß die direkte Messung von K schwierig wird. ΔG^0 kann dann entweder aus etwa bekannten Werten von ΔH^0 und ΔS^0 (wie unten gezeigt) gewonnen werden, *oder* man stellt Messungen an assoziierten oder gekuppelten Reaktionen an, deren ΔG^0-Werte bekannt sind (siehe Kapitel 2). Wenn natürlich die Freien Standardenergien der Bildung für die Komponenten der Reaktion in Tabellen verfügbar sind oder gemessen werden können, dann läßt sich ΔG^0 für die Reaktion einfach berechnen.

Messung von ΔH^0

Der Wert für die Enthalpieänderung einer Reaktion kann durch die Messung der Gleichgewichtskonstanten bei verschiedenen Temperaturen aus der Gleichung

$$\ln\left(\frac{K_2}{K_1}\right) = -\frac{\Delta H^0}{R}\left(\frac{1}{T_2} - \frac{1}{T_1}\right) \qquad [3.9]$$

gewonnen werden. Wie beschrieben, ergibt eine graphische Darstellung von $\ln K$ gegen $1/T$ eine Gerade mit der Neigung $\Delta H^0/R$. Als Alternative kann man ΔH^0 aus direkten kalorimetrischen Messungen bei konstantem Druck erhalten. Wenn Messungen bei konstantem Volumen gemacht werden (wie z. B. in einem Bombenkalorimeter), so muß eine Korrektur eingeführt werden, wie sie in Kapitel 1 beschrieben ist. Diese direkte Bestimmung von ΔH^0 setzt sich jetzt, da extrem genaue Mikrokalorimeter verfügbar sind, immer mehr durch.

Wiederum läßt sich ΔH^0 berechnen, wenn die Standardenthalpien der Bildung der Komponenten bekannt oder meßbar sind (etwa aus Verbrennungsmessungen).

Messung von ΔS^0

ΔS^0 wird meist aus bekannten Werten von ΔG^0 und ΔH^0 bei einer bestimmten Temperatur und der Gleichung

$$\Delta G^0 = \Delta H^0 - T\Delta S^0$$

erhalten. Man kann ΔS^0 aber auch berechnen, wenn die absoluten Standardentropien der Komponenten bei der fraglichen Temperatur bekannt sind. Diese erhält man aus dem dritten Hauptsatz der Thermodynamik, wie in Anhang 1 angegeben.

Die Kenntnis von ΔG^0, ΔH^0 und ΔS^0 einer Reaktion befähigt uns nicht nur dazu, die Gleichgewichtskonstante bei einer bestimmten Temperatur anzugeben, sondern auch dazu, ihre Änderung mit der Temperatur zu beschreiben. Dies ist die hauptsächliche Anwendung der Thermodynamik, mit der wir uns beschäftigen.

3.9. Aufgaben

1. Was ist der Unterschied zwischen ΔG und ΔG^0 einer Reaktion? Berechne ΔG^0 für folgenden Vorgang

   (a) H_2O (fl, 100 °C) $\rightleftharpoons$ H_2O (g, 100 °C).
   (b) H_2O (fl, 37 °C) $\rightleftharpoons$ H_2O (g, 37 °C).

   Der Dampfdruck für H_2O beträgt 47 mm Hg bei 37 °C.

2. ΔG^0 der Reaktion

   $$\text{Glycerin} + P_i \rightleftharpoons \text{L-Glycerin-1-phosphat} + H_2O$$

   beträgt 2,65 kcal mol^{-1} bei 25 °C (11,1 kJ mol^{-1}). Welche Konzentration von L-Glycerin-1-phosphat wird sich bei Gleichgewicht einstellen, wenn wir mit 1 M Glycerin und 0,5 M Phosphat anfangen?

3. Die Umwandlung von Glucose-6-P in Fructose-6-P wird durch das Enzym Phosphoglucose-Isomerase katalysiert. Für die Reaktion ist

   $$\text{G-6-P} \rightleftharpoons \text{F-6-P}; \quad \Delta G^0 = 0{,}50 \text{ kcal mol}^{-1} \ (2{,}1 \text{ kJ mol}^{-1}).$$

   Welche Gleichgewichtszusammensetzung wird sich für eine Startlösung von 0,1 M G-6-P ergeben ($T = 25$ °C)?

   Wenn man nun Phosphoglucomutase zusetzt, die die folgende Reaktion katalysiert

   $$\text{G-1-P} \rightleftharpoons \text{G-6-P}; \quad \Delta G^0 = -1{,}74 \text{ kcal mol}^{-1} \ (-7{,}27 \text{ kJ mol}^{-1}),$$

   wie wird dann die neue Zusammensetzung des Gemisches beim Gleichgewicht aussehen?

4. Die Bildungsreaktion von G-6-P aus Glucose und P_i liegt ungünstig,

   $$\text{Glucose} + P_i \rightleftharpoons \text{G-6-P}; \quad \Delta G^0 = +4{,}1 \text{ kcal mol}^{-1} \ (17{,}1 \text{ kJ mol}^{-1}),$$

   während die Hydrolyse von Phosphoenolpyruvat (PEP) sehr weit nach rechts verschoben ist.

   $$H_2O + \text{PEP} \rightleftharpoons \text{Pyruvat} + P_i; \quad \Delta G^0 = -13{,}2 \text{ kcal mol}^{-1}$$
   $$(-55{,}2 \text{ kJ mol}^{-1}).$$

   Man zeige, daß diese Rotationen an die Synthese oder Hydrolyse von ATP angekuppelt werden können, angegeben ist

   $$H_2O + \text{ATP} \rightleftharpoons \text{ADP} + P_i; \quad \Delta G^0 = -7{,}3 \text{ kcal mol}^{-1}$$
   $$(-30{,}5 \text{ kJ mol}^{-1}).$$

   Man berechne die Gleichgewichtskonstanten für diese gekoppelten Reaktionen ($T = 37$ °C).

5. Die Werte für ΔG^0 für die unten aufgeführten, isoliert betrachteten Reaktionen sind:

$$\text{Malat}^{2-} \rightleftharpoons \text{Oxalacetat}^{2-} + H_2; \quad \Delta G^0 = +7,1 \text{ kcal mol}^{-1}$$
$$(29,7 \text{ kJ mol}^{-1}),$$

$$NAD^+ + H_2 \rightleftharpoons NADH + H^+; \quad \Delta G^0 = +5,22 \text{ kcal mol}^{-1}$$
$$(21,8 \text{ kJ mol}^{-1}).$$

In einem zusammengesetzten Reaktionsansatz bei pH = 7,0 lagen folgende Konzentrationen vor: NADH 30 µM; NAD$^+$ 100 µM; Malat 100 µM; Oxalacetat 4 µM.

Würde sich unter diesen Bedingungen spontan Oxalacetat aus Malat bilden ($T = 37\,°C$)?

6. Man berechne ΔG^0 für die Hydrolyse von L-Leucylglycin durch eine Peptidase bei 25 °C. Die Freien Standardenergien der Bildung, in kcal mol^{-1} (kJ mol^{-1}) der einzelnen Verbindungen in wäßriger Lösung bei 25 °C betragen:

L-Leucylglycin	$-110,90$ (-464);	Wasser	$-56,7$ (-237)
Glycin	$-89,14$ (-373);	L-Leucin	$-81,68$ (-341)

In der Proteinbiosynthese werden Aminosäuren durch Ankupplung an die zuständige tRNS aktiviert. Dies geschieht zu Lasten einer Hydrolyse von ATP.

Verwendet man den oben angegebenen Wert von ΔG^0 für die Hydrolyse einer Peptidbindung, außerdem folgende Angaben:

$$(\text{Aminosäure})_1 + \text{tRNS} + \text{ATP} \rightleftharpoons (\text{Aminoacyl})_1 - \text{tRNS}$$
$$+ \text{AMP} + P_i;$$

$$\Delta G^0 = -7,0 \text{ kcal mol}^{-1}$$
$$(-29,3 \text{ kJ mol}^{-1}).$$

$$H_2O + \text{ATP} \rightleftharpoons \text{AMP} + 2P_i; \quad \Delta G^0 = -14,6 \text{ kcal mol}^{-1}$$
$$(-61,0 \text{ kJ mol}^{-1}).$$

Berechne ΔG^0 für den Reaktionsschritt der Proteinbiosynthese, also

$$(\text{Aminoacyl})_1 - \text{tRNS} + (\text{Aminosäure})_2 \rightleftharpoons$$
$$(\text{Aminosäure})_1 - (\text{Aminosäure})_2 + \text{tRNS}.$$

Wie groß ist die Gleichgewichtskonstante dieser Reaktion?

7. Man unterscheide zwischen ΔG^0 und ΔG der Reaktion

$$\text{Hb(gelöst)} + O_2(g) \rightleftharpoons \text{HbO}_2(\text{gelöst}) \quad (\text{Hb} = \text{Hämoglobin}).$$

Die Gleichgewichtskonstante der Reaktion liegt bei 85,5 (M) bei 19 °C. Man berechne ΔG^0.

Bei 19 °C ist im Gleichgewicht mit Luft der Sauerstoffpartialdruck 0,2 atm, und die Löslichkeit von Sauerstoff in Wasser beträgt $2,3 \times 10^{-4}$ mol l^{-1}.

Aus diesen Angaben berechne man ΔG^0 für die Reaktion

$$O_2(g) \rightleftharpoons O_2(gelöst)$$

und daraus ΔG^0 für

$$Hb(gelöst) + O_2(gelöst) \rightleftharpoons HbO_2(gelöst).$$

Man gebe Annahmen an, die man vornehmen muß.

8. Die Gleichgewichtskonstante der Hydrolyse von ATP bei 37°C beträgt $1,3 \times 10^5$ (M), d. h.

$$H_2O + ATP \rightarrow ADP + P_i; \quad K = 1,3 \times 10^5 \text{ (M) (bei 37°C, pH 7).}$$

Wenn $\Delta H^{0'} = -4,8$ kcal mol^{-1} (-20 kJ mol^{-1}), wie groß ist K bei (a) 25°C und (b) 0°C.

9. Wenn ΔH^0 für die Aufnahme eines Protons durch Tris-(hydroximethyl)-methylamin (übliche Puffersubstanz) -11 kcal mol^{-1} (-46 kJ mol^{-1}) beträgt, wie ist dann das Verhältnis von K_a bei 25°C zu K_a bei 0°C? ΔH^0 für die Aufnahme eines Protons durch das Phosphatdianion beträgt -1 kcal mol^{-1} ($-4,29$ kJ mol^{-1}). Berechne die Änderung von K_a (s. S. 82) in diesem Fall, und schätze den relativen Wert dieser Puffersubstanzen ab.

10. Die Gleichgewichtskonstante für eine enzymatische Esterhydrolyse bei 25°C betrug 32 (M), bei 37°C 50 (M). Berechne die Reaktionswärme und die Änderung der Freien Energie bei 37°C. Warum unterscheiden sich die beiden Größen?

11. Das Enzym Phosphorylase b läßt sich durch Zusatz von AMP aktivieren. Die Dissoziationskonstante K der Reaktion:

$$Phosphorylase\ b \cdot AMP \rightleftharpoons Phosphorylase\ b + AMP$$

änderte sich wie folgt mit der Temperatur:

°C	12,5	16	27	39,5
$K (\times 10^5)$ (M)	2,75	3,1	4,2	5,9

Berechne ΔH^0, ΔS^0 und ΔG^0 dieser Reaktion bei 30°C. Nenne Annahmen, die notwendig sind.

12. Bei 20°C wurde ΔH^0 für die Assoziation eines Enzyms zu 4 kcal mol^{-1} (16,8 kJ mol^{-1}) bestimmt. ΔS^0 betrug $+16$ e.u. (66,9 JK^{-1} mol^{-1}). Liegt die Assoziation bei dieser Temperatur günstig?

$$2\ (isolierte\ Untereinheiten) \rightleftharpoons (aktiver\ Dimer)$$

Welchen Effekt würde eine Absenkung der Temperatur erbringen? Gibt dies Auskunft über die Erscheinung der „Kältelabilität" mehrerer assoziierter (aus mehreren Untereinheiten gebildeter) Enzyme?

4. Ligandenbindung von Makromolekülen

4.1. Einführung

Eine Diskussion der Analyse von Meßdaten über Ligandenbindung in einem abgetrennten erscheint ganz nützlich, obwohl keine grundsätzlich neuen Gesetzmäßigkeiten auftreten. Aber einige Aspekte der behandelten Lehrsätze treten hinzu.

Betrachten wir zunächst den Fall der Bindung eines Moles A an ein Mol P

$$P + A \rightleftharpoons PA.$$

Dann ist die Gleichgewichtskonstante dieser Assoziation

$$K = \frac{[P]}{[P][A]}, \quad \text{wobei [] die Konzentrationen angibt.}$$

Biochemiker ziehen oft eine „Dissoziationskonstante" heran (mit dem Symbol K_D), die einfach den reziproken Wert dieser Assoziationskonstante darstellt,

d. h. $\quad K_D = \dfrac{[P][A]}{[PA]}.$ [4.1]

4.2. Die Bindungsgleichung – Auswertung von Bindungsmessungen

Definieren wir die Anzahl der Mole A, die an ein Mol P unter definierten Bedingungen gebunden sind, mit r*). Dann ist

$$r = \frac{\text{Konzentration von A gebunden an P}}{\text{Gesamtkonzentration aller Formen von P}} \quad [4.2]$$

$$= \frac{[PA]}{[P] + [PA]}. \quad [4.3]$$

Nun ist Gleichung [4.1]

$$[PA] = \frac{[P][A]}{K_D}.$$

---

*) In diesem Fall ist $r \leq 1$ und bedeutet den „Sättigungsanteil der Bindungsstellen". Dies trifft natürlich *nicht* zu, wenn wir Mehrfachbindungsstellen betrachten (S. 43).

Also ist

$$r = \frac{([P][A])/K_D}{[P] + ([P][A])/K_D},$$ [4.4]

d. h.

$$\boxed{r = \frac{[A]}{K_D + [A]}}.$$ [4.5]

Halten wir fest: Wenn $r = 0,5$ (d. h. P ist halbgesättigt an A), dann ist $[A] = K_D$.

Die Grundgleichung [4.5] läßt sich in mehrere Formen überführen, die einer graphischen Darstellung zugänglich sind. Zwei der üblichen werden im folgenden dargestellt:

1. Man formt die Gleichung um

$$\frac{1}{r} = 1 + \frac{K_D}{[A]},$$ [4.6]

so daß eine Darstellung von $1/r$ gegen $1/[A]$ eine Gerade mit der Neigung K_D ergibt.

2. Auch kann man die Gleichung schreiben

$$\frac{r}{[A]} = \frac{1}{K_D} - \frac{r}{K_D}.$$ [4.7]

Eine Darstellung von $r/[A]$ gegen r ergibt nun eine Gerade mit der Neigung $-1/K_D$.

Wenn man also aus experimentellen Daten die an P gebundene Menge von A berechnen kann (bei vorgegebenen Gesamtkonzentrationen von P und A), so läßt sich die Dissoziationskonstante bestimmen. Man beachte, daß in diesen Gleichungen [A] die Konzentration des frei gelösten A bedeutet, nicht die des an P gebundenen Liganden.

4.3. Ausgearbeitetes Beispiel

Mg^{++} und ADP bilden im Verhältnis 1:1 einen Komplex. In einem Experiment wurde die Konzentration von ADP konstant bei 80 µM gehalten, die Konzentration von Mg^{++} wurde variiert. Folgende Meßwerte wurden aufgestellt:

Gesamt-Mg^{2+} (µM)	20	50	100	150	200	400
An ADP gebundenes Mg^{2+} (µM)	11,6	26,0	42,7	52,8	59,0	69,5

Man bestimme die Dissoziationskonstante für MgADP für diese Bedingungen.

Lösung

Für jeden Gesamtkonzentrationswert von Mg^{++} läßt die Konzentration frei löslicher Mg^{++}-Ionen ([A] der Gleichungen) sich einfach durch Differenzbildung ermitteln. Der Wert von r ergibt sich durch Division des Wertes der Konzentration gebundener Mg^{++}-Ionen durch die ADP-Konzentration (nämlich 80 µM). Wir können diese Angaben gleich in die korrekte Form für die graphische Darstellung bringen:

Gesamt-Mg^{2+} (µM)	20	50	100	150	200	400
Gebundenes Mg^{2+} (µM)	11,6	26,0	42,7	52,8	59,0	69,5
Freies Mg^{2+} (µM)	8,4	24,0	57,3	97,2	141,0	330,5
r	0,145	0,325	0,534	0,660	0,738	0,869
$\dfrac{1}{r}$	6,90	3,08	1,874	1,515	1,356	1,151
$\dfrac{1}{[Mg^{2+}]_{frei}}$ (µM^{-1})	0,1190	0,0417	0,0175	0,0103	0,0071	0,0030
$\dfrac{r}{[Mg^{2+}]_{frei}}$ (µM^{-1})	0,0173	0,0135	0,0093	0,0068	0,0052	0,0026

Die zugehörigen Darstellungen ($1/r$ gegen $1/[Mg^{++}]_{frei}$ und $r/[Mg^{++}]_{frei}$ gegen r zeigen die Abbildungen 4.1. bzw. 4.2.

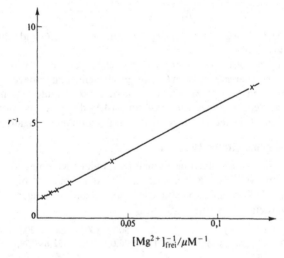

$$[Mg^{2+}]_{frei}^{-1}/\mu M^{-1}$$

Abb. 4.1. Graphische Darstellung des ausgearbeiteten Beispiels nach Gleichung (4.6).

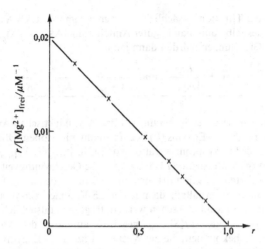

Abb. 4.2. Graphische Darstellung des ausgearbeiteten Beispiels nach Gleichung (4.7).

Natürlich würde man normalerweise nicht beide Verfahren anwenden, hier sind sie der Vollständigkeit halber aufgeführt. Aus beiden Kurven erhalten wir für K_D den Wert von 50 µM oder 50×10^{-6} (M)*). Offensichtlich sind im „doppelt reziproken Graph" (Abb. 4.1.) die Meßpunkte viel ungleichmäßiger verteilt als in der anderen Aufzeichnung (Abb. 4.2.). Deshalb bevorzugen viele Autoren die Darstellung der Abb. 4.2. zur Analyse von Bindungsmessungen, da es viel einfacher ist, für diesen Fall die beste Gerade für die experimentellen Daten zu finden. Für jedes Experiment ist die Darstellungsweise günstiger, die die gleichmäßigere Verteilung der Meßdaten möglich macht.

Man kann den Versuch beträchtlich vereinfachen, wenn ein Reaktionsteilnehmer in gehörigem Überschuß über den anderen vorhanden ist. Nehmen wir etwa an, daß P in einer Konzentration von 1 µM vorliegt und [A] zwischen 50 µM und 500 µM variiert wird. Dann wird

---

*) Genau genommen ist K_D dimensionslos, wie früher in Kapitel 3 ausgeführt. Aber die Biochemiker führen immer dimensionierte Werte an, etwa K_D = 50 µM. Auf einen Standardzustand von 1 M bezogen, könnten wir allerdings $K_D = 50 \times 10^{-6}$ schreiben. Wir wollen die Übereinkunft beibehalten, Dissoziationskonstanten mit Referenz zu schreiben, wie 50×10^{-6} (M), wobei die eingeklammerte Einheit sich auf den Standardzustand der 1 M Lösung bezieht.

während der Titration tatsächlich sehr wenig vom gesamten A an P gebunden; deshalb kann man in guter Annäherung $[A]_{frei} = [A]_{gesamt}$ setzen. Die Gleichungen würden dann lauten

$$\frac{1}{r} = 1 + \frac{K_D}{[A]_{ges}} \quad \text{und} \quad \frac{r}{[A]_{ges}} = \frac{1}{K_D} - \frac{r}{K_D}.$$

Wir benutzen diese Vereinfachung oft bei enzymkinetischen Arbeiten. Das Substrat (S) des Enzyms (E) liegt fast immer in großem Überschuß gegenüber der Enzymkonzentration vor (d. h. $[S]_{frei} = [S]_{gesamt}$). Bei dieser Art der Untersuchung benutzt man die Geschwindigkeit der enzymkatalysierten Reaktion (v), um ein Maß für r (die an E gebundene Menge von S) zu erhalten, da nur der ES-Komplex Enzymaktivität zeigt. Wie wir in Kapitel 9 sehen werden, trägt man tatsächlich $1/v$ gegen $1/[S]_{gesamt}$ oder $v/[S]_{gesamt}$ gegen v auf, um die *Michaelis-Konstante* zu bekommen, die die Wechselwirkung des Enzyms mit seinem Substrat charakterisiert*).

Die algebraische Vereinfachung durch die Gleichsetzung von $[S]_{frei}$ und $[S]_{gesamt}$ zeigt das nächste Beispiel.

4.4. Ausgearbeitetes Beispiel

Für das Gleichgewicht

$$E + S \rightleftharpoons ES$$

soll K_S die Dissoziationskonstante des ES-Komplexes sein.
Welcher Anteil des Enzyms liegt als ES vor, wenn

(a) $K_S = 50 \times 10^{-6}$ (M), $[E]_{ges} = 100\ \mu M$, $[S]_{ges} = 150\ \mu M$,

(b) $K_S = 50 \times 10^{-6}$ (M), $[E]_{ges} = 1\ \mu M$, $[S]_{ges} = 150\ \mu M$.

Lösung

Im Fall (a) ist $[E]_{gesamt}$ vergleichbar mit $[S]_{gesamt}$. Wir müssen also eine quadratische Gleichung lösen, um $[ES]$ zu berechnen.

Wenn $x\ \mu M$ die Konzentration von ES bedeutet, dann ist $(100 - x)$ μM die Konzentration des freien E und $(150 - x)$ μM die Konzentration des freien S

---

*) Zur Warnung: Die *Michaelis*-Konstante (K_m) ist meist keine echte Dissoziationskonstante.

$$\therefore \quad K_S = 50 \times 10^{-6} = \frac{(100 - x)(150 - x)}{x} \cdot 10^{-6}$$

$$50x = (100 - x)(150 - x)$$

$$\therefore \quad x^2 - 300x + 15\,000 = 0,$$

$$\therefore \quad x = \underline{63,4}.$$

Die Gesamtkonzentration des Enzyms beträgt 100 μM, also liegen in diesem Fall 63,4% des Enzyms als ES vor.

Im Fall (b) ist $[E]_{gesamt} \ll [S]_{gesamt}$, und so kann man $[S]_{frei}$ mit $[S]_{gesamt}$ gleichsetzen.

$$\therefore \quad K_S = 50 \times 10^{-6} = \frac{[E][S]_{ges}}{[ES]}$$

$$= \frac{[E]}{[ES]} \cdot 150 \times 10^{-6}.$$

Also ist $[E]/[ES] = 1/3$, deshalb beträgt $[ES]$ 75% der gesamten Enzymkonzentration. Eine Erweiterung dieses ausgearbeiteten Beispiels findet sich in Aufgabe 2.

4.5. Gleichgewichte bei mehreren Bindungsstellen

Bisher haben wir nur den Fall betrachtet, daß ein Mol eines Liganden (A) durch ein Makromolekül (P) gebunden wird. Es gibt jedoch viele Beispiele, bei denen mehrere Mole A durch ein Mol P gebunden werden können. Wir wollen jetzt diese Fälle untersuchen und Gleichungen aufstellen, anhand derer wir die Zahl der Bindungsstellen dieser Makromoleküle bestimmen können.

Wenn die Situation eintritt, daß der Ligand vom Makromolekül sehr fest gebunden wird, so können wir die Zahl der Bindungsstellen durch eine direkte Titration feststellen. Aliquote Teile einer Ligandenlösung werden zu Lösungen des Makromoleküls von bekannter Konzentration gegeben. Wenn die zugefügte Menge des Liganden die Konzentration an verfügbaren Bindungsstellen übertrifft, so bleibt Ligand in freier Lösung übrig.

Eine typische Anwendung dieser Methode ist in Aufgabe 3 gezeigt.

In den Fällen einer ungenügend festen Bindung müssen wir die betreffenden Gleichgewichts-Gleichungen anwenden.

Für eine einzelne Bindungsstelle erhielten wir die Gleichung $r = [A]/(K_D + [A])$, wobei r die Zahl der gebundenen Mole A pro Mol P,

[A] die Konzentration des frei gelösten A und K_D die Dissoziationskonstante bedeuten.

Für den Fall, daß ein Mol P bis zu n Mole A binden kann, ändert sich diese Gleichung

$$r = \frac{n[A]}{K_D + [A]}, \qquad\qquad [4.8]$$

wobei die n Bindungsstellen gleich und voneinander unabhängig sein sollen (d. h. die Freie Energie der Bindung ist für jede gleich). K_D ist nun die durchschnittliche oder mittlere Dissoziationskonstante.

Die Ableitung dieser Gleichung ist ziemlich komplex und wird in Anhang 2 behandelt.

Wie oben können wir diese Gleichungen hauptsächlich in zwei Spielarten umformen.

1. Wenn wir beide Seiten reziprok nehmen, ergibt sich

$$\frac{1}{r} = \frac{1}{n} + \frac{K_D}{n[A]}. \qquad\qquad [4.9]$$

Also zeigt eine graphische Darstellung von $1/r$ gegen $1/[A]$ eine Gerade mit der Neigung K_D/n und einen Schnittpunkt auf der y-Achse von $1/n$. Dies wird oft als die *Hughes-Klotz*-Gleichung bezeichnet.

2. Die Alternative ist

$$\frac{r}{[A]} = \frac{n}{K_D} - \frac{r}{K_D}, \qquad\qquad [4.10]$$

so daß die Darstellung von $r/[A]$ gegen r eine Gerade der Neigung $-1/K_D$ und einen Abschnitt auf der x-Achse von n ergibt. Dies wird oft als die *Scatchard*-Gleichung bezeichnet.

Die beiden Arten der graphischen Auswertungen werden im folgenden Beispiel ausgearbeitet.

4.6. Ausgearbeitetes Beispiel

In einem Versuch wird die Konzentration eines Enzyms bei 11 µM konstant gehalten, die Konzentration des Inhibitors [I] wird geändert. Man erhält folgende Ergebnisse:

$[I]_{ges}$ (µM)	5,2	10,4	15,6	20,8	31,2	41,6	62,4
$[I]_{frei}$ (µM)	2,3	4,8	7,95	11,3	18,9	27,4	45,8

Bestimme die Dissoziationskonstante für den Enzym-Inhibitor-Komplex und die Zahl der Inhibitor-Bindungsstellen auf dem Enzym.

Lösung

Für jeden Wert von $[I]_{gesamt}$ können wir $[I]_{gebunden}$ durch Subtraktion gewinnen; r erhält man durch Division von $[I]_{gebunden}$ durch die Konzentration des Enzyms (d. h. 11 µM). Dann läßt sich folgende Tabelle aufstellen.

$[I]_{ges}$ (µM)	5,2	10,4	15,6	20,8	31,2	41,6	62,4
$[I]_{frei}$ (µM)	2,3	4,8	7,95	11,3	18,9	27,4	45,8
$[I]_{geb}$ (µM)	2,9	5,6	7,65	9,5	12,3	14,2	16,6
r	0,264	0,510	0,695	0,864	1,118	1,291	1,510
$\dfrac{1}{r}$	3,793	1,964	1,438	1,158	0,894	0,775	0,663
$\dfrac{r}{[I]_{frei}}$ (µM^{-1})	0,115	0,106	0,087	0,076	0,059	0,047	0,033
$\dfrac{1}{[I]_{frei}}$ (µM^{-1})	0,435	0,208	0,126	0,088	0,053	0,036	0,022

Die beiden Bindungs-Darstellungen zeigen die Abb. 4.3. bzw. 4.4. Aus der „doppelt-reziproken" Darstellung erhalten wir einen Abschnitt auf der y-Achse von 0,5, also $n = 2$. Die Neigung der Geraden ist 7,6, so daß $K_D = 15,2 \times 10^{-6}$ (M).

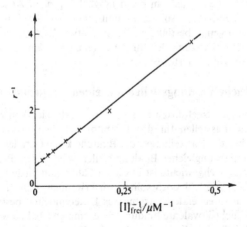

Abb. 4.3. Darstellung der Bindungswerte aus dem ausgearbeiteten Beispiel mittels der Gleichung (4.9).

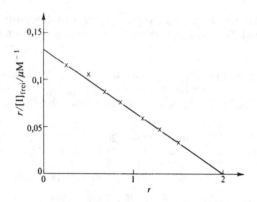

Abb. 4.4. Darstellung der Bindungswerte aus dem ausgearbeiteten Beispiel mittels der Gleichung (4.10).

Aus der „*Scatchard*"-Darstellung (Abb. 4.4.) sehen wir wiederum, daß $n = 2$ und der Wert von $K_D = 15{,}2 \times 10^{-6}$ (M) ist. Auch sind offensichtlich die Bindungsstellen gleichartig und unabhängig, sonst würde man eine gebogene Linie erhalten.

Wie im vorangehenden Beispiel (Mg^{++} und ADP) zeigt die *Scatchard*-Darstellung eine gleichmäßigere Verteilung der Meßwerte als die „doppelte-reziproke" (das muß aber nicht immer so sein).

Wichtig ist noch, daß man einen möglichst großen Abschnitt der ganzen Sättigungskurve ausmessen muß, will man die Zahl der Bindungsstellen n genau bestimmen. Es ist in etwa der Bereich zwischen 25% und 75% Sättigung der Bindungsstellen für den Liganden auf dem Makromolekül hierfür notwendig.

4.7. Ungleiche Bindungsstellen auf einem Makromolekül

In dem oben ausgeführten Beispiel gab es offensichtlich zwei äquivalente Bindungsstellen für den Inhibitor auf dem Makromolekül. Sehr oft geben die Darstellungen der Bindung keine Geraden, dies gibt den Sachverhalt ungleicher Bindungsstellen wieder. Die Behandlung der Bindungsgleichgewichte ist in diesen Fällen kompliziert und wird hier nicht diskutiert. Jedoch sollten wir erwähnen, daß in all diesen Fällen die entsprechenden Enzyme aus Untereinheiten bestehen und diese durch nicht-kovalente Bindungen zusammengehalten werden. Es scheint möglich, daß die Ungleichheit der Bindungsstellen mit Wechselwirkungen zwischen diesen Untereinheiten des Enzyms zusammenhängt. Für die Regulation der Aktivität vieler Enzyme in der Zelle hält man heute diesen Effekt für besonders wichtig.

4.8. Experimentelle Methoden zur Erstellung von Bindungswerten

Diesen Aspekt unseres Themas werden wir hier ebenfalls nicht detailliert ausführen. Es gibt zwei Hauptarten der Arbeitsweisen für diesen Zweck.

1. Man trennt das mit Liganden versehene Makromolekül vom frei gelösten Liganden (meist auf Grund seiner Größe*)). Die Konzentration des frei gelösten Liganden läßt sich dann leicht bestimmen, schließlich wird die Konzentration des gebundenen Liganden durch Subtraktion dieses Wertes von der bekannten Gesamtkonzentration des Liganden ermittelt.

2. Man findet eine indirekte Methode zur Beobachtung der Bindung, etwa durch eine spektroskopische Veränderung entweder des Makromoleküls oder des Liganden, die es erlaubt, zwischen freiem Makromolekül (oder Liganden) und dem Komplex der beiden zu unterscheiden. Bei allen vorgegebenen Bedingungen können wir dann den Anteil der freien und gebundenen Formen bestimmen.

Mit einer dieser Techniken können wir die Parameter r und [A] der Gleichung [4.8] auswerten. Die Meßwerte werden dann entweder in der „doppelt reziproken" oder der „Scatchard"-Darstellung für die Ermittlung der Parameter n und K benutzt.

4.9. Aufgaben

1. Die Bindung eines Substrates (ADP) an das Enzym Pyruvatkinase wurde durch Messung des Quenchs der Enzym-Fluoreszenz verfolgt. Folgende Werte ergaben sich:

Gesamtkonzentration an ADP (mM)	0,29	0,36	0,42	0,53	0,84	1,18	1,89
gebundenes ADP/Mol Protein	1,25	1,35	1,62	1,82	2,26	2,62	3,03

Die Enzymkonzentration betrug während der ganzen Titration 4 µM. Berechne aus diesen Angaben die Zahl der Substratbindungsstellen auf dem Enzym und die Dissoziationskonstante.

2. Zum ausgearbeiteten Beispiel auf S. 42 über das Gleichgewicht E + S ⇌ ES. Wenn ein Inhibitor I, der an das Enzym (aber nicht an den ES-

---

*) Dies muß ohne Störung des Gleichgewichtes geschehen (etwa durch eine Dialysenmembran, die für kleine, aber nicht für Makromoleküle durchlässig ist).

Komplex) gebunden wird, jetzt dem System zugefügt wird, müssen wir zwei parallele Gleichgewichte berücksichtigen, nämlich

$$E + S \rightleftharpoons ES \quad K_S = \frac{[E][S]}{[ES]}$$

und

$$E + I \rightleftharpoons EI \quad K_I = \frac{[E][I]}{[EI]}.$$

(a) Werte die Konzentrationen von E, EI und ES als Bruchteile von $[E]_{gesamt}$ für den Fall $[E]_{gesamt} = 1\ \mu M$, $[S]_{gesamt} = 150\ \mu M$, $[I]_{gesamt} = 150\ \mu M$, $K_S = 50 \times 10^{-6}$ (M), $K_I = 75 \times 10^{-6}$ (M) aus.

(b) Diskutiere die Situation (d. h. aus den algebraischen Gleichungen), daß $[E]_{gesamt}$ vergleichbar groß mit $[S]_{gesamt}$ und $[I]_{gesamt}$ in diesem System ist.

3. Wenn die Bindung eines Liganden an ein Makromolekül sehr fest ist, kann man die Zahl der Ligandenbindungsstellen durch direkte Titration bestimmen. Ein derartiger Fall ist die Bindung eines Haptens an seinen Antikörper.
Die Antikörperkonzentration sei 0,5 µM

zugefügtes Hapten (µM)	freies Hapten (µM)
0	0
0,25	0,02
0,50	0,03
0,75	0,04
1,00	0,05
1,5	0,5
2,0	1,0
5,0	4,0

Bestimme die Zahl der Bindungsstellen auf dem Antikörper.

4. Die folgenden Meßwerte wurden für die Bindung eines Liganden (Mn^{2+}) an das Enzym Phosphorylase a erhoben:

$[Ligand]_{ges}$ (µM)	$[Ligand]_{geb}$ (µM)
110	75
190	125
290	175
500	250
750	300

Die Enzymkonzentration betrug dabei 100 µM. Ermittle n und K anhand einer günstigen graphischen Darstellung.

5. Die Thermodynamik der Lösungen

5.1. Einführung

Im Kapitel 3 stellten wir fest, daß wir die Gleichung $\Delta G^0 = RT \ln K$ auf Reaktionen in Lösungen anwenden konnten, obwohl die Gleichung ursprünglich für Reaktionen idealer Gase abgeleitet war. In diesem Kapitel zeigen wir, daß es eine Beziehung zwischen den Eigenschaften einer Lösung und dem Dampf über der Lösung gibt (*Raoult*sches Gesetz). Dies erlaubt es uns, die Gleichungen für gasförmige Systeme (im Kapitel 3) auf Lösungen anzuwenden. Wir werden auch einige der wichtigeren Aspekte der Thermodynamik der Lösung behandeln. Zunächst betrachten wir ein Ein-Komponenten-System − eine Flüssigkeit im Gleichgewicht mit ihrem Dampf.

5.2. Gleichgewichte zwischen Phasen

Unser offensichtlicher Ausgangspunkt, um Gase und Flüssigkeiten in Beziehung zu bringen, ist die Behandlung einer Flüssigkeit mit ihrem überstehenden Dampf in einem isolierten Behälter (Abb. 5.1.).

Abb. 5.1. Gleichgewicht zwischen Dampf und Flüssigkeit in einem geschlossenen Behälter.

Unter vorgegebenen Bedingungen (Temperatur, Druck) wird sich ein Gleichgewicht zwischen den beiden Phasen einstellen. Die Voraussetzung für dieses Gleichgewicht lautet

$$\Delta G = 0$$

d. h. $\underline{G_{\text{Flüssigkeit}} = G_{\text{Dampf}}}$.

Man kann also die Eigenschaften der Flüssigkeit (wie ihre Freie Energie) mit denen ihres Dampfes in Beziehung setzen, vorausgesetzt daß die Bedingung des Gleichgewichtes erfüllt ist.

Ein einfaches Beispiel:

$$\text{Flüssigkeit} \rightleftharpoons \text{Dampf}$$
$$(\text{Druck} = p_{\text{Dampf}}).$$

Die Gleichgewichtskonstante ist

$$K = \left(\frac{p_{\text{verd}}}{p_{\text{verd}}^0} \right),$$

wobei p_{Dampf}^0 den Standardzustand kennzeichnet, also 1 Atmosphäre Druck.

Der Standardzustand der Flüssigkeit ist einfach die reine Flüssigkeit. Wir wir aus Kapitel 3 wissen, erscheinen Komponenten im Standardzustand (reine Flüssigkeiten, feste Stoffe, Gase bei 1 Atmosphäre Druck, oder gelöste Stoffe bei der Konzentration 1 M) nicht im Ausdruck der Gleichgewichtskonstante.

Die Änderung von K mit der Temperatur ergibt sich aus Gleichung [3.9]

$$\ln \left(\frac{K_2}{K_1} \right) = - \frac{\Delta H^0}{R} \left(\frac{1}{T_2} - \frac{1}{T_1} \right),$$

K läßt sich durch p_{Dampf} bei der betreffenden Temperatur, $p_{\text{Dampf}}(T)$, ersetzen, so daß

$$\ln \left(\frac{p_{\text{Verd}}(T_2)}{p_{\text{Verd}}(T_1)} \right) = - \frac{\Delta H^0}{R} \left(\frac{1}{T_2} - \frac{1}{T_1} \right),$$

wobei ΔH^0 die Differenz der Enthalpien zwischen Flüssigkeit und Dampf jeweils im Standardzustand bedeutet. ΔH^0 ist also die latente Verdampfungswärme, L_{Verd}.

$$\therefore \quad \boxed{\ln \left(\frac{p_{\text{Verd}}(T_2)}{p_{\text{Verd}}(T_1)} \right) = - \frac{L_{\text{Verd}}}{R} \left(\frac{1}{T_2} - \frac{1}{T_1} \right).} \qquad [5.1]$$

Diese Formel ist als *Clausius-Clapeyron*sche Gleichung bekannt und gibt an, wie der Dampfdruck einer Flüssigkeit sich mit der Temperatur ändert. Eine graphische Darstellung von ln (Dampfdruck) gegen $1/T$ ergibt eine Gerade, aus der die latente Wärme der Verdampfung berechnet werden kann. Diese Gleichung liefert eine Verbindung zwischen Flüssigkeit und Dampfphase, da wir aus Messungen des Dampfdruckes den Wert von L_{Verd} erhalten können. (Er macht eine Aussage über die Kräfte zwischen den Molekülen im *flüssigen Zustand*, da es im gasförmigen Zustand keine solchen intermolekularen Kräfte gibt, wenn der Dampf als ideales Gas angenommen wird.)

5.3. Das Raoultsche Gesetz – Ideale Lösungen

Die wichtigste Gleichung für die Verbindung von Dampf und Flüssigkeit ist unter dem Namen *Raoultsches Gesetz*

$$\boxed{p = p^*X_1}\,, \qquad\qquad [5.2]$$

bekannt, wobei p der Dampfdruck des Lösungsmittels bei der Temperatur T ist, p^* der Dampfdruck des reinen Lösungsmittels der gleichen Temperatur und X_1 der Molenbruch des Lösungsmittels, d. h.

$$X_1 = \frac{\text{Mole Lösungsmittel}}{\text{Mole Lösungsmittel} + \text{Mole des gelösten Stoffes}}\,.$$

Die Beziehung wurde ursprünglich aus experimentellen Messungen des Dampfdruckes abgeleitet. Eine *ideale Lösung* kann definiert werden als Lösung, die dem *Raoult*schen Gesetz folgt*). (In analoger Formulierung ist ein ideales Gas definiert als eines, das der Gleichung $PV = nRT$ folgt.) Auf molekularer Ebene sagt die Bezeichnung „ideale Lösung" aus, daß die intermolekularen Kräfte (die für den flüssigen Zustand verantwortlich sind) alle einheitlich sind. Nennen wir also die Komponenten 1 und 2, so sind die Kräfte zwischen 1 und 1, 2 und 2, ebenso 1 und 2 alle identisch. Im idealen Gas bestehen natürlich keine solchen Kräfte zwischen den Molekülen.

Die Einheitlichkeit der zwischenmolekularen Kräfte in idealen Lösungen bedingt, daß die Enthalpie der Mischung der Komponenten Null ist (d. h. $\Delta H = 0$), dies deutet an, daß dieses Verhalten wohl beobachtet wird, wenn die Komponenten chemisch sehr ähnlich sind.

---

*) Wenn mehr als eine flüchtige Komponente in der Lösung vorliegt, etwa eine Lösung von Benzol in Toluol, dann sagt das *Raoult*sche Gesetz den partiellen Dampfdruck jeder Komponente vorher. Der Gesamtdampfdruck ist dann die Summe dieser partiellen Dampfdrücke. Wir wollen uns aber fast ausschließlich mit Lösungen von nichtflüchtigen Substanzen befassen, und dabei tritt diese Komplikation nicht auf.

Weiterhin sollte sich beim Mischen der Komponenten keine Volumenänderung zeigen.

5.4. Alternative Definition einer idealen Lösung

Gegeben sei eine Dampfphase im Gleichgewicht mit dem Lösungsmittel.

Für den Dampfdruck wenden wir aus Kapitel 3 Gleichung [3.1] an

$$G_{\text{Dampf}} = G^0_{\text{Dampf}} + RT \ln p_{\text{Dampf}}, \text{ da } p^0_{\text{Dampf}} = 1 \text{ atm}. \quad [5.3]$$

Um G^0_{Dampf} mit $G^0_{\text{Lösungsmittel}}$ in Beziehung zu setzen, müßten wir folgenden Parallelprozeß betrachten *):

Dampf beim Druck p^*

reines Lösungsmittel $\xrightarrow{\text{III}}$ Dampf beim Druck 1 atm

ΔG für den Schritt I = 0, da reines Lösungsmittel im Gleichgewicht mit Dampf beim Druck p^* ist.

Für den Schritt II (Kompression des Dampfes vom Druck p^* auf den Druck = 1 atm) ist

$$\Delta G = -RT \ln p^*/1 = -RT \ln p^*.$$

Für den Schritt III ist ΔG die Summe aus den ΔG für die Schritte I und II, d. h.

$$\Delta G = -RT \ln p^*.$$

Da aber der Schritt III die Umwandlung des Lösungsmittels im *Standardzustand* in Dampf *im Standardzustand* darstellt, ist dies ein ΔG^0, d. h.

$$\Delta G^0 = -RT \ln p^*,$$

so daß $\quad G^0_{\text{Dampf}} - G^0_{\text{Lösungsmittel}} = -RT \ln p^*$

$$\therefore \quad \underline{G^0_{\text{Dampf}} = G^0_{\text{Lösungsmittel}} - RT \ln p^*}. \quad [5.4]$$

Unter allen Bedingungen, wo *Gleichgewicht* zwischen Lösungsmittel und seinem Dampf herrscht, ist

$$G_{\text{Lösungsmittel}} = G_{\text{Dampf}}.$$

---

*) Diesen Ansatz kann man benutzen, um Aufgabe 7 in Kapitel 3 zu lösen.

Durch Einsetzen in Gleichung [5.3]:

$$G_{\text{Lösungsmittel}} = G^0_{\text{Dampf}} + RT \ln p_{\text{Dampf}}.$$

Mit Gleichung [5.4]:

$$G_{\text{Lösungsmittel}} = G^0_{\text{Lösungsmittel}} - RT \ln p^* + RT \ln p_{\text{Dampf}}.$$

Nun ist nach dem *Raoultschen Gesetz*

$$p_{\text{Dampf}} = p^* X_1,$$

wobei X_1 der Molenbruch des Lösungsmittels ist.

$$\therefore \ G_{\text{Lösungsmittel}} = G^0_{\text{Lösungsmittel}} - RT \ln p^* + RT \ln p^* + RT \ln X_1$$

$$\therefore \ \boxed{G_{\text{Lösungsmittel}} = G^0_{\text{Lösungsmittel}} + RT \ln X_1} \qquad [5.5]$$

Diese Grundgleichung kann auch zur Definition einer idealen Lösung dienen*), d. h. die Freie Energie des Lösungsmittels einer idealen Lösung wird durch die obige Formulierung beschrieben. Wir haben nun gezeigt, wie sich die Gleichung aus dem *Raoult*schen Gesetz ableitet.

Wir werden nun diese komplementären Definitionen idealer Lösungen dazu benutzen, einige Eigenschaften dieser Lösungen zu behandeln.

5.5. Eigenschaften idealer Lösungen

1. Dampfdruck-Erniedrigung des Lösungsmittels

Das *Raoult*sche Gesetz sagt aus

$$p = p^* X_1$$

$$\therefore \ \frac{p^* - p}{p^*} = 1 - X_1.$$

---

*) Das *Raoult*sche Gesetz definiert eine ideale Lösung unter Beschreibung der Eigenschaften des *Lösungsmittels*. Ein anderes Gesetz (das *Henry*sche Gesetz) beschäftigt sich mit den Eigenschaften des *gelösten Stoffes* in einer idealen Lösung. Das *Henry*sche Gesetz sagt aus, daß der Molenbruch des gelösten Stoffes dem Dampfdruck des gelösten Stoffes *proportional* ist. Offensichtlich ist das nur nützlich, wenn der gelöste Stoff flüchtig ist – z. B. bei Sauerstoffgas in wäßriger Lösung. Da wir fast ausschließlich mit nichtflüchtigen gelösten Stoffen befaßt sein werden, werden wir das *Henry*sche Gesetz nicht weiter behandeln.

Die linke Seite dieser Gleichung gibt die relative Erniedrigung des Dampfdruckes des Lösungsmittels nach Zusatz des gelösten Stoffes an.

Der Term der rechten Seite ist dem Molenbruch des gelösten Stoffes (X_2) gleich. X_2 ist definiert als

$$X_2 = \frac{\text{Mole gelöster Stoff}}{\text{Mole gelöster Stoff} + \text{Mole Lösungsmittel}}.$$

In *verdünnten* Lösungen ist die Zahl der Mole des Lösungsmittels sehr viel größer als die Zahl der Mole des gelösten Stoffes.
Daher

$$X_2 = \frac{\text{Mole gelöster Stoff}}{\text{Mole Lösungsmittel}}.$$

Wenn wir dabei x g gelösten Stoff des Molekulargewichtes M in 1000 g Wasser (M. W. = 18) einsetzen:

$$X_2 = \frac{x/M}{1000/18} = \frac{x}{55,5\,M},$$

d. h.

$$X_2 = \frac{p^* - p}{p^*}$$

$$= \frac{x}{55,5\,M}.$$

Wenn wir also die Dampfdruckerniedrigung des Lösungsmittels nach Zusatz einer bekannten Menge des gelösten Stoffes ausmessen, so können wir das Molekulargewicht des Stoffes berechnen.

2. Erniedrigung des Schmelzpunktes des Lösungsmittels

Aus der Definition einer idealen Lösung (Gleichung [5.5])

$$G_{\text{Lösungsmittel}} = G^0_{\text{Lösungsmittel}} + RT \ln X_1$$

folgt, daß der Zusatz des gelösten Stoffes die Freie Energie des Lösungsmittels um den Betrag $RT \ln X_1$ erniedrigt hat*). Wir werden jetzt den Einfluß des gelösten Stoffes auf den Schmelzpunkt des Lösungsmittels untersuchen.

---

*) X_1, der Molenbruch des Lösungsmittels, ist kleiner als 1, deshalb ist $\ln X_1$ immer negativ.

Man betrachte den Erstarrungsvorgang

Lösungsmittel (flüssig) ⇌ Lösungsmittel (fest).

Beim Erstarrungspunkt des reinen Lösungsmittels (T_1) ist natürlich $\Delta G = 0$ (da dies die Gleichgewichts-Situation ist). Nach Zusatz des gelösten Stoffes jedoch wurde die Freie Energie des Lösungsmittels (flüssig) um den Betrag $RT \ln X_1$ erniedrigt. Wir wollen jetzt aber die neue Temperatur herausfinden, bei der $\Delta G = 0$, wenn der gelöste Stoff enthalten ist (das ist dann der neue Erstarrungspunkt der Lösung). Wir brauchen also eine Gleichung, die die Änderung von ΔG mit der Temperatur beschreibt. Nach Gleichung [3.6] war dies

$$\frac{d(\Delta G/T)}{dT} = \frac{\Delta H}{T^2}.$$

Durch Integration zwischen T_f, dem Schmelzpunkt des reinen Lösungsmittels (wo $\Delta G = +RT \ln X_1$) und T_f', dem neuen Schmelzpunkt (wo $\Delta G = 0$), erhalten wir

$$\int_{\Delta G = RT \ln X_1}^{\Delta G = 0} d\left(\frac{\Delta G}{T}\right) = -\int_{T_f}^{T_f'} \frac{\Delta H}{T^2} dT$$

$$\therefore \ -R \ln X_1 = +\Delta H\left(\frac{1}{T_f'} - \frac{1}{T_f}\right)$$

$$\therefore \ -\ln X_1 = \frac{\Delta H}{R}\left(\frac{T_f - T_f'}{T_f' \times T_f}\right).$$

Wenn $T_f \approx T_f'$, dann darf man $T_f' \times T_f = (T_f)^2$ setzen, und X_1 kann durch $(1 - X_2)$ ersetzt werden (wobei X_2 der Molenbruch des gelösten Stoffes ist). Man erhält

$$-\ln(1 - X_2) = \frac{\Delta H}{R} \cdot \frac{\Delta T_f}{T_f^2}$$

(ΔT_f ist die Schmelzpunkt-Erniedrigung). Wenn X_2 klein ist, so ist $\ln(1 - X_2) \approx -X_2$,

$$\therefore \ X_2 = \frac{\Delta H}{R} \times \frac{\Delta T_f}{T_f^2}.$$

Nun ist ΔH die latente Schmelzwärme, L_f.

$$\therefore \quad \boxed{X_2 = \frac{L_f}{R} \times \frac{\Delta T_f}{T_f^2}} . \tag{5.6}$$

Dies ist eine Gleichung, die den Molenbruch der gelösten Substanz (X_2) mit der Schmelzpunkts-Erniedrigung verbindet (ΔT_f). Man beachte, daß wir Annahmen einführen mußten: a) die der idealen Lösung und b) X_2 ist klein, d. h. die Lösung ist verdünnt.

Wenn man den Einfluß eines gelösten Stoffes auf die Freie Energie des Lösungsmittels im Gleichgewicht

$$\text{Lösungsmittel} \rightleftharpoons \text{Dampf}$$

betrachtet, so läßt sich eine analoge Formulierung für die Siedepunkts-Erhöhung durch den gelösten Stoff auffinden

$$\boxed{X_2 = \frac{L_{\text{verd}}}{R} \times \frac{\Delta T_{Kp}}{T_{Kp}^2}} , \tag{5.7}$$

wobei L_{verd} die latente Verdampfungswärme und T_{Kp} der Siedepunkt des reinen Lösungsmittels ist.

Für die Schmelzpunkts-Erniedrigung gilt also

$$X_2 = \frac{L_f}{R} \times \frac{\Delta T_f}{T_f^2} ,$$

so daß

$$\Delta T_f = \frac{R T_f^2}{L_f} \times X_2 ;$$

durch Einsetzen für X_2, wie auf S. 54

$$\Delta T_f = \frac{R T_f^2}{L_f} \times \frac{x}{55,5\,M} .$$

Für Wasser ist $L_f = 1440$ cal mol^{-1}, $T_f = 273$ K, deshalb ist

$$\Delta T_f = 1,86 \left(\frac{x}{M} \right) ,$$

wenn wir also eine 1 *molale* Lösung hätten (1 Mol gelöster Stoff pro *Kilogramm* Wasser), dann wäre

$$\Delta T_f = 1,86°C.$$

Dies wird als die *molale Schmelzpunkts-Erniedrigungskonstante* für Wasser bezeichnet. Für andere Lösungsmittel gelten andere Werte, für Benzol etwa ist die Konstante 5,1°C.

5.6. Ausgearbeitetes Beispiel

Eine Lösung von 39 g Glucose in 1 kg Wasser zeigt einen Schmelzpunkt von −0,4°C. Wie groß ist das Molekulargewicht der Glucose? Die molale Schmelzpunkts-Erniedrigungskonstante von Wasser ist 1,86°C.

Lösung

Das Molekulargewicht der Glucose sei M, dann ist die Lösung $(39/M)$ molal.

$$\therefore\ 0,4 = 1,86\left(\frac{39}{M}\right)$$

$$\therefore\ M = \frac{1,86 \times 39}{0,4}$$

$$= \underline{181},$$

d. h. das Molekulargewicht von Glucose ist $\underline{181}$ (tatsächlicher Wert = 180).

3. Der osmotische Druck einer Lösung

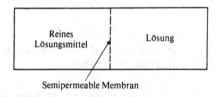

Abb. 5.2. Trennung des Lösungsmittels und der Lösung durch eine semipermeable Membran.

Man betrachte ein System, bei dem eine Lösung von ihrem reinen Lösungsmittel durch eine semipermeable Membran geschieden ist (d. h. die Membran ist durchlässig für das Lösungsmittel, aber nicht für den gelösten Stoff (Abb. 5.2).

Offensichtlich ist die Freie Energie des Lösungsmittels auf den beiden Seiten der Membran verschieden groß. Auf der Lösungsseite wird die Freie Energie des Lösungsmittels durch Gleichung [5.5] angegeben,

$$G_{\text{Lösungsmittel}} = G^0_{\text{Lösungsmittel}} + RT \ln X_1 ,$$

während auf der Lösungsmittel-Seite die Freie Energie $G^0_{\text{Lösungsmittel}}$ ist (da wir reines Lösungsmittel vorliegen haben).

Da die Freien Energien des Lösungsmittels auf den beiden Seiten der Membran verschieden sind, liegt hier kein Gleichgewicht vor, deshalb wird für das Lösungsmittel die Tendenz bestehen, in die Lösung überzuwechseln *).

Wir können das System durch Anwendung mehrerer äußerer Faktoren ins Gleichgewicht bringen. Im vorangehenden Abschnitt sahen wir, daß Temperaturänderungen den Wert von $G_{\text{Lösungsmittel}}$ beeinflußten. Hier beschäftigen uns die Einflüsse des Druckes auf die Lösung. Der Druck, den man benötigt, um die Lösung zum Gleichgewicht mit dem Lösungsmittel zu bringen, wird der *osmotische Druck* der Lösung genannt. Dies zeigt Abb. 5.3.

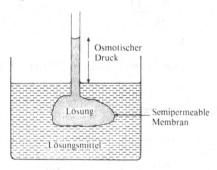

Abb. 5.3. Osmotischer Druck einer Lösung unter Trennung von reinem Lösungsmittel durch eine semipermeable Membran.

---

*) Während Lösungsmittel in die Lösung eindringt, nähert sich der Molenbruch des Lösungsmittels (X_1) dem Wert 1 und damit $G_{\text{Lösungsmittel}}$ dem Wert $G^0_{\text{Lösungsmittel}}$.

58

Wir leiten die Formel für den osmotischen Druck wie folgt ab:
In Kapitel 3 (S. 22) galt für jede Substanz

$$dG = V dP - S dT,$$

so daß bei konstanter Temperatur

$$dG - V dP.$$

Nun hat das Lösungsmittel auf der Lösungsseite eine um $RT \ln X_2$ niedrigere Freie Energie als das reine Lösungsmittel (wegen der Verdünnung). Der Effekt der Anwendung des osmotischen Druckes muß darin liegen, $G_{\text{Lösungsmittel}}$ in der Lösung (G_A) anzuheben, um diesen Verdünnungseffekt aufzuheben. Beim Gleichgewicht ist die (Änderung von G durch den osmotischen Druck) + (Änderung von G durch Verdünnung) = 0.

Ist der osmotische Druck (über 1 atm) = π atm, dann ist

$$\int_0^\pi dG_A + RT \ln X_1 = 0$$

$$\int_0^\pi V_A\, dP = -RT \ln X_1.$$

V_A ist das molare Volumen des Lösungsmittel. Man kann annehmen, daß es vom Druck unabhängig ist (d. h. die Lösung ist nicht komprimierbar).

$$\therefore\ V_A \pi = -RT \ln X_1.$$

Wie zuvor wird X_1 durch $(1 - X_2)$ ersetzt, und wenn X_2 klein ist (also die Lösung verdünnt), können wir schreiben

$$-RT \ln X_1 = -RT \ln(1 - X_2)$$

$$= RT \cdot X_2$$

$$\therefore\ \underline{V_A \pi = RT \cdot X_2.}$$

Für *verdünnte wäßrige* Lösungen ist V_A 18 ml mol^{-1} (deshalb ist auch das spezifische Gewicht beinahe 1), dann wird die obige Gleichung zu

$$\boxed{\pi = RT \cdot c}, \hspace{4cm} [5.8]$$

wobei c die *Molarität* des Lösungsmittels bedeutet (Mole pro Liter Lösung).

5.7. Ausgearbeitetes Beispiel

Wie groß ist der osmotische Druck einer Lösung von 39 g Glucose in 1 l Lösung ($T = 25\,°C$)?

Lösung

Für verdünnte Lösungen gilt

$$\pi = RTc.$$

Wenn wir π in Atmosphären messen, so muß der betreffende Wert von R gewählt werden, d. h. $R = 0,082\ l\ atm\ mol^{-1}\ K^{-1}$.

$$\therefore \pi = (0,08)(298)(39/180)\ atm$$

$$= 5,3\ atm.$$

Der osmotische Druck ist einer Wassersäule von 55 m Höhe äquivalent!

Dieses Beispiel zeigt, daß die Messung des osmotischen Drucks einer verdünnten Lösung viel einfacher ist als die Messung der recht kleinen Schmelzpunkts-Erniedrigung (0,4 °C in diesem Falle).

Die vier Eigenschaften Dampfdruck-Erniedrigung, Schmelzpunkts-Erniedrigung, Siedepunkts-Erhöhung und osmotischer Druck sind als *„colligative Eigenschaften"* von Lösungen bekannt. Sie sind alle zur Bestimmung des Molekulargewichtes kleiner Moleküle (als gelöste Stoffe) benutzt worden. Wir werden aber später bei der Bearbeitung von Lösungen von Makromolekülen sehen, daß hier nur Messungen des osmotischen Druckes in Frage kommen.

5.8. „Unnormale" Molekulargewichte

Manchmal ergibt sich ein „unnormales" Molekulargewicht. Dafür gibt es verschiedene Ursachen.

1. Ein Elektrolyt, z. B. NaCl, *dissoziiert* in Lösung. Dies erhöht die Zahl der Teilchen in der Lösung, und die colligativen Eigenschaften werden größere Effekte hervorrufen, als nach der Grundlage der molaren Konzentration des gelösten Stoffes zu erwarten. Das Verhältnis (beobachteter Effekt/berechneter Effekt) wird mit dem Symbol i bezeichnet und trägt den Namen *van't Hoff-Faktor* der Lösung.

2. In einigen Fällen kann der gelöste Stoff in der Lösung auch *assoziieren*, so bildet Benzoesäure in wäßriger Lösung Dimere.

$$2C_6H_5CO_2H \; \rightleftharpoons \; C_6H_5C{\overset{O\cdots H-O}{\underset{O-H\cdots O}{\Big\langle}}}C-C_6H_5$$

Molekulargewicht 122   Molekulargewicht 244

Dies reduziert die Zahl der Teilchen in der Lösung, unter Abnahme der colligativen Eigenschaften. Das scheinbare Molekulargewicht liegt zwischen dem Monomeren- und dem Dimeren-Molekulargewicht, je nach ihrer relativen Anzahl (ihren Konzentrationen).

3. Die Lösung kann nicht-ideal sein. Dies ist besonders wahrscheinlich, wenn gelöster Stoff und Lösungsmittel chemisch unähnlich sind, wie bei den meisten für Biochemiker interessanten Lösungen.

5.9. Nicht-ideale Lösungen – der Begriff der Aktivität

Aus dem *Raoult*schen Gesetz konnten wir einige einfache und bequeme Gleichungen ableiten, um die Eigenschaften von Lösungen zu beschreiben. In der Praxis sind die Kräfte zwischen den Molekülen einer Lösung nicht alle einheitlich, und daraus folgen Abweichungen von idealen Eigenschaften. Wir würden erwarten, daß diese Abweichung in verdünnten Lösungen klein ist, dies ist auch der Fall. Es bleibt jedoch bequem, die gleiche Form der thermodynamischen Gleichungen auch für nicht-ideale Lösungen beizubehalten. Um dies möglich zu machen, wird der Begriff der „Aktivität" wie folgt eingeführt:

Für ideale Lösungen lautet das *Raoult*sche Gesetz

$$p = p^*X_1,$$

während es für nicht-ideale Lösungen zu

$$\boxed{p = p^*a_1} \qquad\qquad [5.9]$$

wird, wobei a_1 die Aktivität des Lösungsmittels bedeutet. Die thermodynamischen Gleichungen sind dann genau analog mit der Substitution von a_1 für X_1; a_1 ist also der für nicht-ideale Effekte „korrigierte" Molenbruch, so daß die thermodynamischen Gleichungen noch gelten*). Das Verhältnis von Aktivität zu Molenbruch wird als *Aktivitätskoeffizient* γ bezeichnet

---

*) So wird Gleichung [3.1] $G = G^0 + nRT \ln (p/p^0)$ durch $G = G^0 + RT \ln a$ ersetzt, und diese Gleichung wird für jede Komponente (Gas, Flüssigkeit, gelöster Stoff usf.) gültig angenommen.

$$\boxed{\gamma = \frac{a}{X} = \frac{\text{effektive Konzentration}}{\text{wahre Konzentration}}}. \qquad [5.10]$$

Wenn $\gamma = 1$, so ist die Lösung offensichtlich ideal. Die Gleichung [5.10] befähigt uns, γ aus einem bekannten Wert für X zu berechnen, wenn a gemessen wird.

5.10. Ausgearbeitetes Beispiel

Bei 50 °C beträgt der Dampfdruck reinen Wassers 92,50 mm Hg. Bei einer Saccharose-Lösung, für die der Molenbruch für Wasser den Wert 0,96 hat, wird der Dampfdruck zu 88,30 mm Hg (bei 50 °C) gemessen. Man berechne den Aktivitätskoeffizienten des Wassers in dieser Lösung.

Lösung

Nach dem *Raoult*schen Gesetz − für nicht-ideale Lösungen (Gleichung [5.9]) gilt

$$a_1 = \frac{p}{p^*} = \frac{88,30}{92,50} = 0,955.$$

Da
$$X_1 = 0,96,$$

erhalten wir

$$\gamma = \frac{0,955}{0,960} = \underline{0,995,}$$

d. h. in dieser verdünnten Lösung verhält sich das Lösungsmittel nahezu ideal.

5.11. Elektrolytlösungen

Offensichtlich werden Lösungen von Elektrolyten in die Kategorie fallen, bei der die Wechselwirkungen zwischen den verschiedenen Teilchenarten der Lösung nicht identisch sein können. Unter der Annahme, daß die Abweichungen vom idealen Verhalten in verdünnten Elektrolytlösungen eine Folge elektrostatischer Wechselwirkungen seien, konnten *Debye* und *Hückel* folgenden Ausdruck für wäßrige Lösungen ableiten *):

$$\log \gamma_\pm = -0.5 \, Z_+ Z_- \sqrt{I}, \; ; \qquad\qquad [5.11]$$

$\gamma_\pm$ ist der mittlere Aktivitätskoeffizient der Ionen. (Die Aktivitätskoeffizienten der Ionen lassen sich nicht getrennt messen.) $Z_\pm$, Z sind die Ladungen der positiven und negativen Ionen. Das Vorzeichen der Ladungen wird nicht berücksichtigt. I ist die *Ionenstärke* – definiert durch

$$I = \tfrac{1}{2} \sum c_i Z_i^2 . \qquad\qquad [5.12]$$

5.12. Ausgearbeitetes Beispiel

Berechne den mittleren Aktivitätskoeffizienten der Lösungen von a) 0,05 M $MgCl_2$ und b) 0,1 M Na_3PO_4.

Lösung

Beide Salze sind vollständig dissoziiert.

Bei a) ist $Z_+ = 2$, $Z_- = 1$, $c_+ = 0.05$ M, $c_- = (2 \times 0.05)$ M, da zwei Chloridion auf ein Magnesiumion kommen. Deshalb

$$I = \tfrac{1}{2}(0.05 \times 2^2 + 2 \times 0.05 \times 1^2)$$

$$= 0.15.$$

Nach der *Debye-Hückel*schen Gleichung

$$\log \gamma_\pm = -0.5 \times 2 \times 1 \times \sqrt{(0.15)}$$

$$\gamma_\pm = 0.41.$$

Bei b) ist $Z_+ = 1$, $Z_- = 3$, $c_+ = (3 \times 0.1)$ M, $c_- = 0.1$ M. Also ist

$$I = \tfrac{1}{2}(0.3 \times 1^2 + 0.1 \times 3^2)$$

$$= 0.6.$$

Daraus folgt

$$\log \gamma_\pm = -0.5 \times 3 \times 1 \times \sqrt{(0.6)}$$

$$\gamma_\pm = 0.07.$$

---

*) Genaugenommen gilt dieser Ausdruck nur bei 25 °C. Bei anderen Temperaturen wird die Konstante (0,5) geringfügig abweichende Werte annehmen.

Diese mittleren Aktivitätskoeffizienten der Ionen stehen zu den einzelnen Aktivitätskoeffizienten der Ionen in der Beziehung

$$(\gamma_\pm)^n = (\gamma_+)^{n+}(\gamma_-)^{n-},$$

wobei n die *Gesamtzahl* der Ionen eines Moleküls und $n+$ und $n-$ die Anzahl der einzelnen Ionen sind. Für $MgCl_2$ würde das so aussehen:

$$(\gamma_\pm)^3 = (\gamma_{Mg^{2+}})^1(\gamma_{Cl^-})^2,$$

d. h.

$$\gamma_\pm = \{(\gamma_{Mg^{2+}})(\gamma_{Cl^-})^2\}^{\frac{1}{3}}.$$

Ähnliche Beziehungen lassen sich zwischen den mittleren Aktivitäten (d. h. $a_\pm$) und den Konzentrationen aufstellen, im Falle eines einzelnen Salzes ist

$$\gamma_\pm = a_\pm/c_\pm.$$

Für das Beispiel der 0,05 M $MgCl_2$-Lösung ergibt dies

$$c_\pm = \{(0,05)^1(2 \times 0,05)^2\}^{\frac{1}{3}}$$

$$c_\pm = 0,079 \ (M),$$

daraus folgert

$$a_\pm = \gamma_\pm \cdot c_\pm$$

$$= 0,41 \times 0,079$$

$$a_\pm = 0,032 \ (M).$$

Dies ist die mittlere Aktivität der Ionen des gelösten Stoffes, wie man sie aus Messungen der Eigenschaften der Lösung erhalten würde.

Aufgabe

Wie groß ist die mittlere Aktivität einer 0,1 M Lösung von Na_3PO_4?

Lösung

$$a_\pm = 0,016 \ (M).$$

Aus den vorangehenden Abschnitten ergibt sich als Schlußfolgerung, daß man in den Ausdrücken für Gleichgewichtskonstanten immer *Aktivitäten* anstelle von *Konzentrationen* verwenden sollte. Dies gilt besonders für Elektrolytlösungen *). Ein Beispiel hierfür liefert die Löslichkeit eines schwerlöslichen Salzes.

---

*) In genauen Ausarbeitungen zieht man die Extrapolation der Werte (z. B. Gleichgewichtskonstanten) auf Lösungen der Ionenstärke Null heran. Wenn I = 0, so wird das Verhalten der Lösung ideal, und damit erhält man „wahre" thermodynamische Konstanten.

5.13. Schwerlösliche Salze

Ein schwerlösliches Salz wie $CaCO_3$ werde in Wasser bis zur Sättigung gelöst. Für das Gleichgewicht

$$CaCO_3 \text{ (fest)} \rightleftharpoons Ca^{2+} \text{ (wäßrig)} + CO_3^{2-} \text{ (wäßrig)}$$

$$K_s = \frac{a_{Ca^{2+}} \times a_{CO_3^{2-}}}{a_{CaCO_3}}.$$

Da festes $CaCO_3$ im Standardzustand vorliegt, ist $a_{CaCO_3} = 1$.
Deshalb ist

$$K_s = a_{Ca^{2+}} \times a_{CO_3^{2-}}.$$

K_s wird das *Löslichkeitsprodukt* des Salzes genannt. Es gilt

$$K_s = (\gamma_+ c_+)(\gamma_- c_-)$$

$$= \gamma_\pm^2 c_+ \cdot c_-.$$

Kann man $\gamma_\pm$ aus der *Debye-Hückel*schen Gleichung erhalten, so läßt sich K_s berechnen, wenn c_+ und c_- bekannt sind.

5.14. Ausgearbeitetes Beispiel

AgCl weist bei 25 °C ein Löslichkeitsprodukt von $1,6 \times 10^{-10}$ (M) auf. Berechne die Konzentration der Silberionen in der Lösung in Gegenwart von 0,01 M NaCl.

Lösung

Die Ionenstärke der Lösung wird offensichtlich ausschließlich durch das NaCl bestimmt, das im großen Überschuß zum gelösten AgCl steht.
Nun ist

$$I = \tfrac{1}{2} \sum c_i Z_i^2$$

$$c_{Na^+} = c_{Cl^-} = 0,01 \text{ M}$$

$$\therefore I = \tfrac{1}{2}\{(0,01)1^2 + (0,01)1^2\}$$

$$= 0,01.$$

Nach der *Debye-Hückel*schen Gleichung

$$\log \gamma_\pm = -0,5 Z_+ Z_- \sqrt{I}$$

$$\therefore \gamma_\pm = 0,891 *),$$

---

*) Beachte, daß bei dieser Lösung, wo alle Ionen einwertig sind, $\gamma_\pm = \gamma_+ = \gamma_-$.

deshalb

$$K_s = a_{Ag^+} \cdot a_{Cl^-} = 1,6 \times 10^{-10}$$

$$a_{Cl^-} = \gamma_{Cl^-} \cdot c_{Cl^-}$$

$$= 0,891 \times 0,01$$

$$= 8,91 \times 10^{-3},$$

da [Cl$^-$] der Konzentration des Kochsalzes nahezu gleich ist

$$\therefore\ a_{Ag^+} = \frac{K_s}{a_{Cl^-}} = \frac{1,6 \times 10^{-10}}{8,91 \times 10^{-3}} = 1,80 \times 10^{-8}.$$

Deshalb gilt

$$\gamma_{Ag^+} \cdot c_{Ag^+} = 1,80 \times 10^{-8}$$

und

$$c_{Ag^+} = \frac{1,80}{0,891} \times 10^{-8}$$

$$= 2,01 \times 10^{-8}\ (M),$$

d. h.: Silberchlorid löst sich unter diesen Bedingungen zur Molarität $2,01 \times 10^{-8}$ auf.

In diesem Beispiel bestand der Effekt des Zusatzes von NaCl darin, die Löslichkeit von AgCl herabzusetzen. Der Grund liegt im zugefügten hohen Überschuß von Chlorid-Ionen. Hätten wir ein anderes Salz, etwa $NaNO_3$, ohne gemeinsames Ion zugesetzt, so hätten wir eine erhöhte Löslichkeit des AgCl festgestellt. Denn durch die hohe Ionenstärke wäre $\gamma_\pm$ erniedrigt worden, dann mußte $c_\pm$ ansteigen, um den Ausgleich für ein gleichbleibendes K_s zu erzielen.

5.15. Lösungen von Makromolekülen

Lösungen von Makromolekülen können kaum ideales Verhalten zeigen, vor allem wegen der offensichtlichen chemischen Unterschiede zwischen dem gelösten Stoff und dem Lösungsmittel. Es ist außerordentlich schwierig, die Aktivitätskoeffizienten bei Lösungen von Makromolekülen zu berechnen, da keine einfache Theorie dafür zur Verfügung steht (wie sie etwa im Falle starker Elektrolyten durchaus etabliert ist). Wiederum wird jedoch in extrem verdünnter Lösung die Annäherung an ideales Verhalten erreicht. Um also thermodynamische Gleichungen auf Lösungen von Makromolekülen anwenden zu können, müssen die Ergebnisse aller Messungen auf unendliche Verdünnung extrapoliert werden.

Man führt diese Extrapolationen anhand empirischer Gleichungen aus, die sich auf die oben beschriebenen thermodynamischen Gleichungen für ideale Lösungen stützen. Als Beispiel betrachten wir den osmotischen Druck von Lösungen von Makromolekülen.

Für ideale Lösungen erhielten wir die Beziehung

$$\pi = RTc,$$

wobei c die molare Konzentration des gelösten Stoffes bedeutete. Wenn die Konzentration des gelösten Stoffes x g l^{-1} beträgt und sein Molekulargewicht M ist, dann ist

$$c = x/M,$$

daher

$$\frac{\pi}{xRT} = \frac{1}{M}.$$

Nun ist für Lösungen von Makromolekülen die obige Gleichung ungenügend, sie wird durch eine komplexere ersetzt

$$\frac{\pi}{RTx} = \frac{1}{M} + \frac{B(x)}{M} + \frac{C(x^2)}{M} + \cdots,$$

wobei B, C usw. Konstanten, die sogenannten *Virialkoeffizienten* sind*). Da M und M^2 ebenfalls Konstanten sind, können wir schreiben:

$$\frac{\pi}{RTx} = \frac{1}{M} + B'(x) + C'(x)^2 + \cdots,$$

wobei B', C', neue Konstanten sind.

Wenn x/M klein ist (d. h. die Lösung ist verdünnt), dann sind $(x/M)^2$ und höhere Terme gegenüber x/M sehr klein, so erhalten wir

$$\boxed{\frac{\pi}{RTx} = \frac{1}{M} + B'(x)}. \qquad [5.13]$$

Da der erste Term auf der rechten Seite der Gleichung eine Konstante ausdrückt, ergibt eine graphische Darstellung von π/RTx gegen x eine gerade Linie. Der Abschnitt auf der y-Achse kann dazu dienen, das Molekulargewicht des gelösten Stoffes zu berechnen:

---

*) Man sollte dabei auf die Analogie zur Gleichung zur Beschreibung eines nicht-idealen Gases hinweisen, also $P/RT = 1/V + BP + CP^2 + \cdots$, die oft benutzt wird.

$$\left(\frac{\pi}{RTx}\right)_{x=0} = \frac{1}{M}$$

$$\therefore\ M = \frac{1}{\text{Abschnitt auf der }y\text{-Achse}}.$$

5.16. Ausgearbeitetes Beispiel

Die folgenden Werte für osmotischen Druck wurden an Lösungen von Rinderserumalbumin bei 25 °C erhoben.

Proteinkonzentration (mg ml^{-1})	18	30	50	56
Osmotischer Druck (mm Hg)	5,60	10,20	19,25	22,20

Berechne das Molekulargewicht von Rinderserumalbumin.

Lösung

Wir werten nach π/xRT für jeden Wert von x aus. Man beachte, daß π in *Atmosphären* ausgedrückt ist, und daß mg ml^{-1} dasselbe wie g l^{-1} ist. $R = 0,082$ l atm mol^{-1} K^{-1}.

x (mg ml^{-1})	18	30	50	56
$\pi/xRT\ (\times 10^5)$	1,68	1,83	2,07	2,13

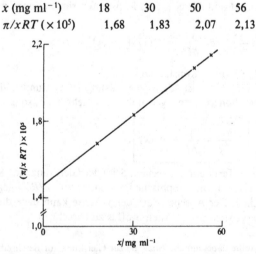

Abb. 5.4. Graphische Darstellung des osmotischen Druckes des „Ausgearbeiteten Beispiels" nach Gleichung (5.13).

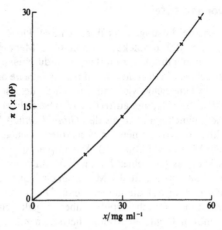

Abb. 5.5. Graphische Darstellung des osmotischen Druckes gegen die Konzentration (Werte aus dem „Ausgearbeiteten Beispiel").

Aus der graphischen Darstellung von π/xRT gegen x (Abb. 5.4.) ergibt sich ein Abschnitt auf der y-Achse bei $1{,}47 \times 10^{-5}$. Also beträgt das Molekulargewicht von Rinderserumalbumin <u>68 000</u>.

Man beachte, daß die Kurve von π gegen x keine Gerade ergibt (Abb. 5.5). Dies zeigt die Notwendigkeit auf, die ausführliche Gleichung für den osmotischen Druck zu benutzen und auf unendliche Verdünnung zu extrapolieren (Abb. 5.4)*). Bei einer idealen Lösung dürfte sich der Wert des Terms π/xRT nicht mit Veränderung von x verschieben.

Die Bestimmung des Molekulargewichtes eines Makromoleküls aus den anderen colligativen Eigenschaften der Lösung (also der Dampfdruck-Erniedrigung und der Gefrierpunkts-Erniedrigung) ist kaum durchführbar, da die gemessenen Effekte zu klein sind. Das zeigt die Aufgabe 4.

Abgesehen vom nicht-idealen Charakter von Lösungen von Makromolekülen müssen wir bei diesen Molekülen häufig Effekte berücksichtigen, die durch eine Nettoladung zustande kommen. Ein sehr wichtiges Beispiel dafür ist der *Donnan*-Effekt.

---

*) Ähnliche Extrapolationsverfahren werden bei der Auswertung von Sedimentations- und Viskositätsdaten von Lösungen von Makromolekülen benutzt.

5.17. Der Donnan-Effekt

Gegeben seien zwei Lösungen, die durch eine für kleine Ionen, nicht aber für geladene Makromoleküle durchlässige Membran getrennt sind (eine Dialysenmembran ist zum Beispiel undurchlässig für Proteine). Wenn das geladende Protein nur auf der einen Seite der Membran vorliegt, wird ein Ungleichgewicht aller Ionen an der Membran auch nach Gleichgewichtseinstellung auftreten. Dies bezeichnet man als den *Donnan-Effekt* (manchmal auch als den *Gibbs-Donnan-Effekt*).

Der Einfachheit halber trennen wir zwei Abteilungen gleichen Volumens durch die Membran (Abb. 5.6). Wir geben nun eine x_1 molare Lösung eines Proteins (mit einer Ladung Z) und seines assoziierten Ions (z. B. Na^+) auf einer Seite der Membran ein. Eine x_2 molare Lösung von NaCl kommt auf die andere Seite. Die Ionen werden sich durch die Membran hindurch verteilen, aber da jederzeit auf beiden Seiten der Membran Elektroneutralität herrschen muß, müssen y g Cl^--Ionen von Seite 2 auf Seite 1 wandern, wenn y g Na^+ in der gleichen Richtung diffundieren. Das Gleichgewicht wird erreicht, wenn die Freie Energie aller Ionensorten, für die die Membran durchlässig ist, auf beiden Seiten der Membran gleich groß ist. In diesem Fall betrachten wir NaCl, deshalb ist im *Gleichgewicht*

$$(G_{NaCl})_1 = (G_{NaCl})_2$$

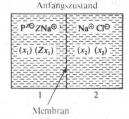 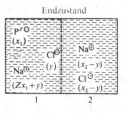

Anfangszustand — Endzustand

Membran

Abb. 5.6. Verteilung der Ionen durch eine Membran, wenn auf der einen Seite ein geladenes Makromolekül vorliegt.

(die Indizes zeigen die betreffende Membranseite an). Nach der Definition (s. Fußnote S. 61) ist

$$G = G^0 + RT \ln a \quad (a = \text{Aktivität}),$$

und wir erhalten

$$(a_{NaCl})_1 = (a_{NaCl})_2$$

oder *)

$$(a_{Na^+} a_{Cl^-})_1 = (a_{Na^+} a_{Cl^-})_2$$

beim Gleichgewicht. Wenn y Mole NaCl transferiert wurden, bis das Gleichgewicht erreicht war, so wird diese Gleichung zu

$$(Zx_1 + y)(y) = (x_2 - y)(x_2 - y),$$

vorausgesetzt, daß die Aktivitäten durch die Konzentrationen ersetzt werden dürfen. Danach ist

$$y = \frac{x_2^2}{Zx_1 + 2x_2}, \qquad [5.14]$$

und wir können nun die Endkonzentrationen der Lösungen auf beiden Seiten berechnen, wenn die Werte für x_1, x_2 und Z bekannt sind.

Das Verhältnis der Chlorid-Ionen-Konzentrationen der Seiten 2 und 1 ist beim Gleichgewicht $(x_2 - y)/y$. Setzt man den obigen Wert für y ein, so wird dieses Verhältnis $(Z_1 x_1 + x_2)/x_2$, oder ausführlicher

$$\left[\frac{(Cl^-)_2}{(Cl^-)_1} \right]_{(End)} = 1 + \left[\frac{(Na^+)_1}{(Na^+)_2} \right]_{(Anf)}. \qquad [5.15]$$

5.18. Ausgearbeitetes Beispiel

Bei einem bestimmten pH-Wert trägt Ribonuclease eine negative Nettoladung von 3. Wenn 100 ml einer 3 mM Ribonucleaselösung (als Natriumsalz) auf eine Seite einer Membran und 100 ml 50 mM NaCl auf die andere Seite gebracht werden, wie wird sich dann die Endkonzentration der Ionen auf den beiden Membranseiten einstellen?

Lösung

Die Anfangskonzentration der Na^+-Ionen auf der Proteinseite beträgt 9 mM.

Wenn y mmol Kochsalz bis zum Gleichgewicht auf die Proteinseite wandern, dann ist nach der Formel (Gleichung [5.14])

---

*) Man beachte, daß $a_{NaCl} = a_{Na^+} a_{Cl^-}$. Das folgt aus $G = G^0 + RT \ln a$ für jedes einzelne Ion.

$$y = \frac{x_2^2}{Z x_1 + 2 x_2}$$

$$= \frac{50 \times 50}{9 + 100} \, \text{mM}$$

(da $\quad x_2 = 50 \, \text{mM}$, $Z = 3$, $x_1 = 3 \, \text{mM}$)
schließlich

$$y = 22{,}94 \, \text{mM},$$

so daß wir (bei Gleichgewicht) auf der Proteinseite vorfinden

$$[\text{Protein}^{3-}] = \underline{3 \, \text{mM}}, \, [\text{Na}^+] = \underline{31{,}94 \, \text{mM}}, \, [\text{Cl}^- = \underline{22{,}94 \, \text{mM}}$$

und auf der anderen Seite

$$[\text{Na}^+] = [\text{Cl}^-] = (50 - 22{,}94) \, \text{mM}$$

$$= \underline{27{,}06 \, \text{mM}}.$$

5.19. Aufgabe

Wie würde sich das Ergebnis verändern, wenn ursprünglich 0,2 M NaCl auf der Nichtproteinseite eingesetzt würden?

Lösung

Proteinseite: $[\text{Protein}^{3-}] = \underline{3 \, \text{mM}}$, $[\text{Na}^+] = \underline{106{,}8 \, \text{mM}}$, $[\text{Cl}^-] = \underline{97{,}8 \, \text{mM}}$; Nichtproteinseite: $[\text{Na}^+] = [\text{Cl}^-] = \underline{102{,}2 \, \text{mM}}$.

Versuche zur Bindung kleiner geladener Liganden an Makromoleküle werden oft mit einer *Gleichgewichtsdialyse* genannten Technik angestellt. Eine Lösung, die das Makromolekül enthält, wird auf eine Seite einer Membran gefüllt, und eine Lösung des Liganden auf die andere Seite. Wenn das Gleichgewicht sich eingestellt hat*), wird die Konzentration des Liganden für beide Seiten der Membran gemessen. Auf der Seite des Makromoleküls setzt sich die Konzentration des Liganden aus der des freien und der des gebundenen Liganden zusammen. Diese Werte werden anhand der in Kapitel 4 beschriebenen Methoden analysiert.

Bei allen diesen Versuchen sollte man den *Donnan*-Effekt berücksichtigen, da er ebenfalls zu Unterschieden der Konzentrationen geladener Liganden auf beiden Seiten der Membran führen kann. Deshalb ist es wichtig, bei Bindungsversuchen den *Donnan*-Effekt möglichst klein zu halten. Wir sehen etwa aus unserem Beispiel anhand der Gleichung [5.15], daß beim Gleichgewicht das Verhältnis $(\text{Cl}^-)_2/(\text{Cl}^-)_1$ nahe an 1 kommt, wenn der Term $[(\text{Na}^+)_1/$

---

*) Das heißt, wenn die Konzentration des Liganden auf beiden Seiten über längere Zeit gleich bleibt.

$(Na^+)_2]_{Anfang}$ klein ist. Man kann also den *Donnan*-Effekt klein halten, indem man 1. die Konzentration des Makromoleküls verringert (so daß $(Na^+)_1$ Anfang klein ist), 2. bei hohen Ionenstärken arbeitet (so daß $(Na^+)_2$ Anfang groß ist), oder 3. den pH-Wert so einstellt, daß das Protein keine Nettoladung zeigt (d. h. es ist dann bei seinem *isoelektrischen* Punkt – siehe Kapitel 6). Wir sollten diese Vorsichtsmaßnahmen auch treffen, wenn wir Messungen des osmotischen Druckes bei Lösungen von Makromolekülen vornehmen, da die Unterschiede in den Ionenkonzentrationen selbst osmotische Drücke entstehen lassen.

5.20. Bestimmung des Molekulargewichts von Makromolekülen

Bis jetzt haben wir die Annahme gemacht, daß es nur ein einziges Molekulargewicht für ein Makromolekül gibt. Dies ist gerechtfertigt, wenn nur eine Molekülsorte oder -art vorliegt. Es sind aber viele Beispiele bekannt, bei denen sich Aggregationen einstellen, so daß dann mehrere verschiedene Molekülarten entstehen. Im Falle des Enzyms Enolase etwa aggregiert die Grundeinheit von 41 000 Molekulargewicht zu Dimeren, wenn die Proteinkonzentration heraufgesetzt wird. Wir haben also ein Gleichgewicht

2 Monomere ⇌ Dimer.
(41 000)   (82 000)

In diesem Falle wäre das scheinbare Molekulargewicht zwischen dem Monomeren- und dem Dimerengewicht. Es gibt verschiedene Vorschriften, das Mittel zwischen diesen Molekulargewichten zu ziehen. Wir werden nur die beiden wichtigsten Mittelverfahren diskutieren.

5.21. Zahlenmittel-Molekulargewicht

Bei diesem Verfahren tragen die Molekülarten der Lösung nach ihrer relativen Anzahl bei, so daß das Mittel durch die Gleichung

$$\bar{M}_n = \frac{\sum n_i m_i}{\sum n_i}$$ [5.16]

definiert wird. Dabei ist n_i die relative Anzahl der Spezies i, m_i ihr Molekulargewicht.

Nehmen wir das Beispiel der Enolase. Bei einer bestimmten Konzentration sollen 50% der Moleküle als Monomere und 50% als Dimere vorliegen.

Das Zahlenmittel-Molekulargewicht wird dann:

$$\bar{M}_n = \frac{\dfrac{50}{100}\,(41\,000) + \dfrac{50}{100}\,(82\,000)}{\dfrac{50}{100} + \dfrac{50}{100}}$$

$$= 61\,500.$$

Dieses Molekulargewicht würde man bei Messung der colligativen Eigenschaften (z. B. osmotischer Druck) finden, da diese Eigenschaften nur von der Konzentration der Spezies abhängen, nicht von der Größe*).

5.22. Gewichtsmittel-Molekulargewicht

Bei diesem Verfahren tragen die Molekülarten der Lösung nach ihren relativen Molekulargewichten bei, so daß dieses Mittel durch die Gleichung

$$\boxed{\bar{M}_w = \frac{\sum n_i m_i^2}{\sum n_i m_i}} \quad **)$$
[5.17]

definiert wird. Also wird im obigen Fall der Enolase das mittlere Molekulargewicht durch

$$\bar{M}_w = \frac{\dfrac{50}{100}\,(41\,000)^2 + \dfrac{50}{100}\,(82\,000)^2}{\dfrac{50}{100}\,(41\,000) + \dfrac{50}{100}\,(82\,000)}$$

$$= \underline{68\,300}$$

ausgedrückt.

---

*) Das Zahlenmittel-Molekulargewicht wird auch durch Techniken ermittelt, die die Zahl der Moleküle direkt „zählen" (z. B. Endgruppenbestimmung, Bestimmung aktiver Zentren).

**) Wenn wir festhalten, daß $x_i \propto n_i m_i$, wobei x_i die *Konzentration* der Spezies i bedeutet, dann wird die Formel zu

$$\bar{M}_w = \frac{\sum x_i M_i}{\sum x_i}.$$

Dieses mittlere Molekulargewicht ist größer als das des Zahlenmittels, weil die schwereren Molekülsorten bevorzugt eingehen. Wir würden $\bar{M}_w$ aus Versuchen zur Lichtstreuung, aus dem Sedimentationsgleichgewicht etc. erhalten.

5.23. Der Begriff des Chemischen Potentials

Wir haben erkannt, daß Reaktionen oder Systeme beim Gleichgewicht durch die Bedingung $\Delta G = 0$ charakterisiert sind. Wenn wir eine einzelne Komponente in zwei Umgebungen betrachten (wie z. B. das Lösungsmittel bei einer Messung des osmotischen Drucks, oder die diffusiblen Ionen beim *Donnan*-Effekt), so ist die Bedingung für das Gleichgewicht, daß die Freie Energie dieser Komponente in beiden Umgebungen die gleiche ist. Wenn das nicht der Fall ist, so wird offensichtlich die Tendenz bestehen, die beiden Energien auszugleichen, etwa durch einen „Fluß" des Lösungsmittels oder der Ionen von der Umgebung höherer Freier Energie zu der niederer Freier Energie (so daß ΔG negativ ist). Man könnte das mit einem elektrischen Stromkreis vergleichen, bei dem Strom vom Niveau *hohen* elektrischen Potentials zu jenem *niedrigen* elektrischen Potentials fließt. Je größer dieser Potentialunterschied ist, desto stärker ist der Stromfluß. Analog dazu können wir uns die Freie Energie als *chemisches Potential, μ,* denken. Tatsächlich ist das chemische Potential einer Komponente in einem Gemisch praktisch gleich mit ihrer molaren *Gibbs*schen Freien Energie. Bei der Beschreibung von Eigenschaften der Lösungen benutzen viele Autoren das „chemische Potential" lieber als die *Gibbs*sche Freie Energie. Wir sind nicht so vorgegangen, weil die Ableitungen völlig äquivalent wären und weil die Einführung des chemischen Potentials manchmal verwirrend sein könnte.

5.24. Aufgaben

1. Auf dem Pike's Peak (Colorado Springs) kocht Wasser bei 91 °C. Berechne den Luftdruck auf Pike's Peak mit den Angaben, daß die Latente Verdampfungswärme 10,44 kcal mol^{-1} (43,6 kJ mol^{-1}) beträgt, und Wasser bei 100 °C bei 760 mm Hg kocht.

2. Bei 22 °C ist der Dampfdruck einer Lösung von 10 g eines gelösten Stoffes 18,8 mm. Wenn der Dampfdruck reinen Wassers 19,0 mm bei derselben Temperatur beträgt, wie groß ist das Molekulargewicht des gelösten Stoffes?

    Welche Differenz würde sich ergeben, wenn der gelöste Stoff zu 50% ionisiert wäre, und zwar nach folgendem Gleichgewicht?

    $$AB \rightleftharpoons A^+ + B^-.$$

3. Bei 37 °C ist der Dampfdruck einer 60%igen Lösung (w/w) von Glycerin in Wasser *) 33 mm Hg. Der Dampfdruck reinen Wassers beträgt 47,1 mm Hg bei dieser Temperatur. Berechne die Aktivität und den Aktivitätskoeffizienten des Wassers in der Lösung (unter der Annahme, daß der Dampfdruck des Glycerins vernachlässigbar klein ist).

4. Berechne die Gefrierpunkts-Erniedrigung für: 1. 100 mg Ammonsulfat, Molekulargewicht 132, gelöst in 10 g destillierten Wassers. 2. 100 mg eines Proteins vom Molekulargewicht 20000, gelöst in 10 g destillierten Wassers. 3. Ein Gemisch von 100 mg Protein und 100 mg Ammonsulfat, gelöst in 10 g Wasser. (Die molale Schmelzpunkts-Erniedrigungskonstante für Wasser ist 1,86 °C). *Beurteile* nach diesem Ergebnis die Eignung dieser Methode zur Molekulargewichtsbestimmung eines Makromoleküls.

5. Eine wäßrige Lösung von Glucose (Molekulargewicht 180) hat einen osmotischen Druck von 1,55 atm bei 25 °C. Wo liegt der Gefrierpunkt dieser Lösung bei 1 atm Druck? (Molale Schmelzpunkts-Erniedrigungskonstante für Wasser = 1,86 °C).

6. Berechne die Ionenstärke von

   (*a*) 0,1 M $MgCl_2$
   (*b*) 0,05 M Na_2HPO_4
   (*c*) einer 1 mM Proteinlösung (als Natriumsalz), bei einem pH-Wert, bei dem das Protein eine Nettoladung von -10 Einheiten besitzt.
   (*d*) einer 0,1 M Lösung von Essigsäure ($K_a = 1,75 \times 10^{-5}$ (M)).

7. Gib das *Debye-Hückel*sche Gesetz für eine verdünnte wäßrige Lösung eines starken Elektrolyten bei 25 °C an.

   Berechne die Aktivitäten von Natrium- und Chloridionen in einer 1 mM wäßrigen Lösung von Natriumchlorid, ferner in einer wäßrigen Lösung von 1 mM Natriumchlorid und 3 mM Kaliumbicarbonat.

8. Die Gesamtkonzentration an Eisenionen im Plasma wird zu ungefähr 50 µM geschätzt. Berechne den pH-Wert, bei dem 99% des Fe^{3+} präzipitiert würde. Gegeben ist das Löslichkeitsprodukt für $Fe(OH)_3$ von 10^{-36} bei 37 °C. Nimm das Ionenprodukt **), K_w, für Wasser zu 10^{-14} an.

   Beurteile den Zustand des Fe^{3+} im Plasma beim pH-Wert von etwa 7.

9. Die mittleren Freien Standardenthalpie- und Entropieänderungen im Bereich zwischen 2 °C und 25 °C beim Auflösen von $Ca(OH)_2$ in Wasser zu einer idealen Lösung seiner Ionen betragen $-3,9$ kcal mol^{-1} ($-16,3$ kJ mol^{-1}) und $-36,6$ e.u. (-153 JK^{-1} mol^{-1}). Berechne die ideale Löslichkeit von $Ca(OH)_2$ bei 25 °C und bei 2 °C. (Atomgewichte: Ca = 40, H = 1, O = 16.)

---

*) D. h. die Mischung enthält 60 Gewichtsprozent Glycerin und 40% Wasser.
**) $K_w = [H^+][OH^-]$.

10. Das Löslichkeitsprodukt von AgCl ist $1,6 \times 10^{-10}$ (M) bei 25 °C. Berechne die Konzentration an Ag^+-Ionen in einer Lösung, die 0,01 M $NaNO_3$ enthält.

    Vergleiche dieses Ergebnis mit dem des ausgearbeiteten Beispiels auf S. 65 und beurteile den Unterschied.

11. Eine Lösung, die 0,5 g Ribonuclease in 100 ml 0,2 M Natriumchlorid enthielt, zeigte einen osmotischen Druck von 10 cm Wassersäule bei 25 °C. Die Membran läßt alle Molekülarten außer Ribonuclease durch. Bestimme das Molekulargewicht der Ribonuclease. Wie und warum (qualitativ) hätte sich das Ergebnis unterschieden, wenn das Experiment in Gegenwart einer viel kleineren Konzentration an Natriumchlorid ausgeführt worden wäre? (1 atm = 1034 cm Wassersäule, $R = 0,082$ l atm $mol^{-1} K^{-1}$.)

12. Berechne den Unterschied der osmotischen Drücke von Kapillarblut und Gewebsflüssigkeit bei 37 °C. Nimm an, daß dieser Unterschied durch das Protein im Blut (Konzentration = 7%, Molekulargewicht 66 000) zustande kommt, da es in der Gewebsflüssigkeit fehlt. (Vernachlässige den *Donnan*-Effekt.)

13. Der osmotische Druck des Blutplasmas beträgt bei 37 °C 7,6 atm. Wie groß ist die Gesamtkonzentration aller vorliegenden gelösten Stoffe? Benutze das Ergebnis zur Berechnung des Gefrierpunktes des Plasmas.

    Isotonische Kochsalzlösung ist eine Kochsalzkonzentration, die das osmotische Platzen der Blutzellen verhindert. Beurteile die Tatsache, daß isotonische Kochsalzlösung 0,95%ig ist (Gewichtsprozent).

14. Gegeben sein ein Protein vom Molekulargewicht 60 000, das bei pH 7,4 6 negative Ladungen trägt. Eine Membran, die für alle Ionen, aber nicht für das Protein durchlässig ist, schließt es in einer Zelle ein. Das Protein (in einer Konzentration von 60 g l^{-1}) werde als Natriumsalz eingegeben, außerdem enthält die Proteinlösung 0,15 M NaCl. Das Volumen des Wassers auf der anderen Seite der Membran ist das gleiche wie das Volumen auf der Proteinseite. Berechne die Gleichgewichtskonzentrationen der Ionen auf beiden Seiten der Membran.

    Diese Situation ist derjenigen in der Niere ähnlich. Die gemessenen Konzentrationen an Na^+- und Cl^--Ionen auf der Protein-(Plasma-)Seite betragen 0,12 M, die auf der Filtrat-(Wasser-)Seite 0,6 mM. Kommentar!

15. Die Konzentrationen an Na^+- und K^+-Ionen im Gewebe liegen bei 11 mM, bzw. 92 mM (innen) und 140 mM, bzw. 4 mM (außen). Berechne die notwendige Freie Energie, um jeden dieser Ionen-Gradienten aufrechtzuerhalten.

16. Wie groß ist der Unterschied zwischen Molekulargewichten, wie man sie a) durch Messungen des osmotischen Drucks und b) durch Sedimentation in der Ultrazentrifuge bestimmt?

    Von einem bestimmten Protein weiß man, daß es in Lösung als Gemisch von Monomeren und Dimeren vorliegt. Mit einer Lösung von 10 mg ml^{-1}

Gesamtprotein-Konzentration wurden Molekulargewichts-Bestimmungen durchgeführt. Die Ergebnisse waren:

(1) 15000 nach Messungen der Sedimentation in der Ultrazentrifuge.

(2) 13330 nach Messungen des osmotischen Drucks.

Berechne das Molekulargewicht des Monomeren und die Konzentrationen beider Molekülarten in der Lösung.

17.*) Das Molekulargewicht eines Proteins läßt sich durch Messung der Beweglichkeit in einer Polyacrylamid-Gelelektrophorese bestimmen, vorausgesetzt, daß Natrium-dodecylsulfat (SDS) als Denaturierungsmittel zugegeben wird. Folgende Werte wurden bei einem Lauf mit einem 7,5%igen Acrylamidgel erhalten:

Protein	Molekular-gewicht	relative Beweglichkeit
Phosphorylase a	100000	0,25
Serumalbumin	68000	0,43
Fumarase	49000	0,53
Carboanhydrase	29000	0,77
Trypsinogen	23000	0,90
Myoglobin	17000	1,0
Kreatinkinase	?	0,63
Glycerinaldehyd-3-phosphat-Dehydrogenase	?	0,67

Bestimme die beiden unbekannten Molekulargewichte aus einer graphischen Darstellung des log(Molekulargewicht) gegen die Beweglichkeit. Wieso funktioniert diese Arbeitsweise? In der Ultrazentrifuge (ohne SDS) zeigen Kreatinkinase und Glycerinaldehyd-3-phosphat-Dehydrogenase Molekulargewichte bei 80000 bzw. 140000. Erkläre dies.

18. Grobe Schätzungen des Molekulargewichts lassen sich anhand der Elutionsvolumina von Proteinen aus Sephadex-Gelsäuren treffen. Die folgenden Werte wurden bei Versuchen mit einer Sephadex G-100-Säule erhalten.

*) *Bemerkung* zu den Aufgaben 17 und 18. Die Aufgaben 17 und 18 wurden aufgenommen, um neuere Methoden zur Bestimmung von Molekulargewichten von Makromolekülen anzuführen. Grundsätzlich benutzen beide dargestellten Arbeitsweisen als Grundlage die Selektion von Molekülgrößen. Bei der Elektrophorese-Methode wird SDS zugefügt, um eine stark negativ geladene „Makromolekül-Sorte" zu schaffen. Ihre Beweglichkeit im elektrischen Feld hängt vom Molekulargewicht ab (die Beziehung zwischen beiden ist empirisch). Bei der Sephadex-Methode wird die Größenauswahl durch ein quervernetztes „Molekularsieb" getroffen.

Protein	Elutions-volumen	Molekular-gewicht
Glucagon	256	3 500
Cytochrom c	193	12 400
Ribonuclease	192	13 700
Trypsin	168	?
Ovalbumin	137	45 000
Serumalbumin	116	67 000

Stelle eine Schätzung des Molekulargewichtes des Trypsins anhand einer graphischen Darstellung des Elutionsvolumens gegen den Logarithmus des Molekulargewichtes an. Warum funktioniert dieses Verfahren?

6. Säuren und Basen

6.1. Einführung

Dieses Kapitel beschäftigt sich mit einer weiteren wichtigen Anwendung unserer thermodynamischen Prinzipien, nämlich mit den Protonen-Gleichgewichten in wäßriger Lösung.

Wasser dissoziiert nach der Gleichung

$$H_2O \rightleftharpoons H^+ + OH^-.$$

Da jedoch H^+ (das *Proton*) hydriert ist, schreibt man richtiger:

$$2H_2O \rightleftharpoons H_3O^+ + OH^-$$

(H_3O^+ nennt man gelegentlich „Hydronium-Ion"). Für diese Dissoziation ist

$$K_w = \frac{a_{H_3O^+} a_{OH^-}}{(a_{H_2O})^2}.$$

Der Dissoziationsgrad ist sehr klein, deshalb sind die Ionen nur in sehr niederen Konzentrationen vorhanden (ungefähr 10^{-7} (M)). Dies bedeutet, daß H_2O tatsächlich im Standardzustand betrachtet werden darf (d. h. reine Flüssigkeit) und somit seine Aktivität 1 ist (siehe die Bemerkung zu den Standardzuständen auf S. 24). Die obige Gleichung wird dann

$$K_w = a_{H_3O^+} a_{OH^-}.$$

Für die meisten hier interessierenden Lösungen können wir die Korrekturen aus ihrem nicht-idealen Charakter vernachlässigen und die Aktivität der Ionen ihren Konzentrationen gleichsetzen*).

$$\therefore \quad \boxed{K_w = [H_3O^+][OH^-]}.$$

K_w wird *Ionenprodukt des Wassers* genannt. Es hat den Wert 10^{-14} bei 25 °C und nimmt mit der Temperatur zu (siehe Aufgabe 1).

Also ist in jeder wäßrigen Lösung bei 25 °C das Produkt der Konzentrationen von H_3O^+ und OH^- gleich 10^{-14}. In neutraler Lösung ist $[H_3O^+] = [OH^-] = 10^{-7}$ (M).

---

*) Das ist gleichbedeutend damit, die Aktivitätskoeffizienten (γ) dieser Ionen in der Beziehung $a = c\gamma$ mit 1 gleichzusetzen.

6.2. Der Begriff des pH-Wertes

Der pH-Wert einer Lösung ist ein bequemer Weg, um die Konzentration der Wasserstoffionen (H_3O^+) in Lösung auszudrücken und den ständigen Gebrauch von großen negativen Zehnerpotenzen (wie im vorigen Abschnitt) zu vermeiden.

Der pH einer Lösung ist definiert als

$$pH = -\log_{10}[H_3O^+]$$

Also ist der pH-Wert einer neutralen Lösung (wo $[H_3O^+] = 10^{-7}$) dann 7. In der Tat liegt der pH-Bereich für die meisten hier interessierenden Experimente zwischen 0 (einer 1 M Lösung von H_3O^+-Ionen entsprechend) und 14 (einer 1 M Lösung von OH^--Ionen entsprechend). Zwei Dinge sollten bei der obigen Definition noch beachtet werden:

1. Die Definition wird oft als

$$pH = -\log_{10}[H^+]$$

geschrieben, aber wir haben hier $[H_3O^+]$ benutzt, um die Hydratation der Protonen in Lösung hervorzuheben.

2. Die Definition des pH wird manchmal in der Dimension der *Aktivität* des $[H_3O^+]$ gegeben (siehe Aufgabe 3). Für fast alle unsere Zwecke werden wir jedoch diese Komplikation vernachlässigen.

6.3. Säuren und Basen

Die nützlichste Definition der Säuren und Basen stammt von *Brønsted* und *Lowry**). Säuren werden als potentielle Protonen-Donatoren und Basen als potentielle Protonen-Acceptoren definiert. Jede Säure steht damit zu ihrer *konjugierten Base* in Wechselwirkung (und umgekehrt). Die Gleichgewichte lauten etwa:

$$CH_3CO_2H + OH^- \rightleftharpoons CH_3CO_2^- + H_2O$$

| Säure I | konjugierte Base II | konjugierte Base I | Säure II |

---

*) Eine allgemeinere Definition von Säuren und Basen wurde von *Lewis* formuliert. Säuren zeigen die Bereitschaft, Elektronen aufzunehmen, und Basen dazu, Elektronen abzugeben. Nach dieser Definition ist zum Beispiel BCl_3 eine Säure, da es Elektronen von $(C_2H_5)_3N$ acceptieren kann, das wiederum somit eine Base ist.

Die Stärke einer Säure wird demnach an ihrer Fähigkeit gemessen, Protonen zu liefern. Salzsäure und Salpetersäure etwa sind in wäßrigen Lösungen fast völlig dissoziiert und werden demnach *starke Säuren* genannt. Im Gegensatz dazu sind Essigsäure und Ameisensäure in Lösung nur wenig dissoziiert und heißen deshalb *schwache Säuren*.

In *wäßrigen* Lösungen ist der Protonen-Acceptor H_2O, und (H_3O^+) ist somit die stärkste Säure. Die Stärke anderer Säuren wird dann daran gemessen, bis zu welchem Grad sie H_3O^+-Ionen durch ihre Dissoziation produzieren. Man betrachte zum Beispiel eine Säure HA, die nach

$$HA + H_2O \rightleftharpoons H_3O^+ + A^-$$

dissoziiert. Die *Säure-Dissoziationskonstante* (K_a) ist dann als

$$K_a = \frac{a_{H_3O^+}\, a_{A^-}}{a_{HA}\, a_{H_2O}}$$

definiert. Wie oben ausgeführt ist $a_{H_2O} = 1$, durch Gleichsetzen von Aktivität und Konzentration wird die Gleichung nun:

$$K_a = \frac{[H_3O^+][A^-]}{[HA]}.$$

Je größer K_a, desto größer ist der Dissoziationsgrad von HA und somit um so stärker die Säure.

In Analogie dazu können wir für die konjugierte Base (A^-) schreiben

$$A^- + H_2O \rightleftharpoons HA + OH^-,$$

und die *Dissoziationskonstante der Base* (K_b) wird aus dem obigen Gleichgewicht formuliert:

$$K_b = \frac{[HA][OH^-]}{[A^-]}.$$

Wenn wir die beiden Definitionen kombinieren, so ergibt sich die Beziehung

$$K_a \cdot K_b = \frac{[H_3O^+][A^-]}{[HA]} \times \frac{[HA][OH^-]}{[A^-]}$$

$$= [H_3O^+][OH^-],$$

d. h.

$$\boxed{K_a \cdot K_b = K_w},$$

wobei K_w das Ionenprodukt des Wassers ist. Also ist das Produkt der Säure- und Basen-Dissoziationskonstante einer Verbindung bei 25 °C immer 10^{-14}.

Genauso wie der pH dazu benutzt wird, die Konzentration von $[H_3O^+]$ anzugeben, werden die Symbole pK_a und pK_b dazu benutzt, den negativen Logarithmus von K_a bzw. K_b zu bezeichnen. Offensichtlich ist eine Säure um so stärker, je niedriger ihr pK_a-Wert liegt. Da nun

$$K_a \cdot K_b = K_w,$$

erhalten wir durch Logarithmieren

$$\boxed{pK_a + pK_b = 14}.$$

6.4. Ausgearbeitete Beispiele

1. Der pK_a der Ameisensäure ist 3,77 (bei 25 °C). Wo liegt der pH-Wert einer 0,01 M Ameisensäurelösung in Wasser?

Lösung

$$pK_a = -\log_{10} K_a,$$

$\therefore$ K_a für Ameisensäure $= 1,695 \times 10^{-4}$ (M).

Wir schreiben die Dissoziation der HCO_2H:

$$HCO_2H + H_2O \rightleftharpoons H_3O^+ + HCO_2^-.$$
$$(0,01 - x)\ M \qquad x\ M \qquad x\ M$$

Die Konzentration von H_3O^+ sei x M. Dann ist die Konzentration von HCO_2^- ebenfalls x M, und die Konzentration der nicht dissoziierten HCO_2H ist $(0,01 - x)$ M. Dann ist

$$K_a = \frac{[H_3O^+][HCO_2^-]}{[HCO_2H]}$$

$$1,695 \times 10^{-4} = \frac{x^2}{(0,01 - x)},$$

$$x^2 + (1,695 \times 10^{-4})x - (1,695 \times 10^{-6}) = 0.$$

Danach ist $x = 1,22 \times 10^{-3}$ (die positive Wurzel wird gewählt).

Demnach ist die Konzentration des H_3O^+ $1,22 \times 10^{-3}$ M, und wir berechnen aus der Formel pH $= -\log_{10}[H_3O^+]$, daß der pH-Wert dieser Lösung 2,91 ist.

2. Der pK_b des Methylamins beträgt bei 25 °C 3,41. Wo liegt der pH-Wert einer 0,01 M Lösung?

Lösung

$$pK_b = -\log_{10} K_b.$$

$$\therefore \; K_b \text{ für Methylamin} = 3,975 \times 10^{-4} \text{ (M)}.$$

Für das Gleichgewicht

$$CH_3NH_2 + H_2O \rightleftharpoons CH_3NH_3^+ + OH^-$$

$$(0,01 - x) \text{ M} \qquad x \text{ M} \qquad x \text{ M}$$

sei die Konzentration von $OH^- = x$ M $(=[CH_3NH_3^+])$. Die Konzentration von CH_3NH_2 ist $(0,01 - x)$ M. Nun ist

$$K_b = \frac{[CH_3NH_3^+][OH^-]}{[CH_3NH_2]},$$

$$\therefore \; 3,975 \times 10^{-4} = \frac{x^2}{(0,01 - x)},$$

$$x^2 + (3,975 \times 10^{-4})x - (3,975 \times 10^{-6}) = 0.$$

Daraus ergibt sich $x = 1,8 \times 10^{-3}$ (die positive Wurzel).

Also ist die Konzentration der OH^--Ionen $1,8 \times 10^{-3}$ M, und da $[H_3O^+][OH^-] = 10^{-14}$, berechnen wir $[H_3O^+] = 5,55 \times 10^{-12}$ M, der pH-Wert der Lösung ist also <u>11,26.</u>

6.5. Pufferlösungen

Wenn die Lösung einer starken Base (etwa NaOH) zu einer starken Säure (etwa HCl) zugefügt wird, ist die Neutralisation nach Zugabe der äquivalenten Menge praktisch vollständig. (Die Dissoziation des H_2O ist so gering, daß ihr Effekt vernachlässigt werden kann.) Eine graphische Darstellung des pH-Wertes gegen die zugefügten Äquivalente der Base zeigt, daß der pH-Wert in der Nähe des Äquivalenzpunktes sehr stark umschlägt *).

Die Situation ändert sich etwas, wenn eine schwache Säure durch eine starke Base neutralisiert wird (gestrichelte Kurve der Abbildung

---

*) Ein Indikator ist eine schwache Säure, deren Ionisierung von einem Farbumschlag begleitet wird. Ein Indikator wird für eine bestimmte Titration danach ausgewählt, daß sein pK_a (gewöhnlich pK_{in} genannt) ungefähr beim pH-Wert des Äquivalenzpunktes liegt.

6.1). Dieses abweichende Verhalten läßt sich anhand des Gleichgewichtes für die schwache Säure HA erklären.

$$K_a = \frac{[H_3O^+][A^-]}{[HA]}.$$

Durch Logarithmieren und Umstellung erhalten wir

$$pH = pK_a - \log_{10} \frac{[HA]}{[A^-]}. \qquad [6.1]$$

Diese wird oft als die *Henderson-Hasselbach*-Gleichung bezeichnet.

In unserem Beispiel entsteht A⁻ durch die Neutralisation einer schwachen Säure. Wir können die *Henderson-Hesselbach*sche Gleichung dazu benutzen, den pH-Wert der Lösung als Funktion der zugefügten Menge starker Base zu berechnen (d. h. der entstehenden Menge an A⁻). Das würde die gestrichelte Kurve der Abb. 6.1 ergeben. Man sieht, daß die Neigung der Kurve ein Minimum erreicht, wenn gerade 0,5 Äquivalente der Base zugesetzt wurden (d. h. wenn $[A^-] = [HA]$)*). Also verursacht an diesem Punkt die weitere Zugabe der Base die geringste pH-Änderung. Eine Lösung, die so pH-Änderungen vermindert, wird als *Pufferlösung* bezeichnet. Ersichtlich ist die Pufferwirkung durch die Fähigkeit von A⁻ bedingt, zugefügte H_3O^+ auf-

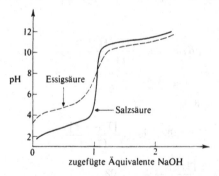

Abb. 6.1. Titration von Salzsäure (einer starken Säure) (durchgezogene Linie) und Essigsäure (einer schwachen Säure) (gestrichelte Linie) mit Natronlauge (einer starken Base).

---

*) Dies läßt sich auch direkt aus der *Henderson-Hesselbach*-Gleichung ablesen, da die Änderungen des Terms $\log_{10} [HA]/[A^-]$ für eine vorgegebene Änderung von [HA] und [A⁻] am kleinsten sind, wenn $[HA] = [A^-]$.

zufangen und HA zu bilden, um so die pH-Änderung zu verringern. Umgekehrt wird die Zugabe von OH⁻ Protonen aus HA abziehen (und zur Bildung von H_2O und A⁻ führen), wiederum unter Verringerung der pH-Schwankung.

Zusammenfassend ist die Pufferkapazität einer Lösung einer schwachen Säure (HA) und ihrer konjugierten Base (A⁻) im Maximum, wenn [A⁻] = [HA], wenn also der pH-Wert der Lösung dem pK_a-Wert der schwachen Säure gleich ist. Es wird auch die pH-Änderung nach Zugabe einer vorgegebenen Menge von Säure oder Lauge um so kleiner sein, je größer die Konzentration von [HA] und [A⁻] ist, also je konzentrierter die Pufferlösung ist.

Auch schwache Basen und ihre konjugierten Säuren werden als Puffer verwendet; sie werden am besten wirken, wenn der pH-Wert der Lösung in der Nähe des pK_a-Wertes liegt (also um $14 - pK_b$).

6.6. Ausgearbeitetes Beispiel

a) Tris ist eine schwache Base ($K_a = 8,3 \times 10^{-9}$ (M)); es wird oft in biochemischen Systemen als Pufferlösung eingesetzt. Wie das Verhältnis der Konzentration von Tris und seiner konjugierten Säure bei pH 8,0?

Lösung

Es ist also

$$pH = pK_a - \log_{10} \frac{[\text{Tris-H}^+]}{[\text{Tris}]},$$

und $\qquad pK_a = -\log_{10} K_a,$

$$= 8,08,$$

$$\therefore 8,0 = 8,08 - \log_{10} \frac{[\text{Tris-H}^+]}{[\text{Tris}]},$$

$$\log_{10} \frac{[\text{Tris}]}{[\text{Tris-H}^+]} = -0,08,$$

$$\therefore \text{ das Verhältnis } \frac{[\text{Tris}]}{[\text{Tris-H}^+]} = \underline{0,83}.$$

b) Wenn die Gesamtkonzentration an Tris in der obigen Lösung 100 mM ist, welche pH-Änderung wird die Zugabe von 5 mM H_3O^+ hervorrufen? Wenn die Gesamtkonzentration auf 20 mM verringert wird, wie groß wird dann die pH-Änderung sein?

Lösung

Wenn

$$[\text{Tris}] + [\text{Tris H}^+] = 0,1 \text{ M},$$

und

$$\frac{[\text{Tris}]}{[\text{Tris-H}^+]} = 0,83 \quad \text{(wie oben errechnet)},$$

dann ist

$$[\text{Tris}] = 0,045 \text{ M},$$

und

$$[\text{Tris-H}^+] = 0,055 \text{ M}.$$

Der Effekt der Zugabe von 0,005 M H_3O^+ besteht in der Verringerung von [Tris] und der Mehrung von [Tris-H$^+$] um diesen Betrag. Nach der Zugabe ist also [Tris] nur noch 0,040 M und [Tris-H$^+$] nun 0,060 M. Aus der Gleichung [6.1] ist dann

$$\text{pH} = \text{p}K_a - \log_{10} \frac{[\text{Tris-H}^+]}{[\text{Tris}]},$$

$$\text{pH} = 8,08 - \log_{10} \frac{[0,06]}{[0,04]},$$

$$\underline{\text{pH} = 7,9.}$$

Die Zugabe von 5 mM H_3O^+ hat demnach den pH-Wert um <u>0,1 Einheiten</u> gesenkt. Im zweiten Fall ist

$$[\text{Tris}] + [\text{Tris-H}^+] = 0,02 \text{ M},$$

und

$$\frac{[\text{Tris}]}{[\text{Tris-H}^+]} = 0,83,$$

dann ist

$$[\text{Tris}] = 0,009 \text{ M},$$

und

$$[\text{Tris-H}^+] = 0,011 \text{ M}.$$

Nach Zugabe von H_3O^+ wird [Tris] auf 0,004 verringert, und [Tris-H$^+$] wird auf 0,016 M vermehrt.

Wie oben

$$pH = pK_a - \log_{10} \frac{[\text{Tris-H}^+]}{[\text{Tris}]},$$

$$= 8{,}08 - \log_{10} \frac{[0{,}016]}{[0{,}004]},$$

$$pH = \underline{7{,}48}.$$

In diesem Fall änderte sich der pH-Wert um 0,52 Einheiten. Das unterstreicht den im Text erwähnten Punkt, daß Pufferlösungen bei höheren Konzentrationen wirksamer sind.

In Abwesenheit der Puffersubstanz wäre der End-pH-Wert auf 2,3 gesunken (d. h. $-\log_{10}[0{,}005]$)

Der Begriff der Pufferlösungen ist nicht auf Protonengleichgewichte beschränkt. Man kann etwa das System Mg^{2+} + AMP^{2-} ⇌ MgAMP dazu benutzen, die freien Mg^{2+}-Ionen abzupuffern. Offensichtlich wird die Kapazität dieses Systems am größten sein, wenn $[AMP^{2-}]$ = [MgAMP].

6.7. Die Dissoziation polyprotischer Säuren

Bis jetzt haben wir Säuren betrachtet, die nur ein Proton abgeben können (monoprotische Säuren). Viele biologische Moleküle (z. B. Nucleotide, Nucleinsäuren, Aminosäuren und Proteine) sind jedoch polyprotische Säuren. Gibt man Alkali zu solchen Verbindungen in

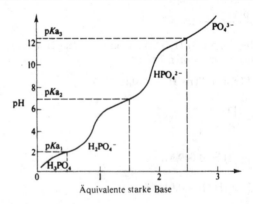

Abb. 6.2. Titration einer 0,1 M Phosphorsäure mit starker Lauge; drei deutliche Neutralisationsschritte sind erkennbar.

Lösung, so folgt eine ganze Serie von Protonen-Dissoziationen aufeinander. Der einfache Fall der schwachen Säure H_3PO_4 ist in Abb. 6.2. dargestellt.

In diesem Fall sind die beobachtbaren pK_a-Werte*) (2,0; 6,8 und 12,0) für die drei verschiedenen Säuremoleküle genügend deutlich ausgeprägt, um jeden Einzelschritt in der Titrationskurve kennzeichnen zu können. Nach unseren vorangegangenen Ableitungen werden wir erwarten, daß jede Dissoziationsstufe ihre eigene Pufferregion besitzt. Zum Beispiel hat $H_2PO_4^-$ einen pK_a-Wert um 7, deshalb sollten Gemische von $H_2PO_4^-$ und HPO_4^{2-} um den Neutralpunkt gute Pufferlösungen sein.

Wir sollten auch jenen Fall betrachten, wo aufeinanderfolgende Ionisierungen aus verschiedenen funktionellen Gruppen hervorgehen, wie etwa bei Aminosäuren. Im Glycin ist der pK_a-Wert der Carboxylgruppe 2,34 und der der Aminogruppe 9,60. Im neutralen pH-Bereich liegt deshalb Glycin als „Zwitterion" vor:

$$\overset{+}{N}H_3CH_2CO_2H \xrightleftharpoons[2,34]{pK_{a1}} \overset{+}{N}H_3CH_2CO_2^- \xrightleftharpoons[9,60]{pK_{a2}} NH_2CH_2CO_2^-$$

Zwitterion

Nettoladung jeder Art	+1	0	−1

Wenn Glycin mit starker Lauge titriert wird, so zeigt es zwei deutliche Protonen-Dissoziationsstufen. Wir nennen Glycin deshalb gern einen *amphoteren* Elektrolyten, weil es Protonen-Dissoziationen sowohl im sauren wie im alkalischen pH-Bereich aufweist.

Wir würden nun erwarten, daß bei einem bestimmten pH-Wert die Konzentrationen der positiven und der negativen Spezies gleich sind. Dieser Wert ist als *isoelektrischer Punkt**)* bekannt, man kann ihn zu pK_{a1} und pK_{a2} wie folgt in Beziehung setzen.

---

*) Die tatsächlich beobachteten pK_a-Werte ändern sich mit der Ionenstärke der Lösung (s. S. 92). Die wahren pK_a-Werte (d. h. jene, die man durch Extrapolation auf die Ionenstärke 0 erhält) sine hier 2,15; 7,2 und 12,4.

**)Natürlich wird die Lösung bei diesem pH-Wert noch den elektrischen Strom leiten, es wird jedoch keine *Netto*-Wanderung der Substanz in einem Elektrophorese-Experiment (wo eine Spannung durch die Lösung hindurch angelegt wird) stattfinden. Ist der pH-Wert kleiner als der isoelektrische Punkt, so trägt die Aminosäure eine positive Nettoladung und wandert zur Kathode. Oberhalb des isoelektrischen Punktes wandert die Aminosäure zur Anode.

Nehmen wir die Einzelgleichgewichte:

$$\overset{+}{N}H_3CH_2CO_2H + H_2O \rightleftharpoons \overset{+}{N}H_3CH_2CO_2^- + H_3O^+ \ldots$$
$$(pK_{a1}),$$

$$\overset{+}{N}H_3CH_2CO_2^- + H_2O \rightleftharpoons NH_2CH_2CO_2^- + H_3O^+ \ldots (pK_{a2}).$$

Nun ist

$$K_{a1} = \frac{[NH_3^+CH_2CO_2^-][H_3O^+]}{[NH_3^+CH_2CO_2H]} \quad \text{und}$$

$$K_{a2} = \frac{[NH_2CH_2CO_2^-][H_3O^+]}{[NH_3^+CH_2CO_2^-]},$$

$$\therefore K_{a1} \cdot K_{a2} = \frac{[NH_3^+CH_2CO_2^-][H_3O^+]}{[NH_3^+CH_2CO_2H]}$$

$$\times \frac{[NH_2CH_2CO_2^-][H_3O^+]}{[NH_3^+CH_2CO_2^-]},$$

so daß beim isoelektrischen Punkt, wo $[\overset{+}{N}H_3CH_2CO_2H] = [NH_2CH_2CO_2^-]$

$$K_{a1} \cdot K_{a2} = 2\log_{10}[H_3O^+].$$

Durch Logarithmieren erhalten wir

$$\log_{10}K_{a1} + \log_{10}K_{a2} = 2\log_{10}[H_3O^+]$$

oder

$$pK_{a1} + pK_{a2} = 2\,pH,$$

d. h. beim isoelektrischen Punkt

$$\boxed{pH = \tfrac{1}{2}(pK_{a1} + pK_{a2})}.$$

Der pH am isoelektrischen Punkt wird oft als pI geschrieben. Für Glycin ist p$I = \frac{1}{2}(2,34 + 9,60) = \underline{5,97.}$

Ein etwas kompliziertes Beispiel ist das der Glutaminsäure, wo die Aminosäure-Seitenkette eine Carboxylgruppe trägt

$$HO_2\overset{\gamma}{C} - (CH_2)_2 - CH \overset{\displaystyle \overset{+}{N}H_3\,(pK_{a3} = 9{,}67)}{\underset{\displaystyle {}_\alpha CO_2H\,(pK_{a1} = 2{,}2).}{}}$$
$$(pK_{a2} = 4{,}25)$$

90

Unterhalb pH 2 sind beide Carboxylgruppen nebst der Aminogruppe protoniert, die Gesamtladung ist $+1$. Bei einem pH zwischen 2,5 und 4 ist die α-Carboxylgruppe ionisiert, während die γ-Carboxylgruppe noch kaum dissoziiert ist (Gesamtladung $= 0$ des Zwitterions). Wenn der pH-Wert zwischen 4,5 und 9,5 liegt, sind beide Carboxylgruppen ionisiert (Gesamtladung $= -1$). Schließlich ist oberhalb pH 10 die Gesamtlage $= -2$.

Offensichtlich wird der isoelektrische Punkt in jenem pH-Bereich liegen, wo das Zwitterion die Hauptform bildet. Der genaue pI ist wiederum der pH-Wert, bei dem die Konzentrationen der einfach positiv und der einfach negativ geladenen Form gleichgroß sind. In diesem Beispiel ist etwa p$I = \frac{1}{2}(\text{p}K_{a1} + \text{p}K_{a2}) = 3,23$. Der Beitrag der doppelt negativ geladenen Form ist bei diesem pH-Wert vernachlässigbar, wie im untenstehenden Beispiel gezeigt. *Im allgemeinen erhält man den* pI *durch Mitteln der* pK_a-*Werte der Gruppen, die die Zwitterionen-Form bilden.*

6.8. Ausgearbeitetes Beispiel

Man zeige, daß der Beitrag der zweifach negativ geladenen Form der Glutaminsäure bei pH 3,23 vernachlässigbar klein ist; unter der Annahme, daß alle pK_a-Werte voneinander unabhängig sind.

Lösung

Für das untenstehende Gleichgewicht ist p$K_a = 9,67$

$$^{-}O_2C-(CH_2)_2-CH\underset{CO_2^-}{\overset{\overset{+}{N}H_3}{<}} + H_2O \rightleftharpoons$$

(Glu $\overset{+}{N}H_3$)

$$^{-}O_2C-(CH_2)_2-CH\underset{CO_2^-}{\overset{NH_2}{<}} + H_3O^+$$

(Glu NH_2)

Mit Hilfe der *Henderson-Hasselbach*-Gleichung ist

$$\text{pH} = \text{p}K_a - \log_{10}\frac{[\text{Glu }\overset{+}{N}H_3]}{[\text{Glu }NH_2]},$$

$$\therefore\ 3,23 = 9,67 - \log_{10}\frac{[\text{Glu }\overset{+}{N}H_3]}{[\text{Glu }NH_2]},$$

$$\therefore\ \frac{[\text{Glu }\overset{+}{N}H_3]}{[\text{Glu }NH_2]} = 2,76 \times 10^6,$$

bei pH 3,23 existiert also nur etwa 1 Glutaminsäuremolekül unter 10^6 als doppelt negativ geladene Form. So ist der Beitrag dieser pK_a-Stufe zum isoelektrischen Punkt vernachlässigbar.

In Proteinen ist die Situation wesentlich komplizierter. Es gibt nicht nur viele verschiedene Arten ionisierbarer Gruppen (Glutaminsäure, Histidin, Tyrosin, Arginin usw.), sondern Gruppen der gleichen Art können sich auch in verschiedener chemischer Umgebung finden und dann verschiedene pK_a-Werte aufweisen. Obwohl also die Interpretation der pH-Titrationskurven schwierig ist, kann man dennoch dem Gesamtprotein einen isoelektrischen Punkt zuordnen (den Punkt, an dem das Protein kleine Nettoladung besitzt). So hat etwa Thymohiston, ein an *basischen* Aminosäuren wie Lysin und Arginin reiches Protein, einen pI von 10,8 (siehe den pI von Lysin bei 9,74, pI von Arginin bei 10,76). Serumalbumin trägt einen Überschuß an *sauren* Aminosäuren, wie Glutaminsäure und Asparaginsäure, und hat einen pI von ungefähr 4,8.

6.9. Der Einfluß der Ionenstärke auf Säure-Basen-Gleichgewichte

In diesem Kapitel haben wir den Einfluß nicht-idealer Lösungseigenschaften auf die Säure-Base-Gleichgewichte vernachlässigt. Bei genauem Arbeiten sollte man jedoch den Einfluß der Ionenstärke auf die Aktivitäts-Koeffizienten der Molekülarten, die an diesen Gleichgewichten teilnehmen, berücksichtigen (siehe Kapitel 5, S. 62–64). Nach dem *Debye-Hückel*schen Gesetz ist klar, daß die Abweichungen vom idealen Verhalten um so größer sein werden, je stärker geladen die beteiligten Ionen sind (d. h. je größer die Ionenstärke). Im Falle der Dissoziation von 0,1 M HPO_4^{2-} zu PO_4^{3-} ist der beobachtete pK_a (12) deutlich verschieden vom wahren „thermodynamischen" pK_a von 12,4 dieser Dissoziation (aus der Extrapolation zur Ionenstärke Null).

Die Änderung der Aktivitätskoeffizienten der Ionen mit der Ionenstärke spiegelt sich in der Änderung des pH einer Pufferlösung mit der Verdünnung. Die Änderung des pH nach zweifacher Verdünnung ($\Delta pH_{1/2}$) beträgt für $H_2PO_2^- - HPO_4^{2-}$-Puffer $+0,08$, für Essigsäure-Acetatpuffer $+0,05$. Zugabe eines neutralen Salzes (wie NaCl) zu einer Pufferlösung wird die Ionenstärke ebenfalls ändern; der Einfluß auf den pH-Wert der Lösung ist meist sehr ähnlich dem, den die Erhöhung der Konzentration der Pufferlösung erbringt.

6.10. Aufgaben

1. Die Neutralisationswärme einer starken Säure durch eine starke Base beträgt $-13,6$ kcal mol^{-1} ($-56,8$ kJ mol^{-1}). Berechne das Ionenprodukt (K_w) des Wassers bei 37°C mit der Angabe, daß es bei 18°C $= 0,61 \times 10^{14}$ beträgt.

2. Berechne mit Hilfe von $K_w = 10^{-14}$ den pH-Wert folgender Lösungen.

   (a) 0,05 M HCl.
   (b) 0,1 M Essigsäure ($K_a = 1,75 \times 10^{-5}$ (M)).
   (c) 0,1 M Anilin ($K_b = 3,82 \times 10^{-10}$ (M)).
   (d) Eines Gemisches von 0,1 M Essigsäure und 0,001 M HCl.
   (e) 10^{-8} M HCl.

3. Wie groß ist der Aktivitätskoeffizient des Wasserstoffions ($\gamma_{H_3O^+}$) in einer 0,01 M Lösung von HCl, wenn ihr pH-Wert 2,08 ist?

4. Was versteht man unter der Bezeichnung „isoelektrischer Punkt? Wo liegt der isoelektrische Punkt von:

   (a) Glycylglycin (p$K_{a1} = 3,06$, p$K_{a2} = 8,13$).
   (b) Aspartylglycin (p$K_{a1} = 2,1$, p$K_{a2} = 4,53$, p$K_{a3} = 9,07$).
   (c) Lysylglycin (p$K_{a1} = 2,1$, p$K_{a2} = 9,0$, p$K_{a3} = 10,6$).
   (d) Cystein (p$K_{a1} = 1,71$, pK_{a2} (SH) $= 8,33$, pK_{a3} (NH$_3^+$) $= 10,78$).

5. Leite die Beziehung zwischen pH, pK und den Konzentrationen saurer und basischer Formen einer Verbindung mittels der Logarithmen der betreffenden Gleichgewichts-Konstanten-Formeln ab. (Die Beziehung wird oft *Henderson-Hasselbach*-Gleichung genannt.)

   Benutze diese Gleichung, um die Volumina 0,1 M NaH$_2$PO$_4$- und 0,1 M Na$_2$HPO$_4$-Lösung zu berechnen, die für 100 ml einer Pufferlösung vom pH 7,0 notwendig sind.

   Für $H_2PO_4^- + H_2O \rightleftharpoons H_3O^+ + HPO_4^{2-}$ ist p$K_a = 7,2$.

   Wie groß ist die Ionenstärke der beiden Lösungen und auch des endgültigen Puffers?

6. Was bedeutet die Bezeichnung Pufferlösung? Die Dissoziationskonstante der Essigsäure ist $1,75 \times 10^{-5}$ (M) bei 25°C. Enthält eine Lösung 0,16 Mole Essigsäure pro Liter, wieviel Mole Natriumacetat müssen dann zugefügt werden, um die Lösung auf pH 4,2 einzustellen. Erkläre Einflüsse aus Änderungen 1. der Temperatur und 2. der Ionenstärke auf diese Lösung.

7. Wertet man die Neutralisation einer schwachen Säure durch zugefügte Hydroxyl-Ionen aus, so läßt sich zeigen, daß der Pufferwert der Lösung, also

$$\frac{\text{d (zugefügte Äquivalente Lauge)}}{\text{d (pH)}}$$

durch

$$\beta = 2,3\,C\alpha(1 - \alpha)$$

ausgedrückt wird, wobei .

β = Pufferwert,

C = Konzentration der schwachen Säure,

α = Dissoziationsgrad.

Benutze diese Gleichung, um die pH-Werte zu errechnen, bei denen Phosphat und Tris die höchste Effizienz als Puffer zeigen.

Für $H_2PO_4^- + H_2O \rightleftharpoons H_3O^+ + HPO_4^{2-}$ ist
$$K_a = 6,3 \times 10^{-8}\ (M)\ (25\,°C),$$

für $Tris\text{-}H^+ + H_2O \rightleftharpoons H_3O^+ + Tris$ ist
$$K_a = 8,3 \times 10^{-9}\ (M)\ (25\,°C).$$

Wie ist das Verhältnis der Pufferwerte der folgenden Lösungen zu 0,1 M Phosphatpuffer bei pH 7,0?

(*a*) 0,1 M Phosphatpuffer bei pH 8,0.

(*b*) 0,1 M Phosphat bei pH 8,5.

(*c*) 0,01 M Phosphatpuffer bei pH 7,0.

Erkläre das Ergebnis.

8. Die Hydrolyse von ATP verläuft nach der folgenden Gleichung (bei pH 8,0).

$$ATP^{4-} + 2H_2O \rightarrow ADP^{3-} + HPO_4^{2-} + H_3O^+.$$

Eine 1 mM ATP-Lösung wurde der enzymatischen Hydrolyse in einem 0,1 M Tris-Puffer (pH 8,0) unterworfen. Berechne den neuen pH-Wert am Ende der Reaktion. Wo würde der endgültige pH bei Verwendung eines 0,01 M Tris-Puffers (pH 8,0) oder ohne Verwendung eines Puffers liegen? (Der pK_a für Tris = 8,1.)

9. Der pH-Wert einer Probe arteriellen Blutes liegt bei 7,50. 20 ml dieser Probe setzten nach Ansäuern 12,2 ml CO_2 bei 25 °C (1 atm) frei (nach Korrektur für gelöstes CO_2). Stelle die Konzentration von CO_2 und HCO_3^- im Blut fest, wenn der pK_a für die Reaktion

$$CO_2 + H_2O \rightarrow H_3O^+ + HCO_3^-$$

6,1 ist.

Der Partialdruck von CO_2 (in atm) steht mit der Konzentration an gelöstem CO_2 in der Beziehung

$$[CO_2]_{gelöst} = 0,031 \times P_{CO_2}.$$

Wie groß ist der CO_2-Druck über dem Blut?

10. Die folgenden Werte wurden aus der Titration von 0,1 M Essigsäure mit Natronlauge erhalten.

Äquivalente 0   0,10 0,20 0,40 0,60 0,80 0,90 0,95 1,00 1,05 1,10 1,30
zugefügter
NaOH pH   2,60 3,55 4,00 4,50 4,85 5,25 5,60 6,25 8,80 11,00 11,25 11,65

Erkläre, welcher der folgenden Indikatoren für die Titration geeignet sein könnte:
Kongorot (pK_{in} = 4,0), Methylrot (pK_{in} = 5,2),
Bromkresolpurpur (pK_{in} = 6,0), Neutralrot (pK_{in} = 7,4),
Phenolphthalein (pK_{in} = 9,1), Thymophthalein (pK_{in} = 9,9).

11. Die Beweglichkeit (m) eines Peptides in der Elektrophorese (im Verhältnis zu Asparaginsäure) soll der Beziehung folgen

$$m = KeM^{-2/3},$$

wobei K eine Konstante, e die Ladung (unabhängig vom Vorzeichen) und M das Molekulargewicht bedeuten. Bei pH 6,5 erhielt man folgende Ergebnisse:

Peptid	Molekular-gewicht	Beweglichkeit
Asp-Leu	246,3	0,65
Leu-Gly-Arg	344,5	0,53
Ileu-Ala-Ser-Lys-Phe	565	0,40
Asp-Gly-Asp	305,3	0,98
Gly-Arg-Lys	359,5	0,90
Asp-Gly-Leu-Asp	418,5	0,80

Trage $\log_{10}$ (Mobilität) gegen $\log_{10}$ (Molekulargewicht) für die Peptide der verschiedenen Ladungssorten auf.

Von den oben erwähnten Aminosäuren trägt Asparaginsäure bei pH 6,5 eine Ladung von -1, Arg und Lys eine Ladung von $+1$, und die übrigen (Leu, Gly, Ileu, Ala, Ser, Phe, Asparagin) tragen keine Ladung.

Nach Säurehydrolyse fand man in zwei Peptiden jeweils nur Asp und Leu in äquimolaren Mengen. Eines davon hatte eine Beweglichkeit von 0,75, das andere eine Beweglichkeit von 0,45. Benutze die obige graphische Darstellung um die wahrscheinlichen Formeln der Peptide aufzustellen.

(Während der Säurehydrolyse wird die Amidgruppe des Asparagins (Asp-NH_2) in eine Säuregruppe umgewandelt, es entsteht Asparaginsäure).

7. Elektrochemische Zellen: Redoxvorgänge

7.1. Redoxvorgänge

Der Diskussion der Thermodynamik der Redoxvorgänge widmen wir ein eigenes Kapitel, nicht nur um ihre Bedeutung in der Biochemie hervorzuheben, sondern auch, weil viele dieser Vorgänge in elektrochemischen Zellen untersucht werden können, wo echte *reversible* *) Bedingungen erreicht werden können.

Redoxvorgänge lassen sich am einfachsten auf der Basis der Übertragung von Elektronen verstehen, etwa bei der Oxidation von Fe^{2+} zu Fe^{3+}. Eines der wichtigsten Beispiele der Biochemie ist die sogenannte „Elektronentransport-Kette der Mitochondrien", die aus verschiedenen Cytochromen, Flavoproteinen usw. besteht. Jede dieser Verbindungen kann oxidiert und reduziert werden. Elektronen aus reduzierenden Partnern (wie NaDH oder Succinat) wandern über diese verschiedenen Cytochrome etc. durch die Kette bis zur oxidierenden Verbindung (in diesem Fall O_2). Auf diese Weise wird die verfügbare Freie Energie aus der Oxidation etwa von NADH durch O_2 ($\Delta G^{0'} = -51,3$ kcal mol^{-1}) in einer Reihe von Stufen zur Produktion von drei Molen ATP aus ADP und Phosphat genutzt. Das so gebildete ATP wird vielfältig in der Zelle eingesetzt (z. B. Mechanische Arbeit, Biosynthese, Transport von Metaboliten usw.).

Die Thermodynamik von Redoxvorgängen läßt sich anhand eines einfachen Beispiels darstellen.

Nehmen wir die Reaktion, bei der Zn einer Lösung von $CuSO_4$ zugefügt wird. Die Präzipitation von Cu

$$Zn + Cu^{2+} \rightleftharpoons Zn^{2+} + Cu$$

setzt spontan ein, und unter diesen Bedingungen würde man die Reaktion als irreversibel geführt beschreiben. ΔG^0 dieser Reaktion ist -51 kcal mol^{-1} bei 25 °C (einer Gleichgewichtskonstante von 10^{37} entsprechend). Die verfügbare Freie Energie dieser Reaktion ließe sich durch Aufstellung einer geeigneten *elektrochemischen Zelle* in der Form elektrischer Arbeit nutzen. Dazu teilen wir die Gesamtreaktion in zwei getrennte Redoxvorgänge:

$$Zn - 2e^- \rightarrow Zn^{2+} \text{ Oxidation (d. h. Verlust von Elektronen)}$$

$$Cu^{2+} + 2e^- \rightarrow Cu \text{ Reduktion (d. h. Gewinn an Elektronen)}$$

---

*) Der Leser wird auf die Diskussion in Kapitel 2 verwiesen.

(Die Gesamtreaktion ist offensichtlich die Summe dieser zwei Teilreaktionen.)

Die getrennten Reaktionen werden als *Halbzellen-Reaktionen* bezeichnet. Keine der beiden Halbzellen-Reaktionen könnte man isoliert untersuchen, da das Zn ein enormes positives Potential und Cu ein negatives gewinnen würde. Die Differenz zwischen den beiden läßt sich jedoch messen, wenn sie in geeigneter Weise zu einer *elektrochemischen Zelle* zusammengefügt werden (Abb. 7.1).

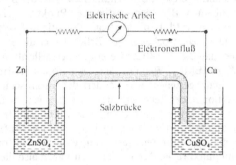

Abb. 7.1. Elektrochemische Zelle zur Untersuchung der Reaktion Zn + $Cu^{2+} \rightleftharpoons Zn^{2+} + Cu$.

Eine geeignete *elektrochemische Zelle* zur Untersuchung dieser Reaktion ist in Abb. 7.1 dargestellt. Die Elektroden (Zn und Cu) tauchen in Lösungen ihrer Ionen ein (die Sulfationen sind zur Aufrechterhaltung der Elektroneutralität nötig). Zur Vermeidung der spontanen Präzipitation von Cu ist es nötig, die Lösungen von $ZnSO_4$ und $CuSO_4$ getrennt zu halten, während elektrischer Kontakt zwischen ihnen bestehen bleibt. Dies leistet eine „Salzbrücke", die konzentrierte KCl-Lösung*) in einem Gel enthält und in jede der beiden Halbzellen eintaucht.

---

*) KCl wird gewählt, weil K^+ und Cl^- ähnliche Stromtransport-Eigenschaften (Beweglichkeiten) aufweisen, so daß der Strom in beiden Richtungen gleich gut fließt. Die Diffusion der Zn^{2+}- oder Cu^{2+}-Ionen in die Brücke verläuft sehr langsam und kann praktisch vernachlässigt werden. Man sollte jedoch darauf hinweisen, daß eine Salzbrücke (oder andere Verbindungen zwischen Flüssigkeiten) einen kleinen Grad an Irreversibilität ins System bringen. Für die meisten praktischen Zwecke braucht man dies nicht zu berücksichtigen.

Wenn man die Zn- und Cu-Elektroden verbindet, so fließen Elektronen von Zn zu Cu, während sich Zn^{2+}-Ionen bilden und Cu^{2+}-Ionen reduziert werden. Bei fortschreitender Annäherung an das Gleichgewicht nimmt die Triebkraft der Reaktion (G) ab, und man erhält weniger elektrische Arbeit aus der Zelle.

Nun *legen* wir aber einmal eine geeignete Potentialdifferenz an die Elektronen *an*, so daß der Effekt der elektrochemischen Zelle aufgehoben wird, wie dies Abb. 7.2 zeigt.

Mit der Zunahme dieser Potentialdifferenz wird der Stromfluß im Stromkreis abnehmen. Bei einem bestimmten Punkt (dem *Null*punkt) fließt kein Strom mehr (d. h. die angelegte Potentialdifferenz ist ebenso groß wie die der elektrochemischen Zelle). Unter diesen Bedingungen bezeichnet man die Potentialdifferenz an der Zelle als ihre *elektromotorische Kraft* (EMK). Wenn die angelegte Potentialdifferenz über diesen Wert hinaus gesteigert wird, ändert der Strom seine Richtung (d. h. die Reaktion in der Zelle verläuft in der entgegengesetzten Richtung $Cu + Zn^{2+} \rightarrow Cu^{2+} + Zn$). Da man die Potentialdifferenz in der Nähe des Nullpunktes stetig variieren kann, ohne daß Stufen im Verlauf der Stromkurve aufträten, sagt man, daß die elektrochemische Zelle beim Nullpunkt *reversibel* arbeitet. Wir haben also die angelegte Potentialdifferenz dazu benutzt, die Tendenz zur Reduktion von Cu^{2+} durch Zn in der Zellenreaktion zu unterbinden. Eine kleine Steigerung oder Senkung der angelegten Potentialdifferenz würde die Reaktion in eine der beiden Richtungen lenken, wir haben also das Kriterium der *Reversibilität* erfüllt (Kapitel 2).

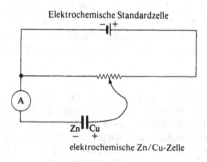

Abb. 7.2. Die elektrochemische Zn/Cu-Zelle mit angelegter, entgegengesetzt gepolter Potentialdifferenz.

7.2. Die Thermodynamik reversibler Zellen

Der erste Hauptsatz der Thermodynamik besagt

$$\Delta U = \Delta q - \Delta w,$$

wobei Δw die *durch* das System geleistete Arbeit bedeutet und aus Arbeitsleistung gegen die Umgebung ($p \Delta V$) besteht; in diesem Fall auch die geleistete elektrische Arbeit (Δw_{el}).

Also ist

$$\Delta U = \Delta q - P \Delta V - \Delta w_{el}.$$

Bei konstantem Druck ist aber

$$\Delta H = \Delta U + P \Delta V \quad \text{(siehe Kapitel 1).}$$

Also ist

$$\Delta H = \Delta q - \Delta w_{el}.$$

Da der elektrochemische Zellenvorgang reversibel abläuft, ist $\Delta q = T \Delta S$ (aus dem zweiten Hauptsatz)

$$\therefore \ \Delta H = T \Delta S - \Delta w_{el}.$$

Mit Hilfe der Gleichung $\Delta G = \Delta H - T \Delta S$ erhalten wir $\underline{\Delta G = -\Delta w_{el}}$ (für elektrochemische Zellenreaktionen bei konstantem Druck).

Also bestimmt ΔG die Menge an „nutzbarer" Arbeit aus der elektrochemischen Zelle.

Angenommen, die Reaktion würde die Übertragung von n Elektronen beinhalten (z. B. $n = 2$ im Falle $Zn + Cu^{2+} \rightleftharpoons Zn^{2+} + Cu$). Dann wird die elektrische Arbeit beim Transfer von n Elektronen durch eine Potentialdifferenz E durch $\Delta w_{el} = nFE$ ausgedrückt.

F ist eine Umrechnungskonstante und beträgt 23,1 kcal mol^{-1} (Elektronenvolt)$^{-1}$.

So erhalten wir die Gleichung

$$\boxed{\Delta G = -nFE}$$

für alle reversiblen Zellenreaktionen. Die Messung der EMK E eines Redoxvorganges ergibt direkt ΔG, vorausgesetzt, daß die Anzahl der an der Reaktion beteiligten Elektronen n bekannt ist. Ebenso wie ΔG^0 die Änderung der Freien Energie dann bestimmt, wenn die Ausgangs- und Endprodukte im Standardzustand vorliegen, bezieht sich E^0 auf die *EMK der Zelle bei Standardbedingungen*.

7.3. Ausgearbeitetes Beispiel

Für die Reaktion

$$Zn + Cu^{2+} \rightleftharpoons Zn^{2+} + Cu$$

beträgt

$$\Delta G^0 = -51 \text{ kcal mol}^{-1}.$$

Wie ist der Wert für E^0 bei dieser Reaktion?

Lösung

$$\Delta G^0 = -nFE^0,$$

$$\therefore E^0 = -\frac{\Delta G^0}{nF},$$

$$= +\frac{51}{2 \times 23,1} \ V, \text{ da } n = 2,$$

$$= \underline{1,1 \ V.}$$

Beachte, daß E^0 *positiv sein muß,* wenn ΔG^0 *der Reaktion negativ ist,* also günstig für den Ablauf der Reaktion.

7.4. Arten von Halbzellen

Wie oben ausgeführt, lassen sich alle Reaktionen in elektrochemischen Zellen in Halbzellen-Reaktionen der Art

Oxidierte Form + $n\bar{e}$ ⇌ Reduzierte Form

zerlegen. (Eine der beiden Reaktionen wird in umgekehrte Richtung gedrängt.)

Wir wollen nun die verschiedenen Arten von Halbzellen darstellen, die gebräuchlich sind, und die Nomenklatur angeben, die für sie benutzt wird*). Die Abb. 7.3 zeigt diese Halbzellen.

---

*) Hierbei ist man übereingekommen, durch senkrechte Linien die physikalische Trennlinie zwischen zwei Phasen anzugeben, etwa zwischen Zn (fest) und Zn^{2+} in Lösung (Zn^{2+} | Zn). Ein Komma zeigt an, daß die zwei Arten in der gleichen Phase vorliegen, etwa Fe^{2+} und Fe^{3+} (Fe^{2+}, Fe^{3+}) in Lösung, oder Ag und AgCl in fester Phase (Ag, AgCl). Eine doppelte senkrechte Linie (||) bezeichnet eine Verbindung zwischen flüssigen Phasen (meist durch Salzbrücken).

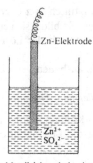

(1) Metallelektrode in einer
Lösung ihrer Ionen

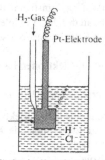

(2) Gas im Kontakt mit einer
Lösung seiner Ionen

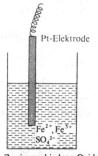

(3) Zwei verschiedene Oxidations-
stufen desselben Ions

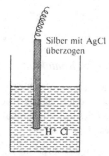

(4) Metall im Kontakt mit seinem
unlöslichen Salz

Abb. 7.3. Die vier üblichen Arten von Halbzellen.

1. Eine Metallelektrode mit einer Lösung gleichartiger Ionen

Hierfür gibt es sehr viele Beispiele, etwa

$$Zn^{2+} + 2e^- \rightleftharpoons Zn \quad \dots Zn^{2+} | Zn$$

$$Ag^+ + e^- \rightleftharpoons Ag \quad \dots Ag^+ | Ag.$$

2. Gas im Kontakt mit einer Lösung seiner Ionen

Das am besten bekannte Beispiel hierfür ist die Wasserstoffelektrode*)

$$H^+ + e^- \rightleftharpoons \tfrac{1}{2}H_2 \quad \dots H^+ | \tfrac{1}{2}H_2 \cdot Pt.$$

---

*) In diesem ganzen Kapitel benutzen wir das Symbol H^+ für Protonen. Genaugenommen sollten wir natürlich H_3O^+ schreiben.

Wasserstoffgas umströmt dabei eine mit Platinschwarz überzogene Elektrode, an der die H_2-Moleküle dissoziieren. So bildet sich eine monoatomare Schicht aus Wasserstoff im Kontakt mit der Lösung der H^+-Ionen.

Cl_2- und O_2-Elektroden lassen sich auch so aufbauen.

3. Zwei verschiedene Oxidationsstufen der gleichen Atomart

Hier steht eine inerte Elektrode (wie Pt) im Kontakt mit der Lösung und gibt so Elektronen die Möglichkeit, in die Lösung einzutreten oder sie zu verlassen.

Als Beispiele:

$$Fe^{3+} + e^- \rightleftharpoons Fe^{2+} \qquad \dots Pt\,|\,Fe^{3+},Fe^{2+}$$

$$Sn^{4+} + 2e^- \rightleftharpoons Sn^{2+} \qquad \dots Pt\,|\,Sn^{4+},Sn^{2+}$$

$$Fe(CN)_6^{3-} + e^- \rightleftharpoons Fe(CN)_6^{4-} \quad \dots Pt\,|\,Fe(CN)_6^{3-},Fe(CN)_6^{4-}.$$

4. Metall im Kontakt mit seinem unlöslichen Salz

Ein Metall wird mit einer dünnen Schicht eines seiner unlöslichen Salze überzogen, dies steht dann im Kontakt mit einer Lösung, die die Anionen des unlöslichen Salzes enthält. Die beiden häufigsten Beispiele dieses Typs sind*)

$$AgCl + e^- \rightleftharpoons Ag + Cl^- \qquad \dots AgCl,Ag\,|\,Cl$$
$$\text{(fest)} \qquad\quad \text{(fest)}$$

und

$$\tfrac{1}{2}Hg_2Cl_2 + e^- \rightleftharpoons Hg + Cl^- \qquad \dots \tfrac{1}{2}Hg_2Cl_2,Hg\,|\,Cl^-.$$
$$\text{(fest)} \qquad\qquad \text{(flüss.)}$$

Diese letztere ist als *Kalomelelektrode* bekannt, sie wird oft als bequeme Referenz-Elektrode benutzt.

7.5. Halbzellen-Elektrodenpotentiale

Offensichtlich können einzelne Halbzellen-Potentiale nicht direkt gemessen werden, da keine Methode die Potentialdifferenz zwischen

---

*) Die Gesamtreaktion in diesen Halbzellen kann man sich aus zwei einfacheren Reaktionen zusammengesetzt denken, nämlich

$$AgCl \rightleftharpoons Ag^+ + Cl^-$$

und

$$Ag^+ + e^- \rightleftharpoons Ag.$$

der Elektrode und ihrem sie umgebenden Elektrolyten bestimmen kann. Wir können nur die *Differenz* zwischen den Potentialen zweier Halbzellen messen, wenn sie zu einer elektrochemischen Zelle miteinander verbunden sind.

Man könnte eine Reihe der relativen Werte von Elektroden-Potentialen erhalten, wenn jede Halbzelle mit einer Standard-Halbzelle verbunden würde. Dafür wurde die Wasserstoffelektrode als Standard ausgewählt; sie erhielt eine Standard-EMK (E^0) von 0 Volt; es ist also für die Reaktion

$$H^+ + e^- \rightleftharpoons \tfrac{1}{2} H_2(Pt),$$

wobei jede Komponente im Standardzustand vorliegt (H_2, 1 atm, H^+ in 1 molarer idealer Lösung), die EMK dieser Elektrode $\doteq$ 0 Volt. (Das ist die Normalwasserstoffelektrode.)

Einige typische *Standard-Elektrodenpotentiale* E^0 für Halbzellen (also für alle Komponenten im Standardzustand) führt die Tabelle 7.1 auf.

Tabelle 7.1

Elektrode	Reaktion	E^0 (V)
$Na^+ \mid Na$	$Na^+ + e^- \rightarrow Na$	$-2,71$
$Zn^{2+} \mid Zn$	$Zn^{2+} + 2e^- \rightarrow Zn$	$-0,76$
$H^+ \mid \tfrac{1}{2}H_2 \cdot Pt$	$H^+ + e^- \rightarrow \tfrac{1}{2}H_2(Pt)$	0
$Cu^{2+} \mid Cu$	$Cu^{2+} + 2e^- \rightarrow Cu$	$+0,34$
$Pt \mid Fe^{3+}, Fe^{2+}$	$Fe^{3+} + e^- \rightarrow Fe^{2+}$	$+0,77$
$Pt \cdot \tfrac{1}{2}Cl_2 \mid Cl^-$	$(Pt)\tfrac{1}{2}Cl_2 + e^- \rightarrow Cl^-$	$+1,36$

Das Zeichen E^0 bezieht sich auf die Reaktion der Tabelle 7.1, also

$$\boxed{\text{Oxidierte Form} + ne^- \rightarrow \text{Reduzierte Form}}.$$

Ein negativer Wert für E^0 (d. h. ΔG^0 positiv) bedeutet, daß die oxidierte Form begünstigt ist. Also wird H_2 den Partner Zn^{2+} nicht zu Zn reduzieren. Dementsprechend gibt ein positiver Wert von E^0 (ΔG^0 negativ) an, daß die reduzierte Form begünstigt ist. H_2 würde also Cu^{2+} zu Cu reduzieren.

7.6. Elektrochemische Zellen

Betrachten wir die Verbindung zweier Halbzellen, etwa der Cu- und der Zn-Halbzelle, zu einer elektrochemischen Zelle. Wir können diese elektrochemische Zelle schreiben*):

$$Zn^{2+} \mid Zn \parallel Cu^{2+} \mid Cu.$$

Es ist dabei wichtig zu beachten, daß diese Schreibweise der elektrochemischen Zelle sich auf die Reaktion

$$Zn + Cu^{2+} \rightleftharpoons Zn^{2+} + Cu$$

bezieht.

Würde man schreiben

$$Cu^{2+} \mid Cu \parallel Zn^{2+} \mid Zn,$$

so würde dies für die Reaktion

$$Zn^{2+} + Cu \rightleftharpoons Zn + Cu^{2+}$$

gelten.

Man hat die *Übereinkunft* getroffen, daß die Reaktion einer vorgeschriebenen elektrochemischen Zelle

$$(Ox) \mid (Red) \parallel (Ox) \mid (Red)$$
$$\text{Links} \qquad \text{Rechts}$$

gleich

$$\boxed{\text{Links (Red)} + \text{Rechts (Ox)} \rightleftharpoons \text{Links (Ox)} + \text{Rechts (Red)}}$$

ist.

7.7. Ausgearbeitete Beispiele

1. Welche Reaktion wird durch die folgende Formel einer elektrochemischen Zelle beschrieben?

$$Pt \mid Fe^{3+}, Fe^{2+} \parallel Sn^{4+}, Sn^{2+} \mid Pt.$$

Welche beiden Halbzellenreaktionen gehören dazu?

---

*) Manchmal wird diese Art einer Zelle so geschrieben, daß Zn ganz links außen steht, also $Zn \mid Zn^{2+} \parallel Cu^{2+} \mid Cu$. Die beiden Schreibweisen geben jedoch dieselbe elektrochemische Zelle an.

Lösung

Nach der oben formulierten Übereinkunft müssen wir die Reaktion mit

$$2Fe^{2+} + Sn^{4+} \rightleftharpoons 2Fe^{2+} + Sn^{2+}$$

schreiben. Man *beachte*, daß zwei Elektronen zur Reduktion von Sn^{4+} zu Sn^{2+} notwendig sind. Also müssen auch zwei Äquivalente an Fe^{2+} eingesetzt werden, um die Elektronenbilanz zu halten.

Die beiden Halbzellenreaktionen sind

$$\text{Rechts } Sn^{4+} + 2e^- \rightleftharpoons Sn^{2+},$$

$$\text{Links } 2Fe^{3+} + 2e^- \rightleftharpoons 2Fe^{2+}.$$

Die Gesamtreaktion ergibt sich durch Subtraktion (Rechts − Links).

2. Konstruiere eine Zelle zur Untersuchung der Reduktion von Co^{3+} zu Co^{2+} durch Wasserstoffgas.

Lösung

Die Reaktion ist

$$Co^{3+} + \tfrac{1}{2}H_2 \rightleftharpoons Co^{2+} + H^+.$$

Nach der Übereinkunft muß die elektrochemische Zelle dann formuliert werden

$$\underset{\text{Links}}{H^+ \,|\, \tfrac{1}{2}H_2,Pt} \,||\, \underset{\text{Rechts}}{Co^{3+},Co^{2+} \,|\, Pt.}$$

7.8. Die Bezeichnung elektrochemischer Zellen

Die vorangehenden Beispiele zeigen, daß die Gesamtreaktion in einer elektrochemischen Zelle durch Subtraktion der Reaktion der *linken Halbzelle* von der der *rechten Halbzelle* erhalten wird.

Man erhält so E^0 für die elektrochemische Zelle aus

$$\boxed{E^0 \text{ (Zelle)} = E^0 \text{ (rechts)} - E^0 \text{ (links)}}.$$

7.9. Ausgearbeitete Beispiele

1. Wie groß ist E^0 für die elektrochemische Zelle:

$$H^+ \,|\, \tfrac{1}{2}H_2,Pt \,||\, Pt \,|\, Fe^{3+},Fe^{2+},$$

wenn

$$E^0 \text{ für } Pt \,|\, Fe^{3+},Fe^{2+} \quad +0,77 \text{ V}$$

beträgt und

$$E^0 \text{ für } H^+ \mid \tfrac{1}{2} H_2, \text{ Pt } = 0 \text{ V ist.}$$

Lösung

Aus der Gleichung

$$E^0 \text{ (Zelle)} = E^0 \text{ (rechts)} - E^0 \text{ (links)}$$

entnehmen wir

$$E^0 \text{ (Zelle)} = +0,77 \text{ V*).}$$

Die Reaktion in der Zelle lautet

$$\tfrac{1}{2} H_2 + Fe^{3+} \rightleftharpoons H^+ + Fe^{2+},$$

und da E^0 positiv ist (also ΔG^0 negativ), würde sie eindeutig in Richtung der Reduktion des Fe^{3+} ablaufen.

2. Welche Gleichgewichtskonstante K weist die obige Reaktion auf (dabei sei $T = 298$ K)?

Lösung

Die elektrochemische Zellenreaktion verläuft unter Übertragung *eines* Elektrons (d. h. $n = 1$).

Nach $\Delta G^0 = -nFE^0$ und $n = 1$, $F = 23,1 \text{ kcal mol}^{-1} \text{ eV}^{-1}$, $E^0 = +0,77$ V ist

$$\therefore \ \Delta G^0 = -1 \times 23 \times 0,77 \text{ kcal mol}^{-1},$$

d. h.

$$\Delta G^0 = -17,79 \text{ kcal mol}^{-1}.$$

Nun ist

$$\Delta G^0 = -RT \ln K,$$

$$\therefore \ -17790 = -2 \times 298 \times \ln K,$$

d. h.

$$\ln K = 29,80$$

und

$$\underline{K = 9,1 \times 10^{12} \text{ (M atm).}}$$

---

*) Dies zeigt auch die allgemeine Regel auf, daß Standard-Elektrodenpotentiale im Verhältnis zur Wasserstoffelektrode ausgemessen werden, wenn man diese letztere als linke Halbzelle einsetzt.

Dieses Beispiel läßt erkennen, wie man EMK-Messungen zur Bestimmung von ΔG^0 (damit auch K) einer Reaktion heranziehen kann. Wie der folgende Abschnitt zeigt, ist es damit auch möglich, ΔH^0 und ΔS^0 zu berechnen:

7.10. Berechnung thermodynamischer Parameter

Da $\Delta G^0 = \Delta H^0 - T\Delta S^0$, ist

$$\frac{d(\Delta G^0)}{dT} = -\Delta S^0$$

(vorausgesetzt, daß ΔH^0 im betrachteten Temperaturbereich konstant ist).
Nun ist $\Delta G^0 = -nFE^0$

$$\therefore \quad \boxed{\frac{dE^0}{dT} = \frac{\Delta S^0}{nF}}.$$

Bestimmt man also E^0 bei zwei verschiedenen Temperaturen, so läßt sich ΔS^0 für die Reaktion in der elektrochemischen Zelle erhalten. ΔH^0 ist dann leicht zu berechnen, da

$$\Delta H^0 = \Delta G^0 + T\Delta S^0.$$

Bis jetzt haben wir nur die EMK elektrochemischer Zellen unter Standardbedingungen besprochen. Nun leiten wir eine allgemeinere Gleichung für die EMK einer elektrochemischen Zelle unter beliebigen vorgegebenen Bedingungen ab.

7.11. Die Nernstsche Gleichung

Betrachten wir das Gleichgewicht

$$a\text{A} + b\text{B} \rightleftharpoons c\text{C} + d\text{D}.$$

Unter Standardbedingungen wird ΔG^0 dieser Reaktion durch

$$\Delta G^0 = c(G_C^0) + d(G_D^0) - a(G_A^0) - b(G_B^0)$$

ausgedrückt. Unter irgendwelchen anderen, davon abweichenden Bedingungen aber durch

$$\Delta G = c(G_C) + d(G_D) - a(G_A) - b(G_B).$$

Durch Differenzbildung ergibt sich

$$\Delta G - \Delta G^0 = c(G_C - G_C^0) + d(G_D - G_D^0) - a(G_A - G_A^0) - b(G_B - G_B^0).$$

Wir müssen nun Ausdrücke für die Terme $(G_C - G_C^0)$ etc. für jede Komponente ableiten. Der genaue Ausdruck hängt dabei offensichtlich jeweils davon ab, ob die Komponente gasförmig, flüssig oder fest vorliegt.

Für n Mole eines Gases ist $\quad G - G^0 = nRT \ln p \quad$ (s. Kapitel 3).

Für feste Stoffe $\qquad\qquad G = G^0 \qquad\qquad\quad$ (s. Kapitel 3).

Für gelöste Stoffe $\qquad\quad G - G^0 = RT \ln a \quad$ (s. Kapitel 3).

Dabei ist a die Aktivität des gelösten Stoffes ($a = c\gamma$).

Zunächst nehmen wir an, daß die Lösungen ideal sind, und setzen die Aktivitäten der gelösten Stoffe ihren Konzentrationen gleich.

Wir können alle Terme in der Form eines Quotienten zusammenfassen, wenn also alle Komponenten gelöste Stoffe sind, können wir schreiben

$$\Delta G - \Delta G^0 = RT \ln \frac{(a_C)^c (a_D)^d}{(a_A)^a (a_B)^b}$$

$$= RT \ln \frac{[C]^c [D]^d}{[A]^a [B]^b},$$

wenn die Lösung ideal angenommen wird.

Mit Hilfe von $\Delta G = -nFE$ erhalten wir die Formel

$$\boxed{E = E^0 - \frac{RT}{nf} \ln \frac{[C]^c [D]^d}{[A]^a [B]^b}}.$$

Dies ist die *Nernstsche Gleichung*, in Termen der Konzentrationen ausgedrückt.

Nehmen wir einige Beispiele der Anwendung der Gleichung.

7.12. Ausgearbeitete Beispiele

1. Das Standard-Elektrodenpotential für die Halbzelle Pt | Fe^{3+}, Fe^{2+} beträgt 0,77 V. Welchen Wert hat E für diese Halbzelle, wenn $[Fe^{3+}] = 0,2$ M und $[Fe^{2+}] = 0,05$ M? ($T = 25\,°C$).

Lösung

Für die folgende Reaktion ist ($n = 1$)

$$Fe^{3+} + e^- \rightleftharpoons Fe^{2+}.$$

Die *Nernst*sche Gleichung lautet

$$E = E^0 - \frac{RT}{F} \ln \frac{[Fe^{2+}]}{[Fe^{3+}]}$$

unter der Annahme, daß die Lösungen ideal sind.

$$E = 0,77 - \frac{RT}{F} \ln \frac{0,05}{0,2}$$

$$= 0,77 - \frac{2(298)}{23\,100} \ln (0,25)$$

$$= 0,77 + 0,036 \text{ V}$$

$$= \underline{0,806 \text{ V.}}$$

2. Wie groß ist die EMK der elektrochemischen Zelle

$$Pt,\tfrac{1}{2}H_2 \,|\, H^+, Cl^- \,|\, AgCl, Ag,$$

wenn die Konzentration der HCl 10^{-3} M ist und der Partialdruck des H_2 1 atm beträgt? E^0 der Zelle ist 0,2225 V ($T = 25\,°C$).

Lösung

Die Zellenreaktion ist

$$\tfrac{1}{2}H_2 + AgCl \rightleftharpoons H^+ + Cl^- + Ag.$$
$$\text{(fest)} \qquad\qquad\qquad \text{(fest)}$$

Für diese Reaktion ist $n = 1$.
Die *Nernst*sche Gleichung lautet dann

$$E = E^0 - \frac{RT}{F} \ln \frac{[H^+][Cl^-]}{(p_{H_2})^{1/2}}.$$

Da Ag und AgCl beide feste Stoffe sind — und deshalb im Standardzustand —, erscheinen sie in diesem Ausdruck nicht.
Nun ist $[H^+] = [Cl^-] = 10^{-3}$ M und $p_{H_2} = 1$ atm.

$$E = 0,2225 - \frac{2(298)}{23\,100} \ln 10^{-6}$$

$$= 0,2225 + 0,3565 \text{ V}$$

$$E = \underline{0,579 \text{ V.}}$$

3. Welchen Wert hat E für die Wasserstoffelektrode, wenn der Partialdruck des H_2 = 0,1 atm beträgt? Die Konzentration an H^+ ist 1 M (T = 25°C).

Lösung

Für die folgende Reaktion ist n = 1

$$H^+ + e^- \rightleftharpoons \tfrac{1}{2}H_2(g).$$

Für das Gas (H_2) ist

$$G - G^0 = nRT \ln p_{H_2}$$

und für den gelösten Stoff (H^+)

$$G - G^0 = RT \ln [H^+],$$

wenn es sich um eine ideale Lösung handelt.

Die *Nernst*sche Gleichung lautet dann

$$E = E^0 - \frac{RT}{F} \ln \frac{(p_{H_2})^{1/2}}{[H^+]}.$$

In diesem Fall ist

$$p_{H_2} = 0{,}1, \quad [H^+] = 1 \text{ M},$$

$$E = 0 - \frac{2(298)}{23\,100} \ln (0{,}1)^{1/2}$$

$$= 0 + 0{,}03 \text{ V},$$

$$\underline{E = 0{,}03 \text{ V}.}$$

4. Welchen Wert hat E für die Halbzelle Pt | NAD^+ + H^+, NADH bei pH 7, wenn E^0 −0,11 V ist? (T = 25°C). NAD^+ und NADH sollen beide in der Konzentration 1 Mol/l vorliegen.

Lösung

Die Halbzellenreaktion dieser wohl wichtigsten biochemischen Redoxreaktion lautet

$$\boxed{NAD^+ + H^+ + 2e^- \rightleftharpoons NADH}.$$

Die *Nernst*sche Gleichung wird dann

$$E = E^0 - \frac{RT}{2F} \ln \frac{[NADH]}{[NAD^+][H^+]}.$$

Nun ist $[H^+] = 10^{-7}$ M bei pH 7.

$$\therefore E = -0,11 - \frac{RT}{2F} \ln \frac{1}{10^{-7}}$$

$$= -0,11 - \frac{2(298)}{2(23100)} \ln 10^7$$

$$= -0,11 - 0,21 \text{ V}$$

$$= -0,32 \text{ V}.$$

Bei pH 7 ist also der Wert von E dieser Halbzelle $-0,32$ V.

7.13. Biochemische Standardbedingungen

Im Kapitel 2 führten wir den Begriff der „biochemischen Standardbedingung" ein, bei der alle Komponenten mit Ausnahme von H^+ in ihrem Standardzustand vorliegen. Die Konzentration der Protonen jedoch ist 10^{-7} M, der pH also 7. Wie die Änderung der Freien Standardenergie unter eben diesen Bedingungen mit $\Delta G^{0\prime}$ bezeichnet wird, so werden wir für die Standard-Elektrodenpotentiale bei pH 7 das Zeichen $E^{0\prime}$ benutzen. Im obigen Beispiel (Pt | $NAD^+ + H^+$, NADH) ist also $E^{0\prime} = -0,32$ V.

5. Die Werte für $E^{0\prime}$ der beiden Reaktionen

$$\text{Acetaldehyd} + 2H^+ + 2e^- \rightleftharpoons \text{Äthanol} \qquad [7.1]$$

und

$$NAD^+ + H^+ + 2e^- \rightleftharpoons NADH \qquad [7.2]$$

sind $-0,163$ V, bzw. $-0,32$ V.

Welche Gleichgewichtskonstante gilt für die gekoppelte Reaktion?

$$\text{Acetaldehyd} + NADH + H^+ \rightleftharpoons \text{Äthanol} + NAD^+$$
$$(T = 25\,°\text{C}).$$

Lösung

$E^{0\prime}$ für die Gesamtreaktion erhält man durch Subtraktion des $E^{0\prime}$ der Reaktion [7.2] von dem der Reaktion [7.1]:

$$E^{0\prime} = -0,163 - (-0,32 \text{ V})$$

$$= +0,157 \text{ V}.$$

Da

$$\Delta G = -nFE,$$

$$\Delta G^{0\prime} = -2(23100)(0,157) \text{ cal mol}^{-1}$$

$$= -7,25 \text{ kcal mol}^{-1}.$$

111

Nach

$$-\Delta G^{0\prime} = RT \ln K'$$

$$K' = 1{,}93 \times 10^5 \ (M).$$

Die Gleichgewichtskonstante beträgt also bei pH 7 1,93 $\times$ 10^5 (M).

7.14. Die Nernstsche Gleichung und das Chemische Gleichgewicht

Die obigen Beispiele zeigten, wie man mit Hilfe der *Nernst*schen Gleichung die Werte für E^0 mit der EMK unter irgendwelchen vorgegebenen Bedingungen in Beziehung setzen kann (etwa bei verschiedenen Konzentrationen). Die Werte von E^0 lassen sich für die verschiedenen elektrochemischen Zellen ebenso wie die Werte für ΔG^0 usw. erhalten und tabellieren.

Eine nützliche Übung besteht darin, die *Nernst*sche Gleichung einmal mit der Gleichung zu vergleichen, die ΔG^0 und die Gleichgewichtskonstante verbindet (d. h. $-\Delta G^0 = RT \ln K$). Wir haben ausgeführt, daß diese letztere Gleichung als Sonderfall einer allgemeineren Beziehung abgeleitet wurde*) (Kapitel 3),

$$\Delta G - \Delta G^0 = RT \ln \frac{[C]^c [D]^d}{[A]^a [B]^b},$$

da beim Gleichgewicht $\Delta G = 0$ und die Werte für [A], [B], etc. die *Gleichgewichtskonzentrationen* sind.

Man kann aber diese allgemeine Gleichung dazu benutzen, ΔG für alle Kombinationen von Milieubedingungen zu errechnen (Kapitel 3). In dieser Hinsicht ist die allgemeine Gleichung der *Nernst*schen Gleichung völlig gleichartig, für lösliche Komponenten gilt letztere als

$$E = E^0 - \frac{RT}{nF} \ln \frac{[C]^c [D]^d}{[A]^a [B]^b}$$

(dabei ist, wie ausgeführt, $\Delta G = -nFE$).

In der Praxis stellt man natürlich eine elektrochemische Zelle mit Komponenten zusammen, die meist nicht im Standardzustand sind, um E zu messen. Man setzt dann eine Gegenspannung zur EMK im Wert von E ein, um die Reaktion nicht auf das Gleichgewicht zulaufen zu lassen. Würden wir aber nun die Reaktion ablaufen lassen (d. h. Strom fließen lassen), so würde der Wert für E abfallen, bis beim Gleichgewicht E auf Null absinken müßte (da dann $\Delta G = 0$).

---

*) Ausgedrückt in Konzentrationen, nicht in Aktivitäten.

7.15. Der Einfluß nicht-idealer Lösungen

Bis jetzt haben wir angenommen, daß alle Komponenten in der elektrochemischen Zelle ideales Verhalten aufweisen. Wie wir in Kapitel 5 gesehen haben, kann diese Annahme Fehler vor allem bei Elektrolytlösungen herbeiführen. Nehmen wir als Beispiele die Zelle

$$Pt, \tfrac{1}{2} H_2 \, (1 \text{ atm}) \, | \, H^+ Cl^- \, (\text{Konzentr.} = c) \, | \, \tfrac{1}{2} H_2 Cl_2, Hg.$$

Die Zellreaktion ist

$$\tfrac{1}{2} H_2 + \tfrac{1}{2} Hg_2 Cl_2 \rightleftharpoons Hg + H^+ + Cl^-,$$

und die *Nernst*sche Gleichung lautet dann

$$E = E^0 - \frac{RT}{F} \ln [H^+][Cl^-] \quad (n = 1).$$

Daraus kann man die scheinbaren Werte für E^0 als Funktion der Konzentration von HCl (c) errechnen. Dabei erhält man folgende Werte:

c (M)	E (V)	E^0 (V)
10^{-1}	0,4046	0,2866
10^{-2}	0,5099	0,2739
10^{-3}	0,6239	0,2699
10^{-4}	0,7406	0,2686

E^0 ist nicht konstant, da die Lösung nicht ideal ist. Man kann diese Abweichung von idealen Lösungen kompensieren, indem man in der *Nernst*schen Gleichung Aktivitäten anstatt der Konzentrationen verwendet ($a = c\gamma$) und dann γ nach der Theorie von *Debye* und *Hückel* für verdünnte Elektrolytlösungen berechnet (Kapitel 5). Nach dieser Methode hat E^0 einen konstanten Wert (Kapitel 5). Nach dieser Methode hat E^0 einen konstanten Wert (0,2680 V); dies würde auch der wahre Wert für E^0 durch Extrapolation der obigen E^0-Werte zur Ionenstärke 0 sein (also bei unendlicher Verdünnung).

7.16. Gekoppelte Redoxvorgänge

Nach unserer Besprechung der Thermodynamik der Redoxreaktionen wird nun klar, daß man EMK-Werte völlig analog zu den Werten der Freien Energiedifferenzen setzen kann. Wir können nun die Werte für ΔG^0 der einzelnen Reaktionen dazu benutzen, die Gleichgewichtslage „gekoppelter" Reaktionen und analog dazu auch „gekoppelter" Redoxvorgänge vorherzusagen.

$$(Ox)_1 + (Red)_2 \rightleftharpoons (Ox)_2 + (Red)_1$$

Dementsprechend können wir natürlich auch E^0-Werte zur Berechnung eines Gleichgewichtes ($\Delta G^0 = -nFE^0$) einsetzen, allerdings nur, wenn n bekannt ist. Eines der wichtigsten Beispiele solcher Reaktionen ist die mitochondriale „Elektronentransport-Kette", in der eine Reihe von „Halbzellenreaktionen" nach ihrem steigenden Wert von $E^{0\prime}$ aufeinanderfolgen (also nach steigender Oxidationskraft). Elektronen wandern dabei so durch diese Kette, daß die Gesamtenergie aus der Oxidation von NADH zur Synthese von ATP aus ADP und anorganischem Phosphat ausgenützt werden kann (durch ein Verfahren, das wir noch kaum verstehen). Die Abb. 7.4 zeigt ein vereinfachtes Energiediagramm, in dem einige der wichtigeren Komponenten der Kette angegeben sind. Dabei ist vorausgesetzt, daß zwei Elektronen durch alle Reaktionen passieren, so daß nach $\Delta G^{0\prime} = -nFE$ für jede Differenz von 0,1 V bei $E^{0\prime}$ der Wert für $\Delta G^{0\prime}$ 4,62 kcal mol^{-1} beträgt.

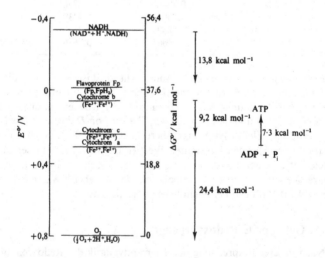

Abb. 7.4. Einige der wichtigeren Komponenten der mitochondrialen Elektronentransportkette. Die $\Delta G^{0\prime}$-Werte beziehen sich auf das Nullpotential des Paares Sauerstoff-Wasser.

Drei Stellen sind in der Darstellung der Kette angegeben, wo die Differenz an $\Delta G^{0\prime}$ ausreicht, um die Phosphorylierung von ADP zu ATP ($\Delta G^{0\prime}$ dieses Vorganges beträgt 7,3 kcal mol^{-1}) zu betreiben. Man hat diese drei Orte vorläufig als „Phosphorylierungs"-Reaktionen bezeichnet. Dabei sollte man jedoch bedenken, daß diese Überlegung alle Komponenten im Standardzustand voraussetzt; offensichtlich ist die Situation *in vivo* (voraussichtlich ein Fließgleichgewicht) bedeutend komplizierter.

7.17. Aufgaben

1. Welche Reaktionen laufen in folgenden Halbzellen ab?

   (*a*) $Zn^{2+} \mid Zn$

   (*b*) $H^+ \mid \frac{1}{2}H_2, Pt$

   (*c*) $Pt \mid Co^{3+}, Co^{2+}$

   (*d*) $AgBr, Ag \mid Br^-$

   (*e*) $\frac{1}{2}Hg_2Cl_2, Hg \mid Cl^-$ (die Kalomel-Elektrode)

   (*f*) $Pt \mid Fumarat^{2-} + 2H^+, Succinat^{2-}$

   (*g*) $Pt \mid Cytochrom\ c\ (Fe^{3+}), Cytochrom\ c\ (Fe^{2+})$

   (*h*) $Pt \mid CO_2 + H^+, Formiat^-$

   (*i*) $Pt \mid NAD^+ + H^+, NADH.$

2. Schreibe die Zellenreaktionen folgender Zellen auf:

   (*a*) $Cu^{2+} \mid Cu \parallel Zn^{2+} \mid Zn$

   (*b*) $H^+ \mid \frac{1}{2}H_2 \cdot Pt \parallel Ag^+ \mid Ag$

   (*c*) $Pt \cdot \frac{1}{2}H_2 \mid HCl \parallel AgCl, Ag$

   (*d*) $H^+ \mid Pt \cdot \frac{1}{2}H_2 \parallel Fe^{3+}, Fe^{2+} \mid Pt$

   (*e*) $Pt \mid NAD^+ + H^+, NADH \parallel Oxalacetat^{2-} + 2H^+, Malat^{2-} \mid Pt.$

   Man betrachte die Beteiligung von H^+-Ionen in (*e*). Könnte man diese Zelle auch anders schreiben?

   Berechne die Standard-EMK der oben angegebenen Zellen (*a*) – (*d*) mit Hilfe der folgenden Standard-Elektrodenpotentiale (in V) bei pH = 0: $Cu^{2+} \mid Cu$, 0,34; $Zn^{2+} \mid Zn$, $-0,76$; $H^+ \mid \frac{1}{2}H_2 \cdot Pt = 0$; $Ag^+ \mid Ag = 0,80$; $AgCl, Ag \mid Cl^- = 0,22$; $Pt \mid Fe^{3+}, Fe^{2+}, +0,77$.

   Bei der Zelle (*e*) liegen die Werte von E^0 bei pH 7 (als $E^{0\prime}$ in Analogie zu $\Delta G^{0\prime}$ benannt) bei: $Pt \mid NAD^+ + H^+, NADH, -0,32$ V; $Pt \mid Oxalacetat^{2+} + 2H^+, Malat^{2-}, -0,17$ V. Berechne $E^{0\prime}$ dieser Zelle.

3. Schreibe die den folgenden Reaktionen entsprechenden Zellen auf:

   (*a*) $Sn^{2+} + Pb \rightleftharpoons Pb^{2+} + Sn$

   (*b*) $Lactat^{2-} + NAD^+ \rightleftharpoons Pyruvat^- + NADH + H^+.$

4. Man analysiere die Bedeutung der Bezeichnung *reversibel*, wie sie im zweiten Hauptsatz der Thermodynamik genutzt wird:
   Bei der Reaktion

$$Fe + Cu^{2+} \rightleftharpoons Fe^{2+} + Cu,$$

$$\Delta H^0_{298} = -35,6 \text{ kcal mol}^{-1} \ (-148,8 \text{ kJ mol}^{-1})$$

und

$$\Delta S^0_{298} = +2,1 \text{ e.u. } (8,8 \text{ JK}^{-1} \text{ mol}^{-1}).$$

Unter Standard-Zustandsbedingungen:

(*a*) In welcher Richtung würde die Reaktion verlaufen?

(*b*) Wenn in einer Zelle eine EMK angesetzt wird, um diese Reaktion zu blockieren – wie groß ist dann diese berechnete EMK (bei 25 °C)?

(*c*) Analysiere *kurz* die Reaktion, wenn die angelegte EMK von diesem Wert abweicht.

5. Die Standard-EMK der Zelle

$$Zn^{2+} \,|\, Zn \,||\, Fe^{3+}, Fe^{2+} \,|\, Pt$$

beträgt bei 25 °C 1,53 V und bei 50 °C 1,55 V.

Wie lautete die Zellenreaktion?

Berechne ΔG^0, ΔH^0 und ΔS^0 unter Festlegung der notwendigen Annahmen.

6. Leite die *Nernst*sche Gleichung für eine Halbzelle ab. Berechne dann damit das Verhältnis der oxidierten zur reduzierten Form von Cytochrom c_1 bei folgenden Potentialen: 0,3, 0,25, 0,2, 0,15, 0,1 Volt ($T = 25$ °C).

$$Pt \,|\, Cyt\text{-}c_1 \ (Fe^{3+}), \ Cyt\text{-}c_1 \ (Fe^{2+}) \quad (E^{0\prime} = 0,21 \text{ V}).$$

7. (*a*) Bei dem Paar $NAD^+ + H^+$, NADH beträgt der Wert von $E^{0\prime}$ (d. h. bei pH = 7) $-0,32$ V. Welchen Wert hat die EMK bei pH = 0 (d. h. $E^{0\prime}$)?

(*b*) Bei dem Paar Oxalacetat^{2-} + $2H^+$, Malat^{2-} ist $E^{0\prime} = -0,175$ V (d. h. pH = 7). Welchen Wert hat die EMK bei pH = 6, wenn beide Anionen im Standardzustand vorliegen?

(*c*) Berechne den Wert der Gleichgewichtskonstante der Oxidation von Malat^{2-} durch NAD^+ bei pH = 6 und pH = 7 aus den Werten aus (*a*) und (*b*). Erkläre das Resultat. Setze eine Temperatur von 25 °C ein.

8. Man könnte den pH-Wert einer Lösung mit Hilfe einer Standard-Wasserstoff-Elektrode messen, etwa mit der folgenden Zelle:

$$Pt \cdot \tfrac{1}{2} H_2 \ (1 \text{ atm}) \,|\, HCl(x M) \,|\, \tfrac{1}{2} Hg_2Cl_2, Hg.$$

Diese Zelle zeigt eine EMK von 0,48 V (bei 25 °C). Welchen pH-Wert besitzt die Lösung? (E^0 der Kalomel-Elektrode ist 0,24 V.)

9. An der Photosynthesekette sind die folgenden Redox-Paare beteiligt:

$$Cyt - b(Fe^{3+}), \ Cyt - b(Fe^{2+}), \qquad E^{0\prime} = 0,06 \text{ V}$$

$$Cyt - f(Fe^{3+}), \ Cyt - f(Fe^{2+}) \qquad E^{0\prime} = 0,36 \text{ V}.$$

Welchen Wert hat $\Delta G^{0\prime}$ der Gesamtreaktion, in der die beiden kombiniert sind? Genügt diese Energie, um ATP aus ADP und P_i zu synthetisieren, wenn $\Delta G^{0\prime}$ dieser letzteren Reaktion $+7,3$ kcal mol^{-1} ($+30,5$ kJ mol^{-1}) beträgt?

Würde man zum nämlichen Resultat kommen, wenn man den Fluß zweier Elektronen entlang der Redox-Kette betrachten würde, also bei

$$2\,Cyt - b(Fe^{3+}) + 2e^- \rightleftharpoons 2\,Cyt - b(Fe^{2+})$$

$$2\,Cyt - f(Fe^{3+}) + 2e^- \rightleftharpoons 2\,Cyt - f(Fe^{2+})?$$

8. Kinetik chemischer Reaktionen

8.1. Der Verlauf einer Reaktion

Die Erkenntnisse der Thermodynamik erlauben es uns vorherzusagen, welche Vorgänge oder Reaktionen spontan ablaufen *können*. Sie sagen uns jedoch nichts über die Geschwindigkeit aus, mit der solche Vorgänge fortschreiten werden; diesen Gesichtspunkt behandelt nun das Thema „Kinetik". Die Hydrolyse von ATP zu ADP und Phosphat verläuft, als Beispiel, nach der Thermodynamik sehr günstig ($\Delta G^{0\prime} = -7,4$ kcal mol^{-1} bei pH 7,0 und 25°C); dennoch ist eine ATP-Lösung bei pH 7,0 recht beständig. Man kann diese *kinetische Beständigkeit* des ATP anhand der Abb. 8.1 erklären, in der ein typisches „Energieprofil" einer Reaktion aufgezeichnet ist:

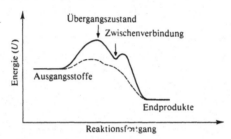

Abb. 8.1. Verlauf einer Reaktion. Die durchgezogene Linie gibt die Energieänderungen während des Fortschreitens einer hypothetischen Reaktion an. Die gestrichelte Linie deutet einen Weg in Gegenwart eines Katalysators an.

Die durchgezogene Linie zeigt den Energieinhalt des Systems während der Reaktion an. Die Bezeichnung „Reaktionskoordinate" ist als *x*-Achse angegeben, man kann sie als „Maß des Verlaufs der Reaktion" betrachten. Allerdings ist ihre genaue Bedeutung nicht leicht zu definieren. Im Beispiel der Hydrolyse von ATP könnte man darunter die Entfernung zwischen den P- und O-Atomen sehen, die die zu lösende Bindung aufbauen, wie dies die gezackte Linie andeutet:

Das Zerreißen einer solchen Bindung müßte unter beträchtlichem Energieaufwand eingeleitet werden; vor allem diese „Energiebarriere" sorgt für die Beständigkeit von ATP in wäßrigen Lösungen. Die Bezeichnung *Übergangszustand* bezieht sich auf das Maximum der Energieinhalt-Kurve. Gibt es dort ein Minimum, so nennt man den Zustand ein *Intermediat (Zwischenverbindung)*. Die Energiedifferenz zwischen dem Status der Ausgangsstoffe und dem des höchsten Übergangszustandes ist die *Aktivierungsenergie* der Reaktion. Ein Katalysator erniedrigt diese Aktivierungsenergie und beschleunigt somit die Reaktion; dabei werden aber die Energieniveaus der Ausgangsstoffe und Endprodukte überhaupt nicht verändert*) (dargestellt durch die gestrichelte Linie der Abb. 8.1). Im Falle der Hydrolyse von ATP könnte etwa als Katalysator ein Enzym wirksam sein (siehe ATPase).

Die Abb. 8.1 zeigt auch die grundlegende Schwierigkeit der Untersuchung des *Reaktionsmechanismus* (also des chemischen Verlaufs einer Reaktion). Dabei interessieren uns die Eigenschaften des Übergangszustandes, andererseits ist aber gerade dieser naturgemäß instabil. Wenn man eine Zwischenverbindung abfangen kann (und das hängt davon ab, wie tief die Mulde in der Energieinhalt-Kurve ist), so gibt das einige Hinweise auf den Reaktionsverlauf, aber die Untersuchung der Übergangszustände muß notgedrungen mit indirekten Methoden arbeiten. Demgegenüber ist eigentlich die Thermodynamik ein exakteres Thema, da sie sich nur mit den Eigenschaften der Ausgangsstoffe und Endprodukte, ganz unabhängig vom Weg, über den sie ineinander umgewandelt werden, beschäftigt.

Die Kinetik ist eine Arbeitsrichtung, die die Geschwindigkeit einzelner Reaktionen in Abhängigkeit von bestimmten Parametern untersucht; etwa von den Konzentrationen der Reaktionspartner, von der Temperatur, vom Druck, pH usw. Die angesammelten Ergebnisse werden dann zur Erkennung bestimmter *Geschwindigkeiten-Gesetze* analysiert, um Informationen über die *Mechanismen* der Reaktionen zu erhalten. Ein danach postulierter Mechanismus (der meist aus den Elementarschritten der Reaktion mit einigen Anhaltspunkten zu ihren Geschwindigkeiten und Energiebeträgen besteht) kann dann dazu dienen, andere Details der Reaktion vorherzusagen (etwa die Abhängigkeit ihrer Geschwindigkeit von der Ionenstärke); dies ist dann experimentell nachprüfbar.

Wir werden jetzt einige Aspekte der Reaktionskinetik untersuchen. Der erste Punkt wird die *Ordnung der Reaktion* sein.

---

*) Dies bedeutet, daß der Katalysator *nicht* die Lage des Gleichgewichts der Reaktion beeinflußt, nur die Geschwindigkeit der Reaktion.

8.2. Ordnung und Molekularität einer Reaktion

Die Ordnung ist als Exponent definiert, der der Konzentration eines Reaktionspartners in der Geschwindigkeits-Gleichung beigeordnet werden muß. Für die folgende Reaktion, in der sich x Mole A mit y Molen B verbinden:

$$x\text{A} + y\text{B} \rightarrow \text{Produkte}$$

lautet der Ausdruck für die Geschwindigkeit der Bildung der Produkte (P), $d[P]/dt$

$$\frac{d[P]}{dt} = k[\text{A}]^a[\text{B}]^b,$$

wobei [ ] die Konzentrationen angibt, k eine Konstante, die *Geschwindigkeitskonstante* bedeutet.

Die Reaktion wäre demnach a-ter Ordnung für A, b-ter Ordnung für B, die Gesamtordnung ist dann $(a + b)$*).

Die *Ordnung* einer Reaktion ist eine experimentelle Größe, sie kann integrale Werte (0, 1, 2 ...), oder nicht-integrale Werte einnehmen. Die Zersetzung von gasförmigem Acetaldehyd zu CO und CH_4 zum Beispiel weist für Acetaldehyd in ungefähr die Ordnung 3/2 auf, auch zeigen viele enzymkatalysierte Reaktionen nicht-integrale Ordnungen für Substrate, zumindest in bestimmten Bereichen der Substratkonzentration (siehe Kapitel 9, *Enzymkinetik*).

Man darf die Ordnung nicht mit der *Molekularität* verwechseln. Die Molekularität einer Reaktion ist die Mindestzahl von verschiedenen Molekülen, die am langsamsten (also geschwindigkeitsbestimmenden) Schritt der Reaktion beteiligt sind. Aus dem Verlauf des Energieprofils (Abb. 8.1) können wir entnehmen, daß dies gleichbedeutend mit der Aussage ist, die Molekularität sei die Mindestzahl an verschiedenen Molekülen, die am Übergangszustand beteiligt sind. Wir sehen damit, daß die Molekularität vom vorgeschlagenen Mechanismus der Reaktion abhängt und also nicht aus einem einfachen Experiment abgeleitet werden kann (wie die *Ordnung*). Auch muß die Molekularität einer Reaktion offensichtlich integral sein, während die Ordnung oft nicht-integrale Werte besitzt.

Wir können nun verschiedene Typen der Geschwindigkeitsgleichung betrachten.

---

*) Wir stellen hier fest, daß die Ordnung der Reaktion (a, b) durchaus verschieden von der Stöchiometrie der Reaktion (x, y) sein kann. Die exakte Beziehung zwischen beiden hängt vom Mechanismus (also den Einzelschritten) der Reaktion ab.

8.3. Arten der Geschwindigkeitsverläufe

1. Vorgänge 0-ter Ordnung

In diesem Fall hängt die Geschwindigkeit der Reaktion nicht von der Konzentration des Reaktanten A ab.

$$- \frac{d[A]}{dt} = k .$$

Nach Integration ist $[A]_0 - [A]_t = kt$, wobei $[A]_0$ der Ausgangswert von $[A]$ ist, $[A]_t$ der Wert zur Zeit t. Die Konzentration von A sinkt also linear mit der Zeit ab (Abb. 8.2).

Abb. 8.2. Schematische Darstellung einer Reaktion 0-ter Ordnung.

Vorgänge 0-ter Ordnung sind nicht sehr häufig. Einige Beispiele findet man bei Reaktionen von Gasen an Metalloberflächen, auch bei enzymkatalysierten Reaktionen bei hohen Konzentrationen der Substrate. Bei diesem Reaktionstyp ist der Katalysator gesättigt mit dem Reaktanten, so daß eine weitere Erhöhung der Konzentration der Gesamtreaktanten die Reaktionsgeschwindigkeit nicht mehr steigern kann.

2. Vorgänge erster Ordnung

A → Produkte

Die Geschwindigkeit hierfür lautet:

$$- \frac{d[A]}{dt} = k[A] .$$

Nach Integration erhalten wir

$$\ln[A] = -kt + c,$$

wobei c die Konstante der Integration ist.

Wenn $[A]_0$ die Anfangskonzentration von A (zur Zeit $t = 0$) ist, dann ist

$$c = \ln [A]_0,$$

$$\therefore \boxed{\ln \frac{[A]}{[A_0]} = -kt}.$$ [8.1]

Die graphische Darstellung von $\ln [A]$ gegen t gibt dann eine Gerade mit der Neigung $-k$ (Abb. 8.3).

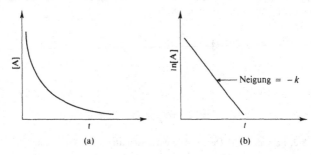

(a)   (b)

Abb. 8.3. Schematische Darstellung eines Vorganges erster Ordnung. In der Praxis benutzt man die Darstellung (b) zur Ermittlung der Geschwindigkeitskonstante.

Wir haben nun den Fall betrachtet, bei dem wir die Verringerung der Menge des Reaktanten A messen. Oft untersuchen wir aber die Bildung des Produkts P. In diesem Fall verändert sich der Geschwindigkeitssatz wie folgt.

Für die Reaktion $A \rightarrow P$ sei $[P]_t$ die Konzentration von P zur Zeit t und $[P]_\infty$ die Endkonzentration von P. Wird die Reaktion irreversibel und stöchiometrisch angenommen, so ist ($[P]_\infty - [P]_t$) die Konzentration an $[A]$, die zur Zeit t verbleibt.

Dann ist

$$\frac{d[P]}{dt} = -\frac{d[A]}{dt}$$

$$= k[A]_t = k([P]_\infty - [P]_t),$$

$$\therefore \frac{d[P]}{([P]_\infty - [P]_t)} = k \, dt.$$

Nach Integration ist

$$\ln([P]_\infty - [P]_t) = -kt + c,$$

wenn $t = 0$, $[P] = 0$, da wir mit reinem A anfangen.

$$\therefore c = \ln[P]_\infty,$$

$$\therefore \ln\left(\frac{[P]_\infty}{[P]_\infty - [P]_t}\right) = kt,$$

d. h. eine graphische Darstellung von

$$\ln\left(\frac{[P]_\infty}{[P]_\infty - [P]_t}\right) \quad \text{gegen } t$$

ergibt eine Gerade mit der Neigung k.

Der Endpunkt der Reaktion läßt sich direkt messen oder aus dem zeitlichen Verlauf der Reaktion errechnen.

Eine recht nützliche Größe ist die *Halbwertszeit* der Reaktion. Es ist dies die Zeit, die notwendig ist, um $[A]$ auf den halben Ausgangswert absinken zu lassen. Bezeichnen wir diese Zeit mit $t_{1/2}$. Dann ist aus Gleichung [8.1]

$$\ln 2 = kt_{1/2},$$

$$\therefore t_{1/2} = \frac{\ln 2}{k},$$

$$\boxed{t_{1/2} = \frac{0{,}693}{k}.}$$

Für Reaktionen erster Ordnung ist also die Halbwertszeit von der Konzentration von A unabhängig. Die Zeit des Absinkens der Konzentration von A von $[A]_0$ auf $0{,}5\,[A]_0$ ist ebenso lang wie die Dauer des Abfallens von $0{,}5\,[A]_0$ auf $0{,}25\,[A]_0$, und so fort.

8.4. Ausgearbeitetes Beispiel

Radioaktive Isotope zerfallen nach der Art von Reaktionen erster Ordnung. Die folgenden Werte wurden für den Zerfall von ^{24}Na gemessen.

Zeit (Std.)	0	4	8	12	16	20	24
Aktivität (Zerfälle/min)	478	395	329	272	226	187	155

Berechne die Geschwindigkeitskonstante für den Zerfall und die Halbwertszeit (halbe Lebensdauer) des Isotops.

Lösung

Die graphische Darstellung von ln (Aktivität) gegen die Zeit ist linear (Abb. 8.4).

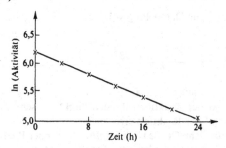

Abb. 8.4. Darstellung des Zerfalls des Isotops ^{24}Na als Reaktion erster Ordnung.

Die Neigung dieser Geraden $(-k)$ beträgt $-0{,}0469$ h^{-1}. Also ist die Geschwindigkeitskonstante (k) = $\underline{0{,}0469 \text{ h}^{-1}}$.

Da

$$kt_{1/2} = \ln 2,$$

$$k_{1/2} = \frac{\ln 2}{k}$$

$$= \underline{14{,}8 \text{ h}},$$

d. h. die halbe Lebensdauer beträgt $\underline{14{,}8 \text{ h}}$.

3. Vorgänge zweiter Ordnung

Man betrachte die folgende Reaktion

$$A + B \rightarrow \text{Produkte}.$$

Die Ausgangskonzentrationen von A und B seien $[A]_0$ und $[B]_0$, nach der Zeit t sind x Mole der Produkte gebildet:

Dann ist

$$\frac{dx}{dt} = k_2[A][B]$$

$$= k_2([A_0] - x)([B]_0 - x).$$

Nach Integration gilt

$$\frac{1}{([A]_0 - [B]_0)} \cdot \ln \frac{[B]_0([A]_0 - x)}{[A]_0([B]_0 - x)} = k_2 t. \qquad [8.2]$$

Deshalb ergibt eine graphische Darstellung von

$$\ln \frac{[B]_0([A]_0 - x)}{[A]_0([B]_0 - x)} \quad \text{gegen } t$$

eine Gerade mit der Neigung $k_2([A]_0 - [B]_0)$.

Wenn die Ausgangskonzentrationen von A und B gleich sind, läßt sich die Gleichung [8.2] nicht anwenden. In diesem Fall gilt

$$\frac{dx}{dt} = k_2([A]_0 - x)^2 \quad (\text{da } [A]_0 = [B]_0).$$

Nach Integration ist

$$\frac{1}{([A]_0 - x)} = k_2 t + c.$$

Da $x = 0$, wenn $t = 0$, ist

$$c = \frac{1}{[A]_0},$$

$$\therefore \quad \frac{x}{[A]_0([A]_0 - x)} = k_2 t.$$

Die Halbwertszeit für die Reaktion ergibt sich, indem man $x = \frac{1}{2}[A]_0$ setzt

$$\boxed{t_{1/2} = \frac{1}{k_2[A]_0}}. \qquad [8.3]$$

Bei den Reaktionen zweiter Ordnung ist also die Halbwertszeit der Ausgangskonzentration von A umgekehrt proportional, das heißt etwa, daß der Abfall der Konzentration von A zwischen $0,5[A]_0$ und $0,25[A]_0$ doppelt so lange dauert wie der Abfall zwischen $[A]_0$ und $0,5[A]_0$.

8.5. Ausgearbeitetes Beispiel

Die Geschwindigkeitskonstante der Dissoziation von NADH und Alkoholdehydrogenase aus Leber ist $3\ \mathrm{s}^{-1}$. Wenn die Dissoziationskonstante des Enzym-NADH-Komplexes $0,25 \times 10^{-6}$ (M) beträgt, wie groß ist dann die Geschwindigkeitskonstante der Assoziations-Reaktion? Welche Halbwertszeit hat die Reaktion, wenn die beiden Ausgangskonzentrationen des NADH und des Enzyms je 100 µM sind?

Lösung

Für die Reaktion

$$\text{NADH} + \text{Enzym} \underset{k_{-1}}{\overset{k_1}{\rightleftharpoons}} \text{Enzym-NADH}$$

gilt

$$K_d = \frac{k_{-1}}{k_1}.$$

Nun ist $K_d = 0,25 \times 10^{-6}$ (M), $k_{-1} = 3\ \mathrm{s}^{-1}$.

$$\therefore \ \underline{k_1 = 1,2 \times 10^7\ \mathrm{M}^{-1}\ \mathrm{s}^{-1}.}$$

Die Halbwertszeit für die Reaktion von NADH mit dem Enzym (insgesamt zweiter Ordnung) läßt sich aus der Formel [8.3]

$$t_{1/2} = \frac{1}{k[A]_0}$$

berechnen, wobei $[A]_0$ die Ausgangskonzentration der Reaktanten und k die Geschwindigkeitskonstante bedeutet.
    Dann ist

$$t_{1/2} = \frac{1}{1,2 \times 10^7 \times 10^{-4}}\ \mathrm{s},$$

$$\underline{t_{1/2} = 8,3 \times 10^{-4}\ \mathrm{s}.}$$

Man beachte, daß dabei die Geschwindigkeit der Rückreaktion vernachlässigbar klein angenommen wird.

4. Scheinbare Vorgänge erster Ordnung

Eine Reaktion des Typs

$$A + B \rightarrow \text{Produkte}$$

ist oft insgesamt zweiter Ordnung, ihre Geschwindigkeits-Gleichung lautet $-d[A]/dt = k_2[A][B]$. Wenn in einem solchen Fall die Konzentration eines Reaktionsteilnehmers (etwa B) viel größer ist als die des anderen, dann bleibt offensichtlich [B] während der Reaktion praktisch konstant. Die Gleichung für die Reaktionsgeschwindigkeit wird nun

$$-\frac{d[A]}{dt} = k'[A].$$

Dabei ist k' eine neue Konstante, man nennt sie die *scheinbare Geschwindigkeitskonstante erster Ordnung (pseudo-first-order rate constant)*. (Man beachte, daß $k' = k_2[B]$).

Das heißt, daß nun die Reaktion *scheinbar* nach erster Ordnung für A abläuft (und nach 0-ter Ordnung für B). Diese Bedingungen für scheinbare Reaktionen erster Ordnung ergeben eine einfache und nützliche Möglichkeit, die Geschwindigkeitskonstante einer Reaktion zweiter Ordnung zu messen; denn wenn k' und [B] bekannt sind, dann kann man k_2 berechnen. In der Praxis zeigt sich bei einem etwa 20fachen Überschuß von [B] gegenüber [A] schon eine deutliche Kinetik scheinbarer erster Ordnung. Solche Bedingungen treffen in biochemischen Untersuchungen oft zu. Als Beispiel sei die Modifikation einiger funktioneller Gruppen eines Makromoleküls mit einer hohen Konzentration eines Reagenz genannt, wobei das Makromolekül selbst in verhältnismäßig niedriger Konzentration vorliegt.

5. Reaktionen dritter oder höherer Ordnung

Solche Reaktionen sind außerordentlich selten, sie folgen dem Typ

$$2A + B \rightarrow \text{Produkte}.$$

Ein Beispiel wäre die Verbindung zweier Atome oder Radikale, die in Anwesenheit einer dritten Substanz vor sich geht.

Die Behandlung solcher Vorgänge wird ziemlich umständlich und ist spezialisierten Lehrbüchern vorbehalten.

8.6. Bestimmung der Ordnung einer Reaktion

Die Ordnung einer Reaktion läßt sich durch Vergleich der experimentell ermittelten Werte der Konzentrationen der Ausgangsstoffe oder Produkte als Funktion der Zeit mit den integrierten Formeln der verschiedenen Geschwindigkeits-Gleichungen, wie sie oben abgeleitet wurden, bestimmen. Man sollte dabei erwähnen, daß die experimentellen Werte über einen möglichst großen Anteil der gesamten Reaktionsbreite ermittelt werden müssen, um die Ordnung überhaupt eindeutig zu erhalten. In der Anfangsphase einer Reaktion ist es zum Beispiel oft schwierig, zwischen Vorgängen erster und zweiter Ordnung zu entscheiden.

Oft läßt sich die Bestimmung der Reaktionsordnung durch die Methoden der Halbwertszeiten vereinfachen*). Man kann zeigen (s. Anhang 3), daß bei einer Reaktion

$$t_{1/2} \propto \frac{1}{[A]_0^{n-1}}$$

ist

Der Ausdruck ist auch für Reaktionen anwendbar, die mehr als einen Ausgangsstoff umfassen, wenn die Anfangskonzentrationen der Ausgangsstoffe in ihren stöchiometrischen Verhältnissen stehen.

Wir können also aufeinanderfolgende Halbwertszeiten einer Reaktion vergleichen. Bei einer Reaktion erster Ordnung sind sie gleich, bei einer zweiter Ordnung nehmen sie als geometrische Reihe zu, wie die Abb. 8.5 zeigt.

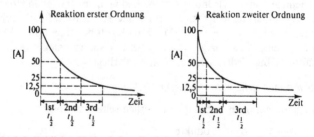

Abb. 8.5. Zeitlicher Verlauf einer Reaktion erster bzw. einer Reaktion zweiter Ordnung, mit eingezeichneten Halbwertszeiten.

---

*) Die gleiche Funktion gilt auch für *andere* Anteilszeiten, also etwa $t_{0,8}$, $t_{0,6}$ oder $t_{0,25}$ etc.

Die Anfangskonzentration von [A] wird in beiden Fällen gleich 100 gesetzt. Bei der Reaktion erster Ordnung zeigt sich deutlich, daß die aufeinanderfolgenden Halbwertszeiten gleich groß sind. Bei der Reaktion zweiter Ordnung stehen sie im Verhältnis 1:2:4 usw.

So läßt sich nur die Gesamtordnung der Reaktion ermitteln. In der Hauptsache werden zwei Verfahren verwendet, um die Ordnung mit dem Blick auf die einzelnen Reaktionsteilnehmer zu bestimmen (etwa für A). Nach der ersten Methode setzt man alle anderen Reaktionsteilnehmer in ständigem großen Überschuß ein, und analysiert dann die Reaktionsgeschwindigkeit als Funktion von A. Dann variiert man die Bestimmung für jeden Reaktionsteilnehmer abwechselnd.

Bei der zweiten Methode bestimmt man Anfangsgeschwindigkeiten der Reaktion

$$\text{Anfangsgeschwindigkeit} = -\frac{d[A]}{dt} = k[A]_0^n \cdot [B]_0^m \cdot [C]_0^p,$$

wobei $[A]_0$, $[B]_0$ und $[C]_0$ die Anfangskonzentrationen von A, B und C bedeuten, n, m und p die Ordnungen für die einzelnen Reaktionsteilnehmer.

Die Konzentrationen von B und C hält man konstant, $[A]_0$ verändert man. Die Analyse der Änderung der Anfangsgeschwindigkeit gegen $[A]_0$ ergibt dann die Ordnung für A. wiederum variiert man das Verfahren, um abwechselnd die Ordnungen für B und C zu erhalten.

8.7. Ausgearbeitetes Beispiel

Die Geschwindigkeit der Bildung des Produktes P einer Reaktion wurde gemessen.

Konzentration an P in µMol/l	0	34,3	56,8	81,7	88,0	92,1	100
Zeit/min	0	2,5	5,0	7,5	10,0	12,5	∞

Nach welcher Ordnung verläuft die Reaktion?

Lösung

Trägt man die Konzentrationen von P gegen die Zeit auf (Abb. 8.6), so kann man aufeinanderfolgende Halbwertszeiten der Reaktion von 4,25 min, 4 min und 4,25 min ablesen. Da diese praktisch konstant sind, ist die Reaktion erster Ordnung. Die Geschwindigkeitskonstante k läßt sich aus $kt_{1/2} = \ln 2$ ermitteln, also

$$k = \frac{0,693}{4,25} \text{ min}^{-1} = \underline{0,163 \text{ min}^{-1}}.$$

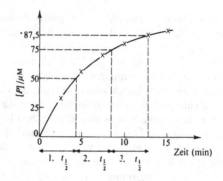

Abb. 8.6. Werte des „Ausgearbeiteten Beispiels" für die Anwendung der Methode der Halbwertszeiten aufgetragen.

8.8. Eine Bemerkung zu den Einheiten

Offensichtlich werden Geschwindigkeitskonstanten für Reaktionen erster Ordnung keine Einheit der Konzentration enthalten. Ihre Dimension ist einfach $(Zeit)^{-1}$ (also s^{-1}, min^{-1}, h^{-1} usw.).

Bei Reaktionen zweiter Ordnung enthalten die Geschwindigkeitskonstanten Konzentrations- und Zeiteinheiten. Nach der Geschwindigkeitsgleichung ist ihre Dimension $(Konzentration)^{-1}$ $(Zeit)^{-1}$ (also $1\ mol^{-1}\ s^{-1}$ oder $m^{-1}\ s^{-1}$, $1\ mol^{-1}\ h^{-1}$ usw.).

Bei Reaktionen scheinbarer erster Ordnung stehen die Geschwindigkeitskonstanten offensichtlich auch in Einheiten von $(Zeit)^{-1}$. Da sie die Konzentration des Reaktionsteilnehmers, der im Überschuß vorhanden ist „beinhalten", kann man sie so korrigieren, daß wahre Geschwindigkeitskonstanten der zweiten Ordnung herauskommen, indem man durch diese Konzentrationen dividiert. Wenn also die Konzentration von B 1 mM ist (B ist im Überschuß), und die Geschwindigkeitskonstante der scheinbaren ersten Ordnung zu $10^{-2}\ min^{-1}$ ermittelt wird, dann ist die wahre Geschwindigkeitskonstante zweiter Ordnung $(10^{-2}/10^{-3})\ M^{-1}\ min^{-1}$, also $10\ M^{-1}\ min^{-1}$.

8.9. Die Kinetik einiger anderer Verlaufsformen

In diesem Abschnitt wollen wir kurz einige andere Reaktionstypen untersuchen.

130

1. Parallele Reaktionen

Eine Verbindung A könnte in zwei verschiedene Produkte übergehen:

$$A \xrightarrow{k_1} B,$$

$$A \xrightarrow{k_2} C.$$

Die beiden Geschwindigkeitskonstanten seien dabei k_1 und k_2. Sind beide Reaktionen für A erster Ordnung, so erhalten wir

$$- \frac{d[A]}{dt} = (k_1 + k_2)[A],$$

$$\frac{d[B]}{dt} = k_1[A],$$

$$\frac{d[C]}{dt} = k_2[A].$$

Also nimmt A immer noch nach der ersten Ordnung ab. Die Gesamtkonstante ist nun die Summe der Geschwindigkeitskonstanten für die beiden Einzelvorgänge.

Beispiele dieses Reaktionstyps kennt die Organische Chemie. So zersetzt sich etwa Essigsäure bei 1000 K zu CH_4 und CO_2 in einer Reaktion, zu Keten und H_2O in einer parallelen zweiten. Viele Beispiele lassen sich für die Umwandlungen einer biochemischen Verbindung in zwei andere finden, so kann etwa AMP zu ATP oder zu IMP gemacht werden. Dies sind aber im allgemeinen enzymkatalysierte Reaktionen, deren Kinetik komplizierter als hier abgehandelt ist. Andere Beispiele finden sich in Arbeiten mit Isotopen. Wird einem Tier eine isotop markierte Verbindung injiziert, so nimmt die verbleibende Menge des Isotops meist nach Art einer Reaktion erster Ordnung mit der Zeit ab. Zwei Vorgänge kommen hier zusammen, nämlich der radioaktive Zerfall des Isotops und der Verlust der Verbindung durch Ausscheidung aus dem Tier. Beide sind also erster Ordnung.

2. Reversible Reaktionen

Wenn die Geschwindigkeit einer Rückreaktion ins Gewicht fällt, so wird die Geschwindigkeitsgleichung komplizierter.

Man betrachte die Reaktion

$$A \underset{k_{-1}}{\overset{k_1}{\rightleftharpoons}} B$$

mit den Hin- und Rück-Geschwindigkeitskonstanten k_1, bzw. k_{-1}. Sind x Mole A zur Zeit t in B umgewandelt, dann gilt

$$\frac{dx}{dt} = k_1([A]_0 - x) - k_{-1}([B]_0 + x).$$

Dabei sind $[A]_0$ und $[B]_0$ die Ausgangskonzentrationen von A und B. Die integrierte Form der Gleichung lautet

$$\ln\left(\frac{N}{N - x}\right) = (k_1 + k_{-1})t,$$

dabei ist

$$N = \frac{k_1[A]_0 - k_{-1}[B]_0}{k_1 + k_{-1}}.$$

Wir werden hier dieses Beispiel nicht weiterverfolgen, da bei fast allen Reaktionen, die wir untersuchen werden, die Geschwindigkeit der Rückreaktion vernachlässigbar klein ist. In den übrigen Fällen ist es meist möglich, die Rückreaktion außer acht zu lassen, indem man reines A als Ausgangsmaterial einsetzt und nur die Anfangsphase der Reaktion ausmißt.

3. Gekoppelte Reaktionen

Eine wichtige Klasse von Reaktionen umfaßt jene, bei denen das Produkt einer Reaktion danach in eine zweite Verbindung umgewandelt wird.

Für den Vorgang

$$A \xrightarrow{k_1} B \xrightarrow{k_2} C$$

kann man leicht die Geschwindigkeitsgleichungen aufstellen:

$$-\frac{d[A]}{dt} = k_1[A],$$

$$\frac{d[B]}{dt} = k_1[A] - k_2[B],$$

$$\frac{d[C]}{dt} = k_2[B].$$

Die Lösung dieser Gleichungen ist ziemlich langwierig, wir wollen hier nur festhalten, daß die Konzentrationen von A, B und C sich im Laufe der Reaktionszeit ungefähr wie in Abb. 8.7 verändern (dabei sollen die Geschwindigkeitskonstanten k_1 und k_2 ungefähr gleich groß sein).

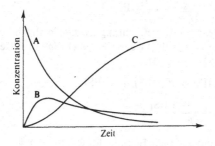

Abb. 8.7. Die Konzentrationen von A, B und C als Funktion der Zeit für den Typ der gekoppelten Reaktionen.

Wir sehen an diesem Beispiel, daß die Konzentration des *kurzlebigen* Zwischenproduktes B zunächst ansteigt, einen Höchstwert erreicht und dann langsam auf Null absinkt. Ein derartiges Ergebnis bildet eigentlich die Grundlage der sogenannten *„stationären Zuständen"* (steady-state approximation), bei der man die Konzentration jedes intermediären Reaktionsteilnehmers konstant annimmt (d. h. die Geschwindigkeit der Bildung der Geschwindigkeit des Abbaues gleichsetzt). Dies gilt für eine Phase der Reaktion, den „stationären Zustand" (steady state period). Wie die Abbildung 8.7 zeigt, nimmt die Konzentration von B eine abgegrenzte Zeit lang zu, dies bezeichnet man als den *vorstationären Zustand* (pre-steady state period). *Die nachfolgende Änderungsgeschwindigkeit von [B] ist sehr klein, verglichen mit den Änderungsgeschwindigkeiten von [A] und [C], nur unter diesen Bedingungen gilt der stationäre Zustand*).*
Die Bedeutung der Annäherungsmethode der steady-state-Betrachtung liegt darin, daß sie die Lösung der Geschwindigkeitsglei-

---

*) Nur unter diesen Bedingungen ist die Annäherungsmethode der stationären Zustände gültig. Sie ist *nicht* gültig, wenn die Änderungsgeschwindigkeit der Konzentration des Zwischenprodukts mit der Änderungsgeschwindigkeit der Konzentrationen der Ausgangsstoffe oder Produkte vergleichbar ist.

chungen in komplizierteren gekoppelten Reaktionsabläufen wesentlich vereinfacht.

Nehmen wir die Wechselwirkung eines Enzyms E mit seinem Substrat S zu einem Enzym-Substrat-Komplex, der dann zu einem Produkt P unter Restitution des Enzyms E zerfällt.

$$E + S \underset{k_{-1}}{\overset{k_1}{\rightleftharpoons}} ES \xrightarrow{k_2} E + P.$$

Nach der steady-state-Betrachtung ist die Geschwindigkeit der Bildung von ES (also $k_1[E][S]$) gleich der Geschwindigkeit dessen Abbaues (also $k_{-1}[ES] + k_2[ES]$),

$$k_1[E][S] = k_{-1}[ES] + k_2[ES],$$

$$[ES] = \frac{k_1[E][S]}{k_{-1} + k_2}.$$

Die Geschwindigkeit der Bildung des Produkts*) wird dann durch

$$\frac{d[P]}{dt} = k_2[ES]$$

gegeben, und indem man den Ausdruck für [ES] aus der vorangehenden Gleichung einsetzt, läßt sich die Geschwindigkeit der Produktbildung mit einer neuen Gleichung formulieren. Hier, allerdings, sollten wir beachten, daß die Gleichung sich der Konzentration des freien Enzyms [E] bedient, nicht der Gesamtkonzentration des Enzyms. Diese Anwendung wird in Kapitel 9 wieder zitiert werden, bei der Besprechung enzymatischer Kinetik.

Die Näherungsmethode des stationären Zustandes erlaubt es uns also, Gleichungen für jedes reaktive Zwischenprodukt einer Reaktion aufzustellen. Die Lösung dieser Gleichungen führt dann zur (steady state-)Konzentration dieser Zwischenprodukte. Die Ableitung der Gesamtgeschwindigkeit der Reaktion ist dann eine verhältnismäßig einfache Aufgabe.

Nachdem wir nun die Geschwindigkeits-Gleichungen für verschiedene Reaktionstypen abgehandelt haben, können wir dazu übergehen, den Einfluß mehrerer Variablen zu untersuchen, die uns über den Mechanismus einer Reaktion Aufklärung verschaffen können. Der Einfluß der Temperatur soll zuerst diskutiert werden.

---

*) Vorausgesetzt, daß [ES] konstant und klein gegenüber [S] ist, ist die Geschwindigkeit der Bildung des Produkts gleich der Geschwindigkeit der Abnahme des Substrats.

8.10. Einfluß der Temperatur auf die Reaktionsgeschwindigkeit

Daß die Geschwindigkeit der meisten Reaktionen mit der Temperatur drastisch absinkt, ist wohl eine uralte Erfahrung. Die zugehörige Gleichung wurde zuerst durch *Arrhenius* vorgeschlagen*):

$$\frac{d \ln k}{dt} = E_a/RT^2 \;.$$

Dabei ist k die Geschwindigkeitskonstante, E_a die „Aktivierungs-Energie" der Reaktion, R ist die allgemeine Gaskonstante.

Nehmen wir an, E_a sei unabhängig von der Temperatur, so können wir die Gleichung integrieren:

$$\ln \left(\frac{k_{T_1}}{k_{T_2}} \right) = - \frac{E_a}{R} \left(\frac{1}{T_1} - \frac{1}{T_2} \right)$$

oder

$$k = A \exp(-E_a/RT) \;; \qquad\qquad [8.4]$$

A ist dabei als *prä-exponentieller* Faktor benannt.

Eine graphische Darstellung von $\ln k$ gegen $1/T$ ergibt eine Gerade. Aus ihrer Neigung läßt sich E_a erhalten. Der Wert von A ergibt sich aus der Extrapolation der Darstellung auf $1/T = 0$.

8.11. Ausgearbeitetes Beispiel

Die Geschwindigkeit einer Reaktion verdopple sich zwischen 20°C und 30°C. Wie groß ist die Aktivierungsenergie der Reaktion? ($R = 2$ cal K^{-1} mol^{-1}.)

---

*) Vielleicht sollte man auf die „Analogie" zwischen der *Arrhenius*-Gleichung und der *van't Hoff*schen Isochore hinweisen (Gleichung [3.7])

$$\frac{d \ln K}{dt} = \frac{\Delta H^0}{RT^2} ,$$

und daran erinnern, daß

$$K = \frac{k_1}{k_{-1}} \;.$$

Lösung

In die Gleichung [8.4]

$$\ln \frac{k_{T_1}}{k_{T_2}} = - \frac{E_a}{R} \left(\frac{1}{T_1} - \frac{1}{T_2} \right)$$

setzen wir ein

$$\frac{k_{T_1}}{k_{T_2}} = \tfrac{1}{2}, \quad T_1 = 293 \text{ K}, \quad T_2 = 303 \text{ K},$$

daraus folgt

$$E_a = 12{,}3 \text{ kcal mol}^{-1}.$$

Dieses Ergebnis liefert zugleich eine einfache Grundregel. Wenn sich eine Reaktionsgeschwindigkeit in der Gegend der normalen Temperatur bei einer Steigerung um $10\,°\mathrm{C}$ jeweils verdoppelt, dann liegt ihre Aktivierungsenergie bei $12{,}5$ kcal mol^{-1}. Ist die Aktivierungsenergie einer Reaktion E_a kleiner als $12{,}5$ kcal mol^{-1}, dann ist die Reaktion weniger temperaturabhängig. Man ziehe hierzu das Beispiel im Kapitel 3 (S. 31) heran, das die Temperaturabhängigkeit der Gleichgewichtskonstante einer Reaktion behandelt.

8.12. Bedeutung der Parameter in der Arrheniusschen Gleichung

Chemische Reaktionen kommen nach unserer allgemeinen Auffassung durch Zusammenstöße zwischen Molekülen zustande. Bei gasförmigen Systemen können wir die kinetisch-theoretischen Vorstellungen dazu benutzen, die Zahl solcher Zusammenstöße bei bestimmten Milieubedingungen zu berechnen. Allerdings führen nicht alle diese Zusammenstöße zu chemischen Produkten, da nur ein Bruchteil der Moleküle die notwendige „Aktivierungsenergie" besitzt, die für eine Reaktion aus dem Zusammenstoß ausreicht. Dann dürfen wir erwarten, daß die Geschwindigkeit der Reaktion durch den Ausdruck

$$\text{Geschwindigkeit} = Z_{12} \exp(-E_a/RT)$$

gegeben ist, wobei Z_{12} die Stoßzahl (in passenden Einheiten) und der Exponent $(-E_a/RT)$ den *Boltzmann*-Faktor wiedergibt, also den Anteil der Moleküle, der die notwendige Aktivierungsenergie E_a besitzt. Die verfügbare thermische Energie wird durch RT bei T K gegeben.

Der (Kollisions-)Term Z_{12} könnte dem prä-exponentiellen Faktor A der *Arrhenius*schen Gleichung entsprechen. In der Praxis zeigte sich aber, daß der errechnete Wert von Z_{12} für die meisten Reaktionen zweiter Ordnung in der Gasphase vom beobachteten Wert von A sehr verschieden war. Man schloß dann einen willkürlichen „räumlichen Faktor" p in die *Arrhenius*sche Gleichung ein:

$$k = pA \exp(-E_a/RT).$$

Besseren Einblick in die Bedeutung dieser verschiedenen Parameter gibt wohl eine kurze Darstellung der Theorie der *„Übergangszustände"* für die Reaktionsgeschwindigkeiten.

8.13. Theorie des Übergangszustandes

Greifen wir auf die Abbildung 8.1 zurück, so stellen wir den Verlauf einer Reaktion über einen „Übergangszustand" oder „aktivierten Komplex" dar. Einige dieser Komplexmoleküle werden dann in Reaktionsprodukte – durch Überschreiten der Energiebarriere – umgewandelt.

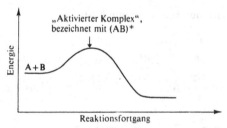

Abb. 8.8. Energieprofil einer Reaktion; der aktivierte Komplex ist hervorgehoben.

Bei der leichtverständlichen Form dieser Theorie nimmt man an*), daß sich zwischen den Ausgangsstoffen und dem aktivierten Komplex ein Gleichgewicht einstellt, das durch die Gleichgewichtskonstante K^{+}

$$K^{+} = \frac{[AB^{+}]}{[A][B]} \qquad [8.5]$$

charakterisiert ist.

---

*) Genaugenommen ist dies keine exakte Behandlung des Übergangszustandes, führt aber in der Praxis nur kleine Fehlerquellen ein.

137

Diesem Gleichgewicht können wir die Werte von $\Delta G^{0\ddagger}$, $\Delta H^{0\ddagger}$ und $\Delta S^{0\ddagger}$ zuordnen. (Sie werden als die *Freie Energie, Enthalpie* und *Entropie der Aktivierung* bezeichnet.)

Dann nimmt man an, daß die Geschwindigkeit, mit der die aktivierten Komplexe in Produkte umgewandelt werden, klein genug ist, um das Gleichgewicht praktisch ungestört zu lassen. Nach der Theorie ist die Geschwindigkeit einer solchen Umwandlung (durch Überwindung der Energiebarriere) gleich kT/h; dabei ist k die *Boltzmann*sche Konstante und h das *Planck*sche Wirkungsquantum.

Die Gesamtgeschwindigkeit wird durch

$$-\frac{d[A]}{dt} = [AB^{\ddagger}] \cdot \frac{kT}{h}$$

und da

$$-\frac{d[A]}{dt} = k'[A][B],$$

wird die Geschwindigkeitskonstante k' durch

$$k' = \frac{kT}{h} \cdot \frac{[AB^{\ddagger}]}{[A][B]}$$

$$= \frac{kT}{h} \cdot K^{\ddagger} \qquad \text{(aus Gleichung [8.5])}$$

$$= \frac{kT}{h} \exp\left(-\frac{\Delta G^{0\ddagger}}{RT}\right)$$

$$= \frac{kT}{h} \exp\left(+\frac{\Delta S^{0\ddagger}}{R}\right) \cdot \exp\left(-\frac{\Delta H^{0\ddagger}}{RT}\right).$$

ausgedrückt.

$\Delta H^{0\ddagger}$ ist der *Arrhenius*schen Aktivierungsenergie E_a verwandt (einer inneren Energieänderung). Dafür gilt

$$\Delta H^{0\ddagger} = E_a - \Delta(PV^{0\ddagger}).$$

Wir sehen also, daß der Term $\exp(+\Delta S^{0\ddagger}/R)$, der die Entropie der Aktivierung einschließt, in den präexponentiellen Faktor der

Arrhenius-Gleichung eingegangen ist*). In der folgenden Reaktion zwischen Ionen in wäßriger Lösung würden wir zum Beispiel ein großes positives $\Delta S^{0\ddagger}$ erwarten:

$$Ce^{4+} + EDTA^{4+} \rightarrow (CeEDTA),$$

da beide Ausgangsprodukte stark solvatisiert sind und der aktivierte Komplex eine deutlich kleinere Ladung besitzt und also weniger solvatisiert sein wird. Diese Freisetzung von Wasser könnte die Abnahme der Entropie, wie sie normalerweise mit der Reaktion zweier Molekülarten zu einem Komplex verknüpft ist, leicht übertreffen.

Es ließe sich auch ableiten, daß die in der organischen Chemie wohlbekannten S_N1- und S_N2-Reaktionen verschiedene Entropiebeträge $\Delta S^{0\ddagger}$ umsetzen.

$$S_N1 \quad AB \rightarrow A^+ \ldots B^-$$

(Trennung der Ionen im Übergangszustand, deshalb voraussichtlich positives $\Delta S^{0\ddagger}$)

$$S_N2 \quad AB + C^- \rightarrow (C \ldots A \ldots B)^-$$

(Abnahme der Molekülarten im Übergangszustand, deshalb voraussichtlich negatives $\Delta S^{0\ddagger}$).

Die Beispiele zeigen, wie nützlich das Konzept der „Aktivierungs-Entropie" den viel weniger gut definierten „sterischen Faktor" der alten Kollisionstheorie der Reaktionsgeschwindigkeiten ersetzt.

Als zweite Variable soll in diesem Abschnitt der Effekt des pH-Wertes betrachtet werden.

8.14. Der Einfluß des pH-Wertes auf die Reaktionsgeschwindigkeit

Wir können diesen Abschnitt für zwei prinzipiell verschiedene Kategorien aufteilen.

1. Reaktionen, in denen die ionenbildende Dissoziation funktioneller Gruppen direkt die Reaktivität der Ausgangsstoffe beeinflußt.

2. Reaktionen, die der Säure- und Basen-Katalyse unterworfen sind.

---

*) Hier sollte man darauf hinweisen, daß der Frequenzfaktor kT/h natürlich auch temperaturabhängig ist, aber seine Änderung mit der Temperatur ist im allgemeinen sehr viel kleiner als die des exponentiellen Terms $\exp(-\Delta H^{0\ddagger}/RT)$.

1. Der Einfluß ionenbildender Gruppen

Es finden sich viele Beispiele, bei denen etwa die basische Form einer Verbindung ein starkes nucleophiles Edukt hergibt, die zugehörige Säure aber nicht reaktiv ist, so

$$RNH_3^+ + H_2O \rightleftharpoons RNH_2 + H_3O^+.$$
nicht reaktiv   reaktiv

Offensichtlich wird $[RNH_2]$ mit steigendem pH-Wert zunehmen, damit auch die Reaktionsgeschwindigkeit. Nun ist

$$K_a = \frac{[RNH_2][H_3O^+]}{[RNH_3^+]},$$

$$\therefore [RNH_2] = \frac{[RNH_3^+] \cdot K_a}{[H_3O^+]}.$$

Der Anteil der nichtprotonierten Form (F) ist:

$$F = \frac{[RNH_2]}{[RNH_2] + [RNH_3^+]},$$

$$= \frac{K_a/[H_3O^+]}{(K_a/[H_3O^+]) + 1}$$

$$= \frac{K_a}{K_a + [H_3O^+]}.$$

Die Geschwindigkeitskonstante k ist

$$k = k_0 F,$$

wobei k_0 die innere Geschwindigkeitskonstante für die nichtprotonierte Form ist:

$$\therefore k = k_0 \frac{K_a}{K_a + [H_3O^+]}.$$

Wenn nun $[H_3O^+] \gg K_a$ (d. h. pH $<$ pK_a), dann ist

$$k \approx k_0 \frac{K_a}{[H_3O^+]},$$

$$\therefore \underline{\log_{10} k = \log_{10} k_0 - pK_a + pH},$$

so daß eine graphische Darstellung von $\log_{10} k$ gegen den pH-Wert eine Gerade mit der Neigung 1 ergibt. (Man beobachtet dies tatsächlich bei pH $\leqslant$ pK_a − 1,5.) Wenn dieses Verhalten beobachtet wird, so sollte man hier hervorheben, so kann man schließen, daß die nichtprotonierte Verbindung die reaktive Form ist, die konjugierte Säure hingegen nicht reaktiv.

Für den Fall [H$_3$O$^+$] $\ll$ K_a (also pH > pK_a) beachte man, daß

$$k = k_0.$$

Die zugehörige Gesamtdarstellung von $\log_{10} k$ gegen den pH-Wert gibt Abb. 8.9.

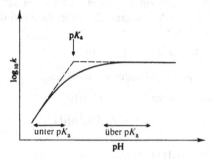

Abb. 8.9. Graphische Darstellung des $\log_{10}$(Geschwindigkeitskonstante) gegen pH. Die durchgezogene Linie gibt die gemessenen Werte wieder, die gestrichelte Linie zeigt die Extrapolation aus den linearen Anteilen.

Aus der Gleichung ergibt sich leicht, daß beim Schnittpunkt [H$_3$O$^+$] = K_a, man kann also mit dieser Methode den pK_a-Wert einer ionenbildenden Gruppe ermitteln.

2. Säure-Basen-Katalyse

Dies ist eigentlich ein sehr umfangreiches Thema, hier kann es nur in groben Zügen behandelt werden.

Die Säure-Basen-Katalyse wird in eine allgemeine und eine spezifische Kategorie unterteilt. So bezieht sich zum Beispiel eine *allgemeine Säurekatalyse* auf die Beiträge aller sauren Molekülarten in der Lösung (etwa H$^+$, CH$_3$CO$_2$H, H$_2$O etc.). Die Gleichung für die Gesamtgeschwindigkeit schließt deshalb Terme für alle diese Arten ein. Bei der *spezifischen Säurekatalyse* würden wir nur den Term für H$^+$ (H$_3$O$^+$ in wäßriger Lösung) berücksichtigen, da nichtdissoziierte Säuren nicht zur Katalyse beitragen. Man könnte experimentell zwischen den beiden Möglichkeiten unterscheiden, indem man die Konzentration an undissoziierter Säure bei gleichbleibendem pH-Wert verändert (d. h. die Konzentration der konjugierten Base variiert). Während die Konzentration der nichtdissoziierten Säure ansteigt, wird dann auch die Geschwindigkeit einer Reaktion steigen, die der allgemeinen Säurekatalyse unterliegt, durch spezifische Säurekatalyse beschleunigte Reaktionen bleiben davon unberührt.

Um genauer zu verstehen, warum einige Reaktionen durch *spezifische* und andere durch *allgemeine* Säurekatalyse beeinflußt werden, müssen wir die einzelnen beteiligten Schritte untersuchen.

Nehmen wir an, daß ein Proton in einem rasch sich einstellenden Gleichgewicht auf ein Ausgangsprodukt übertragen wird, danach folgt ein langsamer Schritt:

$$A + H^+ \rightleftharpoons AH^+ \quad \text{(schnell)},$$

$$AH^+ + B \xrightarrow{k_2} \text{Produkte} \quad \text{(langsam)},$$

$$\text{Geschwindigkeit} = k_2[AH^+][B],$$

$$= k_2 K_{eq}[A][B][H^+].$$

Dabei ist

$$K_{eq} = \frac{[AH^+]}{[A][H^+]}.$$

Der Typ der Geschwindigkeitsgleichung entspricht also der *spezifischen Säurekatalyse*. Das zugehörige Reaktionsprofil zeigt die Abb. 8.10.

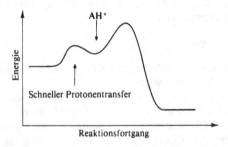

Abb. 8.10. Energieprofil einer Reaktion, in der ein Protonentransfer in einem schnellen Gleichgewicht von einem langsamen Schritt gefolgt wird.

Wenn hingegen der langsame Schritt der Reaktion der Wechsel eines Protons von einer Säure (HX) auf das Ausgangsprodukt A ist, so gilt

$$A + HX \xrightarrow{k_1} AH^+ + X^- \quad \text{(langsam)},$$

$$AH^+ + B \xrightarrow{k_2} \text{Produkte} \quad \text{(schnell)}.$$

Die Geschwindigkeit wird nun

Geschwindigkeit $= k_1[A][HX]$.

Sind noch andere Säuren, etwa HX^- oder HX^{--} anwesend, so wird die Geschwindigkeit

$$\text{Geschwindigkeit} = k_1[A][HX] + k_1'[A][HX^-]$$
$$+ k_1''[A][HX^{--}] + \cdots,$$

diese Reaktionsgleichung entspricht also einer *allgemeinen Säurekatalyse*. Das Energieprofil der Reaktion zeigt Abb. 8.11.

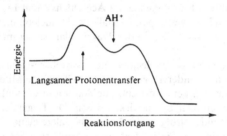

Abb. 8.11. Energieprofil einer Reaktion, in der ein Protonentransfer der langsame Schritt ist.

Ein Beispiel für den Unterschied zwischen *allgemeiner* und *spezifischer* Katalyse liefern die Aldolkondensationsreaktionen von Aceton und Acetaldehyd. Die Reaktion von Aceton zu Diacetonylalkohol ist der *spezifischen Basenkatalyse* unterworfen; das weist auf die rasche Abspaltung eines Protons vor dem langsamen Schritt hin:

$$CH_3COCH_3 + OH^- \rightleftharpoons \bar{C}H_2COCH_3 + H_2O \quad \text{(schnell)},$$

$$\bar{C}H_2COCH_3 + CH_3COCH_3 \xrightarrow{k_2} \text{Diacetonylalkohol}$$
$$\text{(langsam)},$$

$$\text{Geschwindigkeit} = k_2[\bar{C}H_2COCH_3][CH_3COCH_3],$$

$$= k_2 K_{eq}'[CH_3COCH_3]^2[OH^-],$$

wobei

$$K_{eq}' = \frac{[\bar{C}H_2COCH_3]}{[CH_3COCH_3][OH^-]}.$$

143

Die entsprechende Reaktion des Acetaldehyds allein unterliegt der *allgemeinen Basenkatalyse*, hier darf man annehmen, daß die Ablösung eines Protons der langsame Schritt ist.

$$CH_3CHO + OH^- \xrightarrow{k_1} \bar{C}H_2CHO + H_2O \quad \text{(langsam)},$$

$$\bar{C}H_2CHO + CH_3CHO \xrightarrow{k_2} \text{Aldol} \quad \text{(schnell)}.$$

Die Geschwindigkeitsgleichung enthält Beiträge aller Basen in der Lösung (etwa OH^-, H_2O oder zugesetztes $CH_3CO_2^-$).

$$\text{Geschwindigkeit} = k_1[CH_3CHO][OH^-] + k_1'[CH_3CHO][H_2O] + \ldots$$

Wahrscheinlich kann man den Unterschied zwischen den zwei Reaktionen der Tatsache zuschreiben, daß die Carbonylgruppe im Aceton weniger reaktiv ist als diejenige im Acetaldehyd (ein Einfluß der desaktivierenden Methylgruppe). Deshalb ist ein nucleophiler Angriff auf die Gruppe im zweiten Schritt der Reaktion langsamer im Fall des Acetons.

Die Untersuchung der Mechanismen säure-base-katalysierter Reaktionen ist von besonderem Wert zur Aufstellung von Modellen für Enzymkatalysen, bei denen oft einzelne Aminosäureseitenketten als allgemeine Säuren oder Basen wirken sollen. Die folgenden Reaktionen stellen den Imidazolring in der Rolle einer allgemeinen Base in einer Modellreaktion dar. Sie ist Teil eines postulierten Mechanismus der Katalyse der Ribonuclease, in der Histidin als allgemeine Base auftritt (Abb. 8.12).

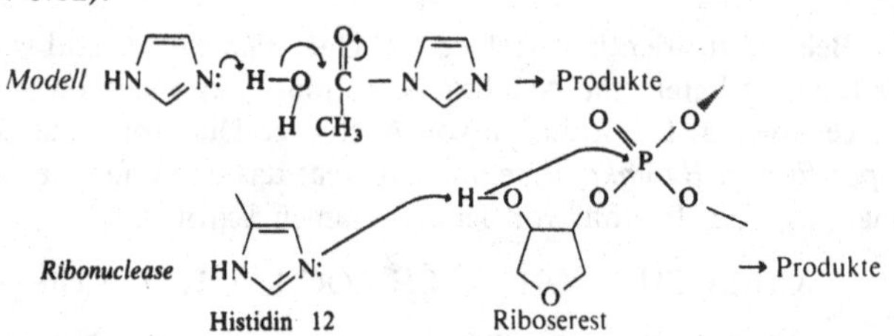

Abb. 8.12. Vergleich des Mechanismus der Ribonuclease mit dem einer Modellreaktion.

8.15. Der Einfluß der Ionenstärke auf die Reaktionsgeschwindigkeit

Ein dritter Parameter, der uns einige Information über Reaktionsmechanismen liefern kann, ist die *Ionenstärke* der Lösungen.

Ihr Einfluß (als Salzeffekt bezeichnet) auf die Reaktion rührt von den Änderungen der Aktivitätskoeffizienten der Reaktionsteilnehmer (wenn sie geladen sind) mit Änderungen der Ionenstärke her. So müssen wir in der Gleichung aus der Theorie des Übergangszustandes

$$k' = \frac{kT}{h} \cdot K^{+}_{+}$$

nun K^{+}_{+} in Aktivitäten (anstatt der Konzentrationen) ausdrücken. Die Beziehung zwischen den Aktivitätskoeffizienten und der Ionenstärke wird durch die *Debye-Hückel*-Gleichung wiedergegeben (S. 63). Die endgültige Gleichung für wäßrige Lösungen bei niedriger Ionenstärke (und 25 °C) lautet

$$\log_{10} \frac{k'}{k_0} = Z_A \cdot Z_B \sqrt{(I)} \quad ,$$

wobei k' die Geschwindigkeitskonstante bei der Ionenstärke I ist. k_0 ist die Geschwindigkeitskonstante bei der Ionenstärke 0 (man extrapoliert auf diesen Wert). Z_A, Z_B sind die Ladungen (mit Vorzeichen) der Ionen, die an der Reaktion A + B → Produkte teilnehmen.

Der Reaktionsverlauf, wie er durch diese Gleichung vorhergesagt wird, ist in vielen Fällen experimentell bestätigt worden. (Wenn die Ionenstärke niedrig genug war, so daß die *Debye-Hückel*-Theorie anwendbar blieb.) Man beachte: Ist einer der Reaktionsteilnehmer ohne Ladung, so ist das Produkt $Z_A \cdot Z_B = 0$ und die Reaktionsgeschwindigkeit ist von der Ionenstärke unabhängig.

Diesen Effekt bezeichnet man als den *primären Salzeffekt*. Eine zweite Art des Salzeffekts wird bei Säure-Basen-Katalysen beobachtet, wenn Änderungen der Ionenstärke den Dissoziationsgrad schwacher Säuren und Basen beeinflussen können und damit auch die Konzentrationen der katalytisch aktiven Molekülart.

Als letzten Parameter wollen wir hier noch den Einfluß einer isotopen Substitution auf die Reaktionsgeschwindigkeit anführen.

8.16. Der Einfluß eines Wechsels des Isotopenverhältnisses auf die Reaktionsgeschwindigkeit

Wenn ein Atom in bekannter Position innerhalb eines Moleküls durch ein anderes Isotop desselben Atoms ersetzt wird, so liefert eine Änderung der Reaktionsgeschwindigkeit des Moleküls ein sehr gutes Indiz dafür, daß eine der Bindungen dieses Atoms im geschwindigkeitsbestimmenden Schritt der Reaktion gelöst wird.

Wählen wir den Ersatz eines H-Atoms in einer C – H-Bindung durch D (Deuterium). Wegen der größeren Masse von D ist die Nullpunktsenergie der C – D-Bindung geringer als die der C – H-Bindung (Abb. 8.13).

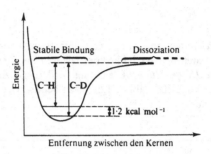

Abb. 8.13. Schematische Darstellung der Bindungsenergien von C – H und C – D als Funktion des Abstandes, die Nullpunktsenergien sind kenntlich gemacht.

Deshalb ist die Dissoziations-Energie der C – D-Bindung ungefähr 1,2 kcal mol^{-1} größer als die der C – H-Bindung. nach dem $\exp(-E_0/RT)$-Term der *Arrhenius*-Gleichung würden wir erwarten, daß es die Geschwindigkeit einer Reaktion, deren geschwindigkeitsbestimmender Schritt die Lösung einer solchen Bindung beinhaltet, um den Faktor 7,6 herabsetzen würde, wenn wir H durch D ersetzen. Mehrere „Isotopeneffekte" dieser Größenordnung sind bekannt, etwa bei der Oxidation von Benzaldehyd durch $KMnO_4$ bei pH 7; im allgemeinen sind aber die Werte des Verhältnisses k_{C-H}/k_{C-D} deutlich niedriger (~ 2).

Dieser niedrige Wert könnte entweder bedeuten, daß im aktivierten Komplex die C – H-Bindung nicht gänzlich gelöst wird, oder daß sich eine neue Bindung von H zu einem anderen Atom schon weitgehend bildet. In einigen Reaktionen (etwa bei der Nitrierung von Benzol) findet man beim Ersatz von H durch D überhaupt keinen Isotopeneffekt, dann ist klar, daß die Lösung einer C – H-Bindung nicht geschwindigkeitsbestimmenden Schritt der Reaktion beteiligt ist.

Wir sehen nun also, daß kinetische Untersuchungen (nach der Form der Geschwindigkeitsgleichung, dem Einfluß der Temperatur usw.) uns Einblicke in den Ablauf einer Reaktion geben können. Wenn diese Information ergänzt werden kann, etwa durch Aussagen über die Stereochemie der Reaktion, oder durch Isolierung eines Zwischenprodukts, so ist es oft möglich, ein ziemlich detailliertes Modell des Mechanismus aufzustellen. Dafür finden sich in der organischen Chemie (besonders bei Substitutions- und Eliminierungsreaktionen) und neuerdings auch in der anorganischen Chemie (etwa bei Liganden-Wechsel-Reaktionen bei Übergangsmetall-Ionen) mehrere bemerkenswerte Beispiele.

8.17. Aufgaben

1. Unterscheide zwischen der Molekularität und der Ordnung einer chemischen Reaktion.

   Eine organische Säure decarboxyliert spontan bei 25°C und pH = 6. Die CO_2-Entwicklung aus 10 ml einer 10 mM Lösung wurde zu verschiedenen Zeiten gemessen:

Zeit (min)	25	50	75	100	125	150	200
entwickelt. CO_2 (ml)	0,64	1,10	1,45	1,70	1,90	2,05	2,23

   Bestimme die Ordnung und die Geschwindigkeitskonstante dieser Reaktion. Nimm dabei an, daß kein CO_2 in der Flüssigkeit gelöst verbleibt.

2. Eine Verbindung A kann in zwei verschiedene Produkte B und C übergehen.

   $$A \rightarrow B$$
   $$A \rightarrow C$$

   Die Geschwindigkeitskonstanten erster Ordnung betragen 0,15 min^{-1} bzw. 0,06 min^{-1}. Welche halbe Lebensdauer besitzt A?

   Wenn A in der Anfangskonzentration 0,1 M vorliegt, zu welcher Zeit ist dann die Konzentration von B = 0,05 M?

   Welche maximale Konzentration erreicht B?

3. Die folgenden Messungen stammen aus einer Reaktion zwischen 1 mM *N*-Acetylcystein und 1 mM Iodacetamid.

Konzentration von *N*-Acetylcystein (mM)	0,770	0,580	0,410	0,315	0,210	0,155	0,115
Zeit (s)	10	20	40	60	100	150	200

   Bestimme die Gesamtordnung der Reaktion und die Geschwindigkeitskonstante. Man kann dabei annehmen, daß 1 Mol *N*-Acetylcystein mit 1 Mol Iodacetamid reagiert.

4. Für die gleiche Reaktion wie in Frage 3 wurden unter anderen Bedingungen folgende Werte erhoben:

Die Ausgangskonzentrationen von *N*-Acetylcystein und Iodacetamid sind nun 1 mM bzw. 2 mM.

Konzentration von *N*-Acetylcystein (mM)	0,74	0,58	0,33	0,21	0,12	0,09
Zeit (s)	5	10	25	35	50	60

Nimm wie oben an, daß die Stöchiometrie 1:1 verläuft, und berechne unter diesen Bedingungen die Geschwindigkeitskonstante.

5. Die Reaktion zwischen zwei Verbindungen A und B einer Lösung ist für B erster Ordnung. Die folgenden Daten wurden in einem kinetischen Experiment bei 27°C erhalten:
   Die Anfangskonzentration an B betrug 1,0 M.

Konzentration A (mM)	1,000	0,692	0,478	0,29	0,158	0,110
Zeit (s)	0	20	40	70	100	120

Bestimme die Ordnung für A und berechne die Geschwindigkeitskonstante für diese Reaktion.

Wäre die halbe Lebensdauer von A wohl verschieden, wenn die Anfangskonzentration von B = 0,5 M betrüge?

Berechne die *Geschwindigkeit* der Reaktion bei 50°C bei einer Konzentration von A und B von je 0,1 M, wenn die Aktivierungsenergie 20 kcal mol^{-1} ausmacht.

6. Gib an, was man unter dem Annäherungsverfahren des Fließgleichgewichtes versteht. Verwende die unten angegebenen Gleichungen für die Wechselwirkung zwischen einem Enzym und seinem Substrat.

$$E + S \underset{k_{-1}}{\overset{k_1}{\rightleftharpoons}} ES$$

$$ES \overset{k_1}{\longrightarrow} E + P$$

Leite die Formel für die Geschwindigkeit der Bildung des Produktes P unter steady-state-Bedingungen ab.

Welche Bedingungen sind Voraussetzung für die Annäherungsmethode des Fließgleichgewichts?

Wie groß ist die *maximale* Geschwindigkeit der Bildung von P, wenn die Konzentration des Enzyms E_0 ist?

7. Die Geschwindigkeitskonstante einer Reaktion beträgt 15 M^{-1} min^{-1} bei 25°C und 37 M^{-1} min^{-1} bei 35°C. Wie groß ist die Aktivierungsenergie für diese Reaktion, wie groß ist die Geschwindigkeitskonstante bei 10°C?

8. Die Geschwindigkeitskonstante für die Bindung eines Inhibitors an Carboanhydrase wurde in Abhängigkeit von der Temperatur untersucht. Wie groß ist nach den folgenden Daten die Aktivierungsenergie dieser Reaktion?

$T\,^\circ C$	15,8	20,3	24,9	30,0	34,8	40,3
$10^{-6}\,k/(\text{l mol}^{-1}\,\text{s}^{-1})$	1,04	1,34	1,53	1,89	2,29	2,84

9. Für Reaktionen in wäßrigem Medium kann man die Änderung der Geschwindigkeitskonstante mit der Ionenstärke aus der *Debye-Hückel*-Theorie für verdünnte Lösungen ableiten (S. 63).

$$\log_{10}(k/k_0) = Z_A Z_B \sqrt{(I)}\,,$$

wobei k die Geschwindigkeitskonstante, k_0 die Geschwindigkeitskonstante bei der Ionenstärke 0 und Z_A, Z_B die Ladungen (mit Vorzeichen) der beteiligten Ionenarten und I die Ionenstärke bedeuten.

Für die Reaktion

$$Cr(H_2O)_6^{3+} + SCN^- \rightarrow Cr(H_2O)_5SCN^{2+} + H_2O$$

erhielt man folgende Meßwerte:

k/k_0	0,87	0,81	0,76	0,71	0,62	0,50
$I\,(\times 10^3)$	0,4	0,9	1,6	2,5	4,9	10,0

Stimmen die Werte mit der Gleichung überein?

Wie hängt die Geschwindigkeit der Rückreaktion von der Ionenstärke ab?

10. Die Geschwindigkeit der Reaktion zwischen Aminosäuren und Trinitrobenzolsulfonsäure wurde als Funktion des pH-Wertes in gepufferten Lösungen ausgemessen.

pH	6,5	7,0	7,5	8,0	8,5	9,0	9,5	10,0	10,5	11,0	11,5
k_{relativ}	0,074	0,25	0,8	2,4	7,5	20	56,6	72	90	97	100

Was kann man über die beteiligten Molekülarten aussagen? Der pK-Wert der Sulfonsäuregruppe liegt so tief, daß die Verbindung über den gesamten pH-Bereich hinweg als Anion vorliegt.

9. Die Kinetik enzymkatalysierter Reaktionen

9.1. Einführung

Im Gegensatz zu den verhältnismäßig einfachen Reaktionen, die wir bisher behandelt haben, sollte eigentlich die Kinetik der enzymkatalysierten Reaktionen sehr viel komplizierter aussehen. Enzyme sind bei weitem effizientere Katalysatoren als alle Modell-Katalysatoren, die wie bisher damit vergleichen können; außerdem sind die katalytischen Eigenschaften der Enzyme meist sehr empfindlich gegen Milieubedingungen (Temperatur, pH, Ionenstärke). Dennoch können die Kinetiken enzymkatalysierter Reaktionen meistens mit den einfachen Mitteln, wie sie bisher abgeleitet wurden, beschrieben werden, wenn die Milieubedingungen sorgfältig reproduziert und stabilisiert werden, etwa durch geeignete Pufferlösungen.

Wir werden die katalytischen Eigenschaften der Enzyme unter steady state-Bedingungen behandeln, wobei das Enzym im Verhältnis zu den Konzentrationen der Substrate oder anderer Partner in sehr kleinen Mengen auftritt*). Dadurch wird die algebraische Behandlung der einzelnen Gleichgewichte etwas einfacher (s. Aufgabe Nr. 2, Kapitel 4), da man dann die Konzentration des freien Substrats der der gesamten eingesetzten Substratkonzentration gleichsetzen kann.

Man sollte hier jedoch darauf hinweisen, daß zur Zeit viele wichtige kinetische Untersuchungen angestellt werden, in denen die Konzentrationen der Enzyme zumindest vergleichbar denen der Substrate sind. Nutzt man schnellregistrierende oder andere spezialisierte Techniken, so wird es möglich, Zwischenverbindungen der Gesamtreaktion zu fassen und die Geschwindigkeitskonstanten einiger Einzelschritte zu bestimmen.

Auch sind viele Beispiele bekannt, in denen Enzyme *in vivo* in recht hohen Konzentrationen vorliegen; es wird heute zunehmend deutlich, daß wir für ein gründliches Verstehen der Geschwindigkeiten enzymkatalysierter Reaktionen in der Zelle kinetische Meßwerte über einen möglichst großen Bereich der Enzymkonzentrationen zusammentragen müssen.

---

*) Die Annäherungsmethode des steady state ist hier gültig, weil die maximalen Konzentrationen der Zwischenprodukte (ES-Komplexe) die des Enzyms nicht überschreiten können; also wird die *Geschwindigkeit* der Konzentrationsänderungen der Zwischenprodukte sehr klein gegenüber der Änderungsgeschwindigkeit der Konzentrationen der Substrate oder Produkte sein (siehe Kapitel 8, S.132 – 134).

9.2. Steady-state-Kinetik

Die Behandlung der Enzymkinetik setzt voraus, daß der Komplex zwischen Enzym und Substrat rasch und reversibel ausgebildet wird. Dieser Komplex zerfällt dann in einem langsamen Schritt zum Produkt unter Regeneration des Enzyms:

$$E + S \underset{k_{-1}}{\overset{k_1}{\rightleftharpoons}} ES,$$

$$ES \xrightarrow{k_2} E + P.$$

In vielen Fällen konnte man die ES-Komplexe direkt ausmessen, indem man hohe Konzentrationen des Enzyms einsetzte. Manchmal läßt sich auch ein echtes Zwischenprodukt isolieren (z. B. Acyl-Chymotrypsin) − es muß dann in das Gesamtschema der Kinetik eingegliedert werden.

Wir können die kinetischen Gleichungen für diesen Reaktionsablauf auf zwei verschiedenen Wegen angehen.

1. Die Gleichgewichts-Methode

Hierbei nehmen wir an, daß das Gleichgewicht $E + S \rightleftharpoons ES$ durch den Zerfall von ES zum Produkt nur wenig verändert wird. Offensichtlich ist diese Annahme nur gerechtfertigt, wenn der Wert von k_2 gegenüber k_{-1} klein ist,

$$K = \frac{[E][S]}{[ES]},$$

wobei [E] die Konzentration des freien Enzyms angibt. [S] gibt die Konzentration des freien Substrats an, da aber

$$[S_{gesamt}] \gg [E_{gesamt}], \quad \text{ist} \quad [S_{frei}] = [S_{gesamt}].$$

Nun wird der Anteil des Enzyms F, der in der Form ES vorliegt, durch

$$F = \frac{[ES]}{[E] + [ES]}, \quad = \frac{[S]}{K + [S]}$$

wiedergegeben. Wenn V_{max} die höchste Geschwindigkeit der Bildung des Produkts ist, also die Geschwindigkeit, bei der ohnehin das gesamte Enzym in der Form ES*) vorliegt, dann ist die

---

*) In jedem Fall ist natürlich $v = k_2[ES]$ (s. Kapitel 8, S. 132). $V_{max} = k_2[ES]$, wenn das gesamte Enzym in der Form des Komplexes ES vorliegt.

Geschwindigkeit $v = V_{max} \cdot F$,

$$\therefore \quad \boxed{v = V_{max} \cdot \frac{[S]}{K + [S]}} .$$ [9.1]

Die Abb. 9.1 zeigt v als Funktion von [S].

Ist [S] niedrig im Vergleich zu K, dann ist die Reaktion für S erster Ordnung. Bei sehr hoher [S] nähert sich die Reaktionsgeschwindigkeit dem Wert von V_{max}, für S ist sie nun nullter Ordnung. Im mittleren Konzentrationsbereich nimmt die Ordnung der Reaktion für S einen Bruchwert von 1 ein.

Die Gleichung [9.1] zeigt auch, daß [S] $= K$, wenn $v = V_{max}/2$. Daraus können wir den Wert von K erhalten, der *Michaelis-Konstante* (meist K_m geschrieben). Unter den angeführten Voraussetzungen können wir K mit der Dissoziationskonstante des ES-Komplexes gleichsetzen.

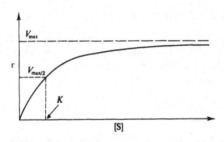

Abb. 9.1. Abhängigkeit der Geschwindigkeit v einer enzymkatalysierten Reaktion von der Substratkonzentration [S].

2. Die Annäherungsmethode des steady state

Wir verlassen jetzt die Annahme, daß das Gleichgewicht E + S ⇌ ES durch den Zerfall von ES nicht nennenswert gestört wird. Statt dessen benutzen wir die Annäherungsmethode des stationären Zustands. Nach einer Initialphase (Vorgleichgewicht) wird nun angenommen, daß die Konzentration von ES konstant oder doch fast konstant bleibt. Wenn man den ES-Komplex tatsächlich ausmessen kann, so verlaufen die experimentellen Werte seiner Konzentration meist in Analogie zu Abb. 9.2. Da die Geschwindigkeit, mit der [ES] absinkt, meist sehr niedrig ist, gilt die Annäherung für die meisten Zwecke.

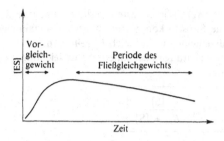

Abb. 9.2. Konzentration des Enzym-Substrat-Komplexes als Funktion der Reaktionsdauer.

Im steady state ist die Geschwindigkeit der Bildung von ES (d. h. $k_1[E][S]$) gleich der Geschwindigkeit seines Zerfalls (d. h. $k_{-1}[ES]$ + $k_2[ES]$),

$$\therefore\ k_1[E][S] = k_{-1}[ES] + k_2[ES],$$

$$\therefore\ [ES] = \frac{k_1[E][S]}{k_{-1} + k_2},$$

wie zuvor wird der Anteil (F) des Enzyms in der Form des ES-Komplexes durch

$$F = \frac{[ES]}{[E] + [ES]}$$

$$= \frac{[S]}{\{(k_{-1} + k_2)/k_2\} + [S]}$$

wiedergegeben, deshalb ist die Reaktionsgeschwindigkeit v nun

$$\therefore\ \boxed{v = V_{max} \cdot \frac{[S]}{\{(k_{-1} + k_2)/k_1\} + [S]}}. \qquad [9.2]$$

Wiederum sollte man hier daran erinnern, daß $[S] = [S_{gesamt}]$ angenommen wird, da ja das Enzym nur in sehr kleinen Mengen eingesetzt sein soll.

Nach dieser Methode der Analyse des steady state wurde nun der Term K im Nenner der Gleichung [9.1] durch den Ausdruck $(k_{-1} + k_2)/k_1$ ersetzt. Der Term $(k_{-1} + k_2)/k_1$ wird nur dann gleich k_{-1}/k_1, wenn $k_2 \ll k_{-1}$, und nähert sich dann der Dissoziationskonstante des

ES-Komplexes (K_S). Wir erwarten deshalb nun, daß die *Michaelis*-Konstante (die Substratkonzentration bei halbmaximaler Geschwindigkeit) im allgemeinen nicht gleich K_S sein wird.

Aus beiden Ableitungen der kinetischen Gleichung erhalten wir als Grundbeziehung

$$v = V_{max} \frac{[S]}{K_m + [S]} \; .$$ [9.3]

K_m ist die *Michaelis*-Konstante.

Es ist meist recht schwierig, V_{max} (und damit K_m) direkt aus einer Darstellung von v gegen $[S]$ abzulesen. Man kann die Gleichung [9.3] in verschiedener Weise umformen. Zwei der am besten bekannten Umformungen werden im folgenden dargestellt.

9.3. Auswertung kinetischer Messungen

1. Die Lineweaver-Burk-Methode

Sie benutzt die umgeformte Gleichung

$$\frac{1}{v} = \frac{K_m}{[S]} \cdot \frac{1}{V_{max}} + \frac{1}{V_{max}} \; .$$

Danach ergibt eine graphische Darstellung von $1/v$ gegen $1/[S]$ eine Gerade, deren Abschnitte auf der x- und y-Achse ($-1/K_m$) und $1/V_{max}$ sind, deren Steigung aber (K_m/V_{max}) beträgt (Abb. 9.3).

Man sieht, daß diese Darstellung große Ähnlichkeit mit jener besitzt, die wir bei der Analyse von Bindungsmessungen benutzt haben (*Hughes-Klotz*-Graphik, Abb. 4.3).

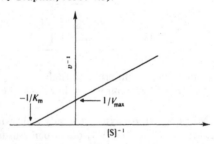

Abb. 9.3. Die *Lineweaver-Burk*-Methode zur graphischen Darstellung enzymkinetischer Messungen.

2. Die Eadie-Hofstee-Methode

Hier wird die Grundgleichung zu

$$\frac{v}{[S]} = \frac{V_{max}}{K_m} - \frac{v}{K_m}$$

umgeformt. Eine Darstellung von $v/[S]$ gegen v ergibt eine Gerade mit einer Steigung von $-1/K_m$ und dem Abschnitt V_{max} auf der x-Achse (Abb. 9.4). (Diese Art der Darstellung ist der *Scatchard*-Methode bei Bindungsmessungen analog (Abb. 4.4).)

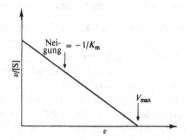

Abb. 9.4. *Eadie-Hofstee*-Methode der Darstellung enzymkinetischer Messungen.

Sind zwei Substrate S_1 und S_2 an der Reaktion beteiligt, so kann man mit diesen Darstellungsarten die K_m-Werte für jedes von beiden bestimmen. Mißt man die Änderung der Reaktionsgeschwindigkeit mit $[S_1]$ bei Sättigungskonzentrationen von S_2, läßt sich K_m für S_1 bestimmen. Danach wird das umgekehrte Verfahren zur Messung von K_m für S_2 benutzt. Die geeignete „Sättigungs"-Konzentration des Substrates, dessen Konzentration nicht variiert werden soll, muß anhand des K_m-Wertes gewählt werden (meist mindestens $10 \times K_m$).

Wir sollten hervorheben, daß die Gleichungen, wie sie jetzt abgehandelt wurden, *Gleichungen der Anfangsgeschwindigkeiten* sind (d. h. man nimmt an, die Konzentration von S bleibe praktisch noch auf ihrem Ausgangswert). Wir brauchen dann die Rückreaktion nicht zu berücksichtigen, auch nicht mögliche Hemmungen durch die Produkte. Allerdings können Abweichungen von diesen Anfangsgeschwindigkeits-Gleichungen wegen einer Reihe von Ursachen auftreten, zwei davon wollen wir aufführen.

a) Substrathemmung. Sie tritt gelegentlich bei hohen Substrat-Konzentrationen auf und verursacht eine gekrümmte *Lineweaver-Burk*-Graphik (Abb. 9.5).

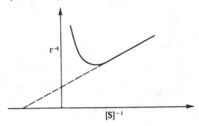

Abb. 9.5. *Lineweaver-Burk*-Darstellung für den Fall einer Substrathemmung.

b) Mehrfachbindung. Besitzt das Enzym mehrere Bindungsorte für sein Substrat, so beobachtet man oft eine komplizierte Kinetik. Diese Effekte besitzen oft besondere Bedeutung bei der Regulation von Enzymaktivitäten, da aber die zugehörigen Gleichungen recht kompliziert sind, werden wir sie hier nicht behandeln.

Der Nutzen solcher Anfangsgeschwindigkeits-Gleichungen zur Analyse enzymkinetischer Meßdaten ist beträchtlich. Es wird dabei möglich einen Einblick in die Geschwindigkeiten, mit der enzymkatalysierte Reaktionen bei *in vivo*-Konzentrationen der Substrate ablaufen, zu gewinnen. Außerdem klärt die kinetische Analyse oft Details des Ablaufs einer Multisubstrat-Reaktion auf (etwa die Frage, ob Substrate in geordneter Reihenfolge gebunden werden, oder in statistischer Reihung, usw.). Diese Beispiele würden aber den Rahmen unseres Textes sprengen.

9.4. Hemmungen an Enzymen

Ein sehr wichtiger Aspekt bei der Untersuchung enzymkatalysierter Reaktionen tritt mit dem Effekt von Inhibitoren auf. Wir wollen dies anhand des Schemas der Abb. 9.6 diskutieren.

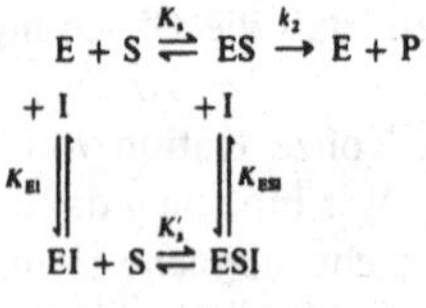

$$E + S \underset{K_s}{\rightleftharpoons} ES \xrightarrow{k_2} E + P$$
$$+ I \qquad\qquad + I$$
$$K_{EI} \parallel \qquad \parallel K_{ESI}$$
$$EI + S \underset{K'_s}{\rightleftharpoons} ESI$$

Abb. 9.6. Ein allgemeines Schema der Enzymhemmung. K_s, K_{EI} etc. geben Dissoziationskonstanten an. Der Zerfall von ES liefert das Produkt (ESI wird inaktiv angenommen).

156

Wir wollen annehmen, daß alle Komplexe, die Enzym enthalten, miteinander im Gleichgewicht stehen (d. h. daß der k_2-Schritt diese Gleichgewichte nicht signifikant stört). Die allgemeine Gleichung für diese Lage lautet *) (s. Anhang 4):

$$\frac{1}{v} = \frac{1}{V_{max}} \left(1 + \frac{[I]}{K_{ESI}} \right) + \frac{K_s}{V_{max}} \left(1 + \frac{[I]}{K_{EI}} \right) \frac{1}{[S]},$$

wobei sich [S] und [I] auf Substrat und Inhibitor beziehen.

(Wenn wir das Annäherungsverfahren des steady state für das Schema anwenden würden, wären die abgeleiteten Gleichungen komplizierter und experimentell wenig wertvoll.)

Man kann diesen allgemeinen Ausdruck vereinfachen, wenn man bestimmte Annahmen einführt. Diese sollen für drei Grenzfälle aufgeführt werden, wir sollten aber darauf hinweisen, daß mehrere andere Fälle möglich sind.

1. Kompetitive Hemmung

Wenn $K_{ESI} = \infty$ (d. h. daß der ES-Komplex I nicht binden kann, der EI-Komplex aber auch S nicht), vereinfacht sich die allgemeine Gleichung zu

$$\frac{1}{v} = \frac{1}{V_{max}} + \frac{K_s}{V_{max}} \left(1 + \frac{[I]}{K_{EI}} \right) \cdot \frac{1}{[S]}.$$

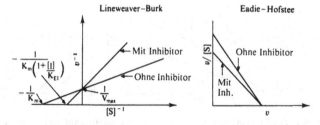

Abb. 9.7. Einfluß eines kompetitiven Inhibitors auf die enzymkinetischen graphischen Darstellungen.

---

*) Da wir diese „Gleichgewichts"-Annahme getroffen haben, können wir K_S mit K_m gleichsetzen (s. S. 152).

Diese Situation bezeichnet man als *kompetitive Hemmung*. Den Einfluß auf die kinetischen Graphiken zeigt Abb. 9.7.

Tatsächlich „zieht" der Inhibitor einen Teil des Enzyms in die Form des EI-Komplexes hinüber. Wird die Konzentration von S genügend stark angehoben, so läßt sich dieser Effekt unterdrücken. V_{max} bleibt also ebenso groß wie bei Abwesenheit des Inhibitors, K_m wird aber um den Faktor $(1 + [I]/K_{EI})$ erhöht.

Man kennt viele Beispiele einer kompetitiven Hemmung, so sind mehrere Amide kompetitive Inhibitoren für Äthanol bei der Reaktion an Alkoholdehydrogenase, und viele Verbindungen, die ein quaternäres Stickstoffatom enthalten*), hemmen die Acetylcholinesterase kompetitiv. Man könnte meinen, eine sicher nachgewiesene kompetitive Hemmung beweise, daß Substrat und Inhibitor an derselben Bindungsstelle des Enzyms angreifen. Tatsächlich ist das allerdings nicht unbedingt der Fall, man *kann* aber aussagen, daß eine kompetitive Hemmung gemessen werden wird, *wenn* S und I wirklich an derselben Stelle binden.

2. Nicht-kompetitive Hemmung

Wenn $K_{ESI} = K_{EI}$ (d. h., daß die Bindung von S an das Enzym die Bindung für I nicht beeinflußt), dann gilt

$$\frac{1}{v} = \frac{1}{V_{max}}\left(1 + \frac{[I]}{K_{EI}}\right) + \frac{K_s}{V_{max}}\left(1 + \frac{[I]}{K_{EI}}\right)\frac{1}{[S]}.$$

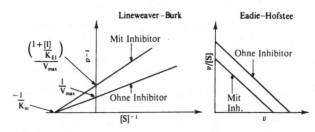

Abb. 9.8. Der Einfluß eines nicht-kompetitiven Inhibitors auf die enzymkinetischen graphischen Darstellungen.

---

*) Diese Verbindungen finden wichtige pharmakologische Anwendungen, da Acetylcholin (das ebenfalls ein quaternäres Stickstoffatom besitzt) bei der Übermittlung nervöser Impulse beteiligt ist.

Dies bezeichnen wir als *nicht-kompetitive Hemmung*. K_m bleibt hier unbeeinflußt, während V_{max} um einen Faktor $1/(1 + [I]/K_{EI})$ verringert wird, wie die Darstellungen der Abb. 9.8 zeigen.

3. Unkompetitive Hemmung

Wenn $K_{EI} = \infty$ (d. h. daß E nicht mit I gebunden werden kann), so gilt

$$\frac{1}{v} = \frac{1}{V_{max}} \left(1 + \frac{[I]}{K_{ESI}} \right) + \frac{K_s}{V_{max}} \cdot \frac{1}{[S]}.$$

Dies wird oft als einfache *unkompetitive Hemmung* bezeichnet. Sowohl K_m wie auch V_{max} werden verändert, wie die graphischen Darstellungen zeigen (Abb. 9.9). Die besten Beispiele für nichtkompetitive und einfache unkompetitive Hemmungen finden sich bei Multisubstrat-Reaktionen (die aber außerhalb des Rahmens dieses Buches stehen müssen). Im Kreatin-Kinase-System etwa ist MgADP gegenüber Kreatin in der Reaktion MgATP + Kreatin ⇌ MgADP + Kreatinphosphat nicht-kompetitiv. Diese Art einer „Produkt-Hemmungs"-Studie ergibt oft Informationen, die zur Auffindung der Reihenfolge der Substrat-Anheftungen und der Produkt-Ablösungen am Enzym beitragen.

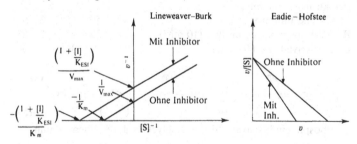

Abb. 9.9. Der Einfluß eines einfachen unkompetitiven Inhibitors auf die enzymkinetischen graphischen Darstellungen.

Vielleicht sollten wir darauf hinweisen, daß im Grunde der Einfluß eines nicht-kompetitiven Inhibitors (also eine Verringerung von V_{max} bei gleichbleibendem K_m) der Überführung eines Teils des Enzyms in eine inaktive Form *äquivalent* ist. So benimmt sich zum Beispiel Iodessigsäure wie ein nicht-kompetitiver Inhibitor gegenüber den Substraten der Glycerinaldehyd-3-phosphat-Dehydrogenase. Sie inaktiviert das Enzym durch Blockierung einiger essentieller SH-Gruppen. Wir werden also die Bezeichnungen „kompetitiv", „nicht-kompetitiv" und „unkompetitiv" nur auf jene Inhibitoren anwenden, die *reversibel* an ein Enzym gebunden werden.

9.5. Ausgearbeitetes Beispiel

Die Geschwindigkeit der durch Pyruvatkinase katalysierten Reaktion wurde als Funktion der Substrat-(Phosphoenolpyruvat)-Konzentration untersucht, die Ergebnisse zeigt die Zelle A.

$$\text{Phosphoenolpyruvat} + \text{ADP} \rightleftharpoons \text{Pyruvat} + \text{ATP}.$$

(Es wird dabei angenommen, daß ADP in Sättigungskonzentrationen vorliegt.)

Außerdem werden die Ergebnisse zum Einfluß zweier Inhibitoren auf die Reaktion angegeben. In der Zeile B beziehen sich die Zahlen auf die Gegenwart von 10 mM 2-Phosphoglycerinsäure als Inhibitor, in Zeile C auf die von 10 mM Phenylalanin als Inhibitor.

Man diskutiere diese Meßreihen.

Phosphoenolpyruvat-Konzentration (mM)	0,25	0,3	0,5	1,0	2,0
Geschwindigkeit (willkürliche Einheiten)					
A – ohne Inhibitor	44	50	65	82	97
B – 2-Phosphoglycerinsäure (10 mM)	29	33	46	67	83
C – Phenylalanin (10 mM)	24	27	36	50	60

Phosphoenolpyruvat 2-Phosphoglycerinsäure Phenylalanin

Lösung

Die graphischen Darstellungen von $1/v$ gegen $1/[S]$ werden für diese drei Fälle in Abb. 9.10 aufgezeichnet. Die K_m für Phosphoenolpyruvat läßt sich aus der Geraden A zu 0,4 mM ablesen (als Abschnitt auf der x-Achse als $-1/K_m$).

Da die Gerade B die Gerade A auf der y-Achse schneidet, ist 2-Phosphoglycerinsäure offensichtlich gegenüber Phosphoenolpyruvat *kompetitiver* Inhibitor. Obwohl dies nicht beweist, daß die beiden Moleküle an dieselbe Bindungsstelle auf dem Enzym gehen, würde ihre strukturelle Ähnlichkeit dies doch sehr plausibel erscheinen lassen. Da K_m ja um den Faktor 1 + ([I]/K_{EI}) erhöht wird, können wir die Inhibitorkonstante K_{EI} errechnen. Hier ist [I] = 10 mM, K_m wird um den Faktor 1,92 erhöht (nach den Abschnitten auf der x-Achse). Also ist K_{EI} für 2-Phosphoglycerinsäure <u>10,9 mM</u>.

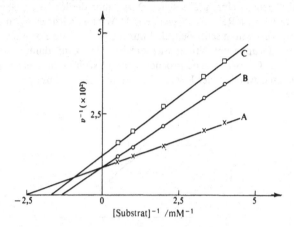

Abb. 9.10. *Lineweaver-Burk*-Darstellungen der kinetischen Meßwerte aus dem „Ausgearbeiteten Beispiel".

Die Auswirkung von Phenylalanin (Gerade C) ist komplizierter. Die Geraden A und C schneiden sich weder auf der x- noch auf der y-Achse, also gehört Phenylalanin offensichtlich nicht einer der drei einfachen Inhibitor-Sorten an, wie sie oben diskutiert wurden (d. h. es verursacht gegensinnige Änderungen von K_m und V_{max}). Wir würden also vermuten, daß Phenylalanin an einer anderen Stelle des Enzyms angeheftet wird als das Substrat, da auch sehr wenig strukturelle Ähnlichkeit zwischen den beiden Molekülen besteht. (Die bis jetzt bekannten Daten unterstützen diese Annahme, sie weisen darauf hin, daß Phenylalanin seinen Einfluß auf das katalytische Zentrum über Veränderungen der dreidimensionalen Faltung des Enzymmoleküls ausübt.)

9.6. Der Einfluß des pH-Wertes auf enzymatische Reaktionen

Der pH-Wert ist wohl die wichtigste unter den üblichen Variablen bei der Untersuchung der Kinetik einer enzymkatalysierten Reaktion. Wir werden hier nicht die Fälle behandeln, in denen pH-Änderungen irreversible Auffaltungen des Enzyms (Denaturierung) verursachen; es wird auch angenommen, daß die Dissoziation eines Substrates im angewandten pH-Bereich sich nicht ändert. Hier interessieren nur Änderungen der Ionisierung der Aminosäureseitenketten im Enzym. Die abgeleiteten Gleichungen sind denen in Kapitel 8 für die Änderungen der Reaktionsgeschwindigkeit mit dem pH ähnlich (s. S. 140).

Ergibt sich bei einer graphischen Darstellung des $\log_{10} V_{max}$ einer enzymkatalysierten Reaktion gegen den pH-Wert eine Kurve wie in Abb. 9.11, so würde man schließen, daß nur die protonierte Form der ionisierbaren Gruppe katalytisch wirksam ist. Man kann dann den pK_a-Wert dieser Gruppe, wie besprochen, durch Extrapolation aus den beiden linearen Anteilen der Kurve erhalten (in Abb. 9.11 mit einem ↓ bezeichnet).

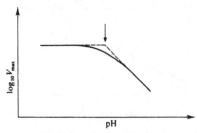

Abb. 9.11. Schematische Darstellung des Einflusses einer pH-Änderung auf die Geschwindigkeit einer enzymkatalysierten Reaktion, wenn nur die protonierte Form einer ionisierbaren Gruppe katalytisch aktiv ist. Die durchgezogene Linie gibt die experimentellen Werte wieder.

Natürlich wird man versuchen, diesen so beobachteten pK_a-Wert einer bestimmten Familie von Aminosäureseitenketten zuzuordnen, um so diese Seitenkette mit dem Mechanismus der Enzymwirkung in Verbindung zu bringen. Doch sind mit diesem Vorgehen Schwierigkeiten verknüpft, denn die pK_a-Werte der Aminosäureseitenketten können von denen der frei gelösten Aminosäuren sehr wohl recht verschieden sein. (In manchen Beispielen wurde der pK_a-Wert einer Aminosäureseitenkette durch ihre individuelle Umgebung im Protein um bis zu 4 pH-Einheiten gegenüber dem frei gelösten Partner verschoben). Einen ungefähren Hinweis auf die pK_a-Werte einiger Familien von Aminosäureseitenketten in Proteinen liefert die Tabelle 9.1.

Die ungefähren Werte der Dissoziations-Enthalpien (ΔH_i) dieser Gruppen sind ebenfalls aufgeführt; manchmal trägt dies zur Zuordnung der pK_a-Werte zu spezifischen Gruppen bei (wenn die Abhängigkeit der Geschwindigkeit vom pH-Wert als Funktion der Temperatur bekannt ist).

Tabelle 9.1. Dissoziationseigenschaften einiger Aminosäureseitenketten

Gruppe	pK_a (24 °C)	ΔH_i (kcal mol^{-1})
γ-Carboxyl (Glu)	~4	~±1
Imidazolium-Ion (His)	~6	~7
ε-Ammonium (Lys)	~10	~11
Phenolisches Hydroxyl (Tyr)	~10	~6

Manchmal spielt auch eine zweite ionisierte Gruppe im Enzym eine Rolle, wie im folgenden Schema:

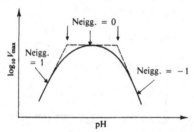

$$\begin{matrix} HX \\ \diagdown \\ \diagup \\ E \end{matrix} YH \underset{+H^+}{\overset{-H^+}{\rightleftharpoons}} \begin{matrix} HX \\ \diagdown \\ \diagup \\ E \end{matrix} Y^- \underset{+H^+}{\overset{-H^+}{\rightleftharpoons}} \begin{matrix} \bar{X} \\ \diagdown \\ \diagup \\ E \end{matrix} \bar{Y}$$

inaktiv pK_{a1} aktiv pK_{a2} inaktiv

Die graphische Darstellung des $\log_{10}(V_{max})$ gegen den pH-Wert ergibt dann eine Kurve der Form der Abb. 9.12*).

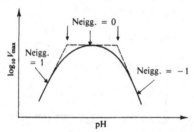

Abb. 9.12. Einfluß des pH-Wertes auf die Geschwindigkeit einer enzymkatalysierten Reaktion, wenn zwei ionisierbare Gruppen an der Katalyse beteiligt sind. Die ausgezogene Linie gibt die experimentellen Werte wieder.

*) Die tatsächliche Gleichung lautet:

$$V_{max} = \frac{\bar{V}_{max}}{(1 + [H^+]/K_1 + K_2/[H^+])},$$

wobei V_{max} die Maximalgeschwindigkeit des gesamten Enzyms in der aktiven

Form ist $\left(\text{d. h. } E\diagup^{XH}_{\diagdown Y^-}\right)$. Die Abschnitte der Steigungen 1, 0 und -1 der log-

arithmischen Kurve (Abb. 9.12) entsprechen den Zuständen (1) $[H^+] \gg K_1$; (2) $K_1 \gg [H^+] \gg K_2$; (3) $K_2 \gg [H^+]$.

163

Wiederum lassen sich die Werte für pK_{a1} und pK_{a2} durch Extrapolation der zugehörigen linearen Anteile der Kurve erhalten. Ein Beispiel für diese Art von Effekt gibt die Fumarase (in der Richtung Fumarsäure → Äpfelsäure) im folgenden Versuch.

9.7. Ausgearbeitetes Beispiel

a) Die unten aufgeführten Werte geben die Änderung von V_{max} mit dem pH-Wert für die durch Fumarase katalysierte Reaktion bei 25°C wieder.

pH	5,2	5,5	6,0	6,5	6,75	7,0	7,5	8,0	8,5
V_{max} (willkürliche Einheiten)	54	105	184	224	236	230	162	86	33

Diskutiere diesen Verlauf.

Lösung

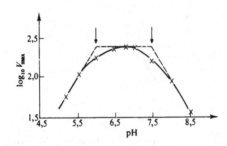

Abb. 9.13. Darstellung von $\log_{10} V_{max}$ gegen den pH-Wert für die Fumarase-Reaktion.

Die graphische Darstellung von $\log_{10} V_{max}$ gegen den pH-Wert (Abb. 9.13) legt nahe, daß zwei ionisierbare Gruppen an der Katalyse der Fumarase beteiligt sind. Nach den Schnittpunkten der linearen Abschnitte kann man die pK_a-Werte zu 5,9 und 7,5 für pK_{a1} und pK_{a2} festlegen.

b) Es zeigte sich, daß der niedrigere pK_a-Wert bei 35°C den gleichen Wert mit 0,1 Einheiten Fehlergrenze wie bei 25°C behielt. Wie groß ist die Dissoziationswärme dieser funktionellen Gruppe?

Lösung

Da die pK_a-Werte sich um weniger als 0,1 Einheiten unterscheiden, ist

$$\log_{10} \left(\frac{K_{308}}{K_{298}} \right) \leqslant 0,1.$$

Dabei bedeutet K die Dissoziationskonstante der Gruppe des niedrigeren pK_a-Wertes, also ist

$$\ln \left(\frac{K_{308}}{K_{298}} \right) \leqslant 0,2303.$$

Nach der Gleichung [3.9]

$$\ln \left(\frac{K_{T_2}}{K_{T_1}} \right) = - \frac{\Delta H^0}{R} \left(\frac{1}{T_2} - \frac{1}{T_1} \right),$$

folgern wird, daß

$$- \frac{\Delta H^0}{R} \left(\frac{1}{308} - \frac{1}{298} \right) \leqslant 0,2303,$$

also ist

$$\underline{\Delta H^0 \leqslant 4,2 \text{ kcal mol}^{-1}.}$$

Die Dissoziations-Enthalpie dieser Gruppe beträgt also 4,2 kcal mol^{-1} oder weniger.

Die Werte weisen auf die Beteiligung einer Carboxylgruppe an diesem Dissoziationsvorgang hin, wenn auch der pK_a-Wert (5,9) recht hoch dafür liegt. Eine Imidazolgruppe hätte nämlich wahrscheinlich eine Dissoziationswärme um 7 kcal mol^{-1} ergeben (s. Tabelle 9.1).

9.8. Der Einfluß der Temperatur auf enzymatische Reaktionen

Viele enzymkatalysierte Reaktionen folgen in der Abhängigkeit der Reaktionsgeschwindigkeit von der Temperatur der normalen *Arrhenius*-Gleichung. Man kann so eine scheinbare Aktivierungsenergie der Reaktion ableiten. Diese Aktivierungsenergie sollte niedriger sein als die der nichtkatalysierten Reaktion (s. Kapitel 8, S. 110). Man konnte zeigen, daß die Gesamtgeschwindigkeits-Gleichung sich aus

Teilgleichungen der verschiedenen Teilreaktionen (durch k_1, k_{-1}, k_2 etc. charakterisiert) zusammensetzt, alle sollten sie temperaturabhängig sein. Es wäre eine detaillierte Analyse des Systems nötig, um die Werte der Aktivierungsenergien der Einzelschritte zu erhalten (wie eine genaue Studie des Einflusses der Temperatur auf die Geschwindigkeitskonstanten im Gleichgewicht E + S $\rightleftharpoons$ ES).

Wir sollten aber mehrere Scnwierigkeiten bei der Untersuchung enzymkatalysierter Reaktionen hervorheben. Diese beinhalten folgende Komplikationen:

1. Oberhalb einer bestimmten Temperatur wird die Raumstruktur des Enzymmoleküls aufgefaltet, so daß die dreidimensionale Paßform des katalytischen Zentrums verlorengeht. Die Geschwindigkeit, mit der dieser Prozeß voranschreitet, hängt meist vom pH-Wert ab, von der Konzentration der Substrate oder anderer Liganden, der Ionenstärke usf. Meist schützen die Substrate ein Enzym in gewissem Ausmaß gegen Hitzedenaturierung.

In Fällen, in denen man die Geschwindigkeit der Inaktivierung als Funktion der Temperatur ausmessen konnte, zeigte sich meist ein sehr großer positiver Wert von ΔS^{0+} für diesen Vorgang. Das würde man auch erwarten, wenn eine kompakte aktive Struktur des Enzyms weitgehend aufgespreitet wird.

2. Bei einer Serie von aufeinanderfolgenden Reaktionen (wie in einer durch mehrere Enzyme katalysierten Reaktionskette) mit verschiedenen Aktivierungsenergien kann sich eine Änderung im geschwindigkeitsbestimmenden Schritt der Gesamtreaktion mit der Temperaturänderung ergeben. Die Geschwindigkeit einer Reaktion mit niedriger Aktivierungsenergie ist weniger empfindlich gegenüber einer Temperaturänderung; bei genügend hoher Temperatur wird sie der langsame Schritt der Gesamtreaktion sein. Dies drückt sich in einer Änderung

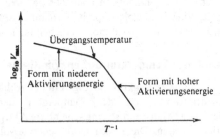

Abb. 9.14. *Arrhenius*-Darstellung einer enzymkatalysierten Reaktion für den Fall zweier interkonvertierbarer Formen des Enzyms.

der Steigung der *Arrhenius*schen Gleichung bei einer bestimmten Temperatur aus.

3. Das Enzym kann in zwei interkonvertierbaren, aktiven Formen vorliegen, die verschiedene Aktivierungsenergien zeigen. Dann würden wir einen Knick in der Darstellung der *Arrhenius*-Kurve erwarten, und zwar bei der Temperatur, bei der die eine Form mehrheitlich in die andere übergeht (Abb. 9.14).

Hat man einmal den Verdacht, daß ein solcher Wechsel zugrunde liegt, so sollte man dies durch die Suche nach anderen Änderungen der Enzymstruktur in der Nähe der Übergangstemperatur nachprüfen (etwa Sedimentationskonstanten, Circulardichroismus, Absorptionsspektren usw.).

9.9. Zusammenfassung

Dieser kurze Abriß einiger Kennzeichen der Kinetik enzymkatalysierter Reaktionen soll zeigen, wie man Einblicke in die Reaktionsmechanismen dieser Familie gewinnen kann. Natürlich würde eine vollständige Beschreibung der Arbeitsweise eines Enzyms nicht nur die Einzelschritte der Reaktion umfassen, sondern auch darstellen, welche funktionellen Gruppen des Enzyms für die Bindung und katalytische Umsetzung des Substrates verantwortlich sind. Hier müssen kinetische Messungen zusammen mit anderen Methoden eingesetzt werden (wie mit der Röntgenstrukturanalyse, Bindungsstudien, spektroskopischen Untersuchungen und chemischen Modifizierungen), um schließlich das Ziel zu erreichen.

9.10. Aufgaben

1. Folgende Meßwerte wurden für die Änderung der Geschwindigkeit einer enzymkatalysierten Reaktion mit der Konzentration des Substrates erhalten:

Substratkonzentration (μM)	12,5	15	20	25	40	60
Geschwindigkeit (willkürliche Einheiten)	1,68	1,89	2,27	2,60	3,22	3,77

Man werte diese Meßpunkte zur Gewinnung der *Michaelis*-Konstante (K_m) und der Maximalgeschwindigkeit (V_{max}) aus, die die Reaktion charakterisieren.

In Gegenwart eines Inhibitors *I* in der Konzentration 2,5 mM wurden folgende Werte erhalten:

Substratkonzentration (µM)	12,5	15	20	25	40	60
Geschwindigkeit (willkürliche Einheiten)	1,04	1,20	1,50	1,75	2,35	2,94

Was kannst du über diesen Hemmungstyp aussagen?

2. Die Werte der Aufgabe 1 wurden für eine enzymkatalysierte Reaktion mit zwei Substraten

$$A + B \rightarrow Produkte$$

erhalten. Die angegebenen Geschwindigkeiten beziehen sich auf Sättigungskonzentrationen des Substrates B (die Konzentrationen von A wurden variiert).

Wenn wir nun Sättigungskonzentrationen des Substrats A annehmen und die Geschwindigkeitsänderungen mit der Konzentration des Substrats B verfolgen, so werden folgende Zahlen erhalten:

Substratkonzentration B (µM)	12,5	15	20	25	40	60
Geschwindigkeit (willkürliche Einheiten)	2,25	2,50	2,90	3,23	3,77	4,17
Geschwindigkeit bei 2,5 mM Inhibitor-Konzentration (I)	1,12	1,25	1,44	1,59	1,87	2,08

Bestimme V_{max} und K_m für Substrat B, charakterisiere den Inhibitortyp, der in diesem Fall beobachtet wird.

3. Die V_{max} einer enzymkatalysierten Reaktion wurde als Funktion des pH-Wertes untersucht, die Ergebnisse bei $T = 25\,°C$ lauten:

pH	8,0	7,6	7,3	7,0	6,7	6,4	6,0	5,5	5,0	4,6
V_{max} (willkürliche Einheiten)	1,0	2,5	5,0	9,3	14,9	20,9	28,2	35,5	39,8	40,0

Welche Schlußfolgerungen ergeben sich aus diesen Werten; welche funktionelle Gruppe im Enzym könnte für diesen Effekt verantwortlich sein? Man darf dabei annehmen, daß die pK_a-Werte des Substrates eindeutig innerhalb des angegebenen pH-Bereiches liegen.

Bei $35\,°C$ liegt der pK_a-Wert dieser Gruppe bei 6,2. Welche zusätzliche Information ergibt sich über die Art dieser Gruppe?

4. Folgende Werte wurden an einer enzymkatalysierten Reaktion gemessen.

$T\,(°C)$	20	28	35	42	50	53
V_{max} (relativ)	1,0	1,88	3,13	5,15	4,22	2,12

Bestimme die Aktivierungsenergie der Reaktion, diskutiere die Werte bei höheren Temperaturen.

5. Folgende Werte wurden für die Änderung der Geschwindigkeit einer enzymkatalysierten Reaktion mit der Temperatur erhalten:

T (°C)	2	5	10	15	20	25	30	35
V_{max} (relativ)	1,0	1,49	2,86	5,47	9,97	14,16	18,18	24,05

Stelle die graphische Auswertung nach der *Arrhenius*-Gleichung dar und diskutiere das Ergebnis.

10. Spektrophotometrie

10.1. Spektrum elektromagnetischer Wellen

Die Spektrophotometrie beschäftigt sich mit der Messung der Absorption elektromagnetischer Strahlung (etwa Licht) durch die untersuchten Verbindungen. Die Grundbedingung für die Absorption der Strahlung einer bestimmten Frequenz v ist nun, daß zwei *Energieniveaus* der untersuchten Verbindung bestehen, die durch einen Energiebetrag E getrennt sind,

$$\boxed{E = hv}\,,$$

wobei h das *Planck*sche Wirkungsquantum von $6{,}6 \times 10^{-27}$ erg s bedeutet.

Wie sind diese Energieebenen beschaffen? Die Ergebnisse der Quantenmechanik zeigen, daß *ein* Molekül verschiedene Energiebeträge beinhalten kann, z. B. einen Betrag, der mit der Rotation des Moleküls (oder eines Teils des Moleküls) um bestimmte Axen verknüpft ist, oder einen Betrag, der mit der Schwingung der Atome in chemischen Bindungen zusammenhängt, usw. Aber hier werden wir vor allem mit einer Energiesorte befaßt sein, die man als *elektronische Energie* bezeichnet. Sie wird durch die Verteilung der Elektronen innerhalb der verschiedenen verfügbaren Orbitale*) des Moleküls bestimmt. Die Absorption einer Strahlung hebt Elektronen aus einem vorgegebenen Energieniveau auf ein höheres Energieniveau an (Abb. 10.1).

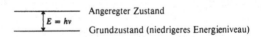

Abb. 10.1. Absorption einer Strahlung der Frequenz v.

10.2. Ausgearbeitetes Beispiel

Welche Energie entspricht der Strahlung bei der Wellenlänge 589 nm? (Das ist die sog. Natrium-D-Linie – man beobachtet sie meist durch Verflammung von Natriumsalzen.)

---

*) Ein Leser, der mit diesen Begriffen nicht vertraut ist, sollte sich damit trösten, daß sie für das Verständnis und die Anwendungen dieses Kapitels nicht unbedingt notwendig sind.

Lösung

Die Frequenz ν steht mit der Wellenlänge λ in der Beziehung:

$$\nu = c/\lambda,$$

wobei c die Lichtgeschwindigkeit $= 3 \times 10^{10}$ cm/s^{-1} bedeutet.
Also ist

$$\nu = \frac{3 \times 10^{10}}{589 \times 10^{-7}} = 5{,}1 \times 10^{14} \text{ Hz.}$$

(N. B. 1 nm $= 10^{-9}$ m $= 10^{-7}$ cm.) Aus der Formel $E = h \cdot \nu$ leiten wir ab:

$$E = 6{,}6 \times 10^{-27} \times 5{,}1 \times 10^{14} \text{ erg,}$$

$$E = 3{,}37 \times 10^{-12} \text{ erg,}$$

das ist die mit *einem* Atom verknüpfte Energie. Wollen wir sie als Energie pro Mol ausdrücken, so müssen wir diese Zahl mit der *Avogadro*schen Zahl $6{,}03 \times 10^{23}$ multiplizieren, dann ist

$$E = 2{,}04 \times 10^{12} \text{ erg mol}^{-1},$$

$$\underline{E = 48{,}5 \text{ kcal mol}^{-1}.}$$

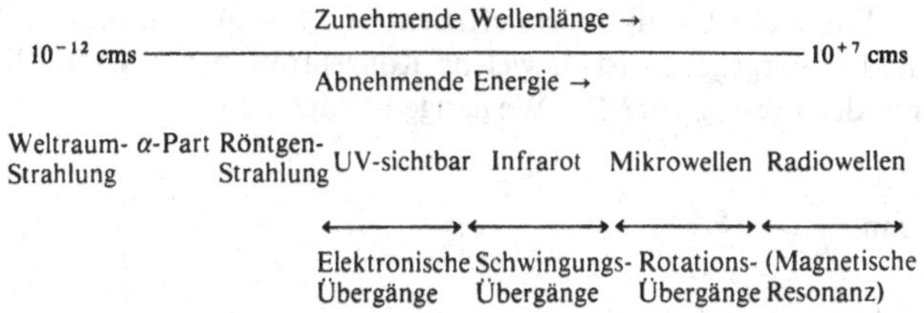

Abb. 10.2. Das Elektromagnetische Spektrum.

Das vollständige elektromagnetische Spektrum wird in Abb. 10.2 wiedergegeben. Ein *Spektrum* besteht meist aus einer graphischen Darstellung der Strahlungsabsorption als Funktion der Wellenlänge oder der Frequenz. Bis jetzt haben wir uns nur damit beschäftigt, bei welcher Wellenlänge (also bei welcher Energie) die Absorption liegt. Nun kümmern wir uns um die Absorptionsmenge. Sie wird durch das *Lambert-Beer*sche Gesetz ausgedrückt.

10.3. Das Lambert-Beersche Gesetz

sagt aus, daß

$$\log_{10}\left(\frac{I_0}{I_t}\right) = \varepsilon c l \; ,$$

wobei I_0 die auf die Verbindung einfallende Strahlung, I_t die von der Verbindung weitergegebene Strahlung bedeutet (d. h. $I_0 - I_t$ ist die absorbierte Strahlung). c ist die Konzentration der Verbindung, l ist die Länge der Zelle, durch die die Strahlung tatsächlich geht (d. h. die Weglänge). ε wird *Extinktions-Koeffizient* der Verbindung bei der jeweiligen Wellenlänge der einfallenden Strahlung genannt; er ist also ein Maß der Absorptionsfähigkeit der Verbindung. Die Dimension von ε hängt von den jeweils für c und l gewählten Einheiten ab. Der Term $\log_{10}(I/I_t)$ wird entweder als *Absorption* (A) oder als *optische Dichte* (O. D.) der Verbindung bezeichnet, er ist offensichtlich dimensionslos. Es müssen also die Einheiten des Produkts ($\varepsilon c l$) ebenfalls dimensionslos sein.

10.4. Ausgearbeitete Beispiele

1. Eine Lösung von NADH läßt 15,8% der Einstrahlung bei 340 nm durch. Wenn der Extinktionskoeffizient von NADH mit $6,22 \times 10^6$ $cm^2 \; mol^{-1}$ vorgegeben ist*), welche Konzentration an NADH liegt dann in der Lösung vor? Die Weglänge beträgt 1 cm.

Lösung

Wenn $\quad I_t = \dfrac{15,8}{100} I_0$,

dann gilt für die Absorption

$$A = \log_{10}\left(\frac{I_0}{I_t}\right) = 0,801$$

$$A = \varepsilon c l$$

und

$$\varepsilon = 6,22 \times 10^6 \; cm^2 \; mol^{-1},$$

$$l = 1 \; cm.$$

---

*) Manchmal wird der Extinktionskoeffizient $6,22 \times 10^3 \; M^{-1} \; cm^{-1}$ geschrieben, dies entspricht natürlich genau dem hier angegebenen Maß.

172

Daher ist

$$c = \frac{0,801}{6,22 \times 10^6} \text{ mol cm}^{-3}$$

$$= \frac{0,801}{6,22 \times 10^3} \text{ mol l}^{-1},$$

$$\underline{c = 1,29 \times 10^{-4} \text{ M}.}$$

Da die Dimension von ε mit $\text{cm}^2 \text{ mol}^{-1}$ wiedergegeben wurde und die von l cm betrug, wird hier die Konzentration in mol cm^{-3} ausgedrückt. Dies wird in mol l^{-1} (also M) durch eine Multiplikation mit dem Faktor 10^3 umgewandelt.

2. Berechne die Absorption a) einer 1 mM Lösung, b) einer 1 µM Lösung von NADH in einer optischen Zelle der Weglänge 1 cm bei 340 nm. Berechne den Prozentsatz der nicht absorbierten Strahlung in diesen beiden Fällen.

Lösung

Nach dem *Lambert-Beer*schen Gesetz ist

$$A = \varepsilon c l.$$

ε steht in Einheiten von $\text{cm}^2 \text{ mol}^{-1}$, also wird c in mol cm^{-3} ausgedrückt.

Fall a)

$$A = (6,22 \times 10^6)(1 \times 10^{-3} \times 10^{-3})(1),$$

d. h. $\quad \underline{A = 6,22,}$

$$\log_{10} \left(\frac{I_0}{I_t} \right) = 6,22,$$

d. h. $\quad \underline{I_t = 6,01 \times 10^{-5} \% \, I_0.}$

Fall b)

$$A = (6,22 \times 10^6)(1 \times 10^{-6} \times 10^{-3})(1)$$

d. h. $\quad \underline{A = 0,00622.}$

In diesem Fall ist

$$\underline{I_t = 98,6 \% \, I_0.}$$

10.5. Günstige Konzentrationsbereiche

Offensichtlich wäre es recht schwierig, die Konzentrationen der Lösungen im Ausgearbeiteten Beispiel mittels der Spektrophotometrie genau zu messen. Im ersten Fall ist die Intensität des durchgelassenen Lichtes vernachlässigbar klein, im zweiten Fall aber ist die Menge an tatsächlich absorbierter Strahlung sehr klein. In der Praxis sollte I_t zwischen 10 und 90% von I_0 liegen (die Absorption sollte zwischen 1,0 und 0,05 betragen), die genauesten Messungen lassen sich allerdings bei $I_t \sim 50\%$ von I_0 anstellen (d. h. Absorption = 0,3). Man kann diese Bedingungen durch Änderung der Konzentration der absorbierenden Verbindung, der Weglänge oder der Wellenlänge der Strahlung optimieren (also durch Änderung von ε). Meist wird das erste Verfahren angewandt.

10.6. Ausgearbeitetes Beispiel

Um welchen Faktor würde man eine 1 mM Lösung von NADH verdünnen, um ihre Absorption bei 340 nm genau messen zu können? Die Weglänge soll dabei 1 cm sein.

Lösung

Man kann die Lichtabsorption am besten um den Wert 0,3 herum ausmessen.

Nun ist $A = \varepsilon c l$.

Bei einer Weglänge von 1 cm entspricht $A = 0,3$ einer Konzentration von $4,8 \times 10^{-5}$ M (also 48 µM), wir müssen demnach die 1 mM Lösung 20fach verdünnen, um ihre Absorption genau messen zu können.

Ist es unerwünscht, die Lösung verdünnen zu müssen, so können wir immer noch die Weglänge mit geeigneten Küvetten verkleinern (etwa 1 mm), oder die Absorption bei einer anderen Wellenlänge messen, etwa 366 nm (wo ε nur $3,3 \times 10^6$ cm^2 mol^{-1} beträgt). Sehr weit verbreitet ist die Nutzung des *Lambert-Beer*schen Gesetzes, um auf einfachem Wege die Konzentration einer absorbierenden Verbindung zu messen. So läßt sich etwa die Konzentration bei Lösungen von Nucleotiden und Nucleinsäuren mittels ihrer Absorption bei 260 nm bestimmen. Eine günstige Wellenlänge für Proteinmessungen liegt bei 280 nm. Natürlich muß in jedem Falle der Wert von ε bekannt sein.

10.7. Zwei absorbierende Verbindungen

In vielen für uns wichtigen Systemen liegt mehr als eine absorbierende Verbindung vor, in manchen Fällen überlappen auch ihre Absorptionsspektren (Abb. 10.3).

Zwar ist das *Lambert-Beer*sche Gesetz natürlich für jede Verbindung einzeln anwendbar. In dem mit X bezeichneten Bereich der Abb. 10.3 enthält aber die Gesamtabsorption Beiträge beider Molekülsorten. Will man die Konzentration der beiden Verbindungen messen, so muß man entweder eine Wellenlänge wählen, bei der noch keine Überlappung auftritt, oder Messungen bei zwei verschiedenen Wellenlängen vornehmen und simultane Gleichungen verwenden, wie im folgenden Beispiel erläutert.

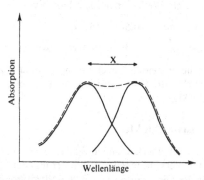

Abb. 10.3. Zwei überlappende Absorptionsbanden. Die durchgezogenen Linien geben die Einzelspektren wieder, die gestrichelte Linie stellt die Summe der beiden anderen dar (sie wird tatsächlich ausgemessen).

10.8. Ausgearbeitetes Beispiel

Die Absorptionen einer Lösung von (Enzym + AMP) betragen 0,46 bei 280 nm und 0,58 bei 260 nm. Berechne die Konzentrationen der beiden Verbindungen, wenn für das Enzym

$$\varepsilon_{280} = 2,96 \times 10^7 \text{ cm}^2 \text{ mol}^{-1}$$

und

$$\varepsilon_{260} = 1,52 \times 10^7 \text{ cm}^2 \text{ mol}^{-1}$$

und für AMP

$$\varepsilon_{280} = 1,5 \times 10^7 \text{ cm}^2 \text{ mol}^{-1}$$

und

$$\varepsilon_{260} = 2{,}4 \times 10^6 \ cm^2 \ mol^{-1}$$

gelten.

Die Weglänge beträgt 1 cm.

Lösung·

Wir setzen die Konzentration des Enzyms gleich x und die des AMP zu y mM (also $\mu mol \ cm^{-3}$).

Da für jede Verbindung $A = \varepsilon cl$, und die

(Absorption)$_\lambda$ = (Absorption des Enzyms)$_\lambda$
+ (Absorption des AMP)$_\lambda$,

wobei λ die benutzte Wellenlänge ist, erhalten wir

bei 260 nm: $0{,}58 = 15{,}2x + 15y$,

bei 280 nm: $0{,}46 = 29{,}6x + 24y$.

Die Lösung dieser beiden Gleichungen ermittelt x zu 0,0135, y zu 0,0252, also beträgt die Konzentration des Enzyms 13,5 μM und die des AMP 25,2 μM.

10.9. Isosbestische Punkte

Ein Sonderfall der überlappenden Spektren liegt vor, wenn die beiden untersuchten Verbindungen miteinander im Gleichgewicht stehen. Betrachten wir die Dissoziation von *ortho*-Nitrotyrosin:

Das neutrale Molekül (I) besitzt ein Absorptionsmaximum bei 360 nm, sein Anion (II) eines bei 428 nm. (Die Wellenlänge beim Absorptionsmaximum wird oft mit λ_{max} abgekürzt.)

Ändern wir das Verhältnis der Absorptionsbeiträge der beiden Verbindungen (in diesem Fall durch Änderung des pH-Wertes), so wird sich eine Verschiebung des Maximums des Absorptionsspektrums abzeichnen, wie in Abb. 10.4 dargestellt.

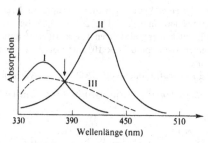

Abb. 10.4. Schematische Darstellung der Spektren von reinem o-Nitrotyrosin (I), seines Anions (II) und eines Gemischs der beiden (II). Man beachte den isosbestischen Punkt (durch den Pfeil markiert).

Obwohl sich die Intensität der Absorption beim Wechsel von (I) zu (II) ändert, gibt es eine Wellenlänge, bei der die Absorption konstant bleibt. Man bezeichnet sie als *isosbestischen Punkt*. Wir bei der Änderung eines experimentellen Parameters (etwa des pH-Wertes) ein isosbestischer Punkt ausgemessen, so bedeutet dies, daß *zwei* (und nur zwei) absorbierende Verbindungen miteinander im Gleichgewicht stehen. Absorptionsmessungen am isosbestischen Punkt werden oft zur Bestimmung der *Gesamt*konzentration der absorbierenden Verbindungen benutzt. Um die individuellen Konzentrationen zu messen, müssen wir natürlich Messungen bei zwei verschiedenen Wellenlängen vornehmen, wie oben beschrieben.

10.10. Aufgaben

1. Welche Energiebeträge (in kcal mol^{-1}) (kJ mol^{-1}) kommen elektromagnetischer Strahlung der folgenden Wellenlängen zu?

   (*a*) 250 nm (typisch für den Bereich der ultravioletten (UV-) Absorption).

   (*b*) 5000 nm (typisch für den Bereich der infraroten (IR-) Absorption).

   (*c*) 1 cm (typisch für Elektronen-spin-Resonanz-(ESR-)Messungen).

   (*d*) 500 cm (typisch für Kernresonanz-(nmr-)Messungen).

   (*e*) 247 m (typisch für den Bereich der Rundfunkwellen).

2. Das menschliche Auge (völlig an Dunkelheit adaptiert) kann eine punktförmige Lichtquelle vor einem dunklen Hintergrund erkennen, wenn mindestens Strahlungsenergie von 2×10^{-16} J s^{-1} auf die Retina einfällt. Welche Mindestmenge an Strahlungsquanten (Photonen) kann die Retina wahrnehmen, wenn das einfallende Licht die Wellenlänge 550 nm hat?

3. Die Lösung von 1 mg ml^{-1} Adenylatkinase (Molekulargewicht = 21 000) zeigt bei 280 nm in einer 1 cm-Zelle die Absorption 0,53. Berechne ε und gib die Einheit genau an.

4. Die Absorption (in einer 1 cm-Zelle) einer Lösung, die NAD^+ und NADH enthält, beträgt bei 340 nm 0,21 und bei 260 nm 0,85. Bei 260 nm ist der Extinktionskoeffizient beider Substanzen $1,8 \times 10^7$ cm^2 mol^{-1}, bei 340 nm weist NADH einen Wert von $6,22 \times 10^6$ cm^2 mol^{-1} auf (NAD^+ absorbiert nicht bei 340 nm).

Berechne die Konzentrationen von NAD^+ und NADH in der Lösung.

5. Bei der Dissoziation von *ortho*-Nitrotyrosin tritt eine gelbe Farbe auf:

Die folgenden Titrationswerte wurden für (*a*) Nitrotyrosin und (*b*) Nitrotyrosylreste in einer Probe von nitrierter Glutaminsäure-Dehydrogenase erhalten.

(*a*) pH	Extinktionskoeffizient von Nitrotyrosin bei 428 nm cm^2 mol^{-1} ($\times 10^{-5}$)	(*b*) pH	Extinktionskoeffizient des nitrierten Enzyms bei 428 nm cm^2 mol^{-1} ($\times 10^{-1}$)
4,6	1,6	5,6	2,0
5,4	3,6	6,4	3,8
6,0	7,0	7,2	7,6
6,6	16,0	7,8	16,0
7,0	27,6	8,2	28,0
7,5	37,0	8,8	34,6
8,6	41,0	9,6	37,6
10,0	42,0	10,8	39,0

Bestimme den pK_a-Wert des Nitrotyrosins in beiden Fällen, schlage Gründe für einen Unterschied vor.

6. Die Aktivität des Enzyms Creatinkinase (CK) wird oft nach dem folgenden Schema bestimmt:

$$\text{Creatin} + \text{ATP} \xrightarrow{\text{CK}} \text{Creatin- P} + \text{ADP}$$

$$\text{ADP} + \text{P -Enolpyruvat} \xrightarrow[\text{kinase}]{\text{Pyruvat-}} \text{ATP} + \text{Pyruvat}$$

$$\text{Pyruvat} + \text{NADH} \xrightarrow[\text{Dehydrogenase}]{\text{Lactat-}} \text{Lactat} + NAD^+$$

Dabei wird die Oxidation von NADH bei 340 nm gemessen (wo NAD^+ nicht absorbiert). In einer Küvette der Weglänge 1 cm beträgt die Absorption einer 1 mM Lösung von NADH bei 340 nm 6,22.

(a) 0,02 ml einer Creatinkinaselösung der Konzentration 0,08 mg/ml werden zu 1 ml der Testlösung der Temperatur 25 °C (die alle zugehörigen substrate, Cofaktoren und gekoppelten Enzyme in Sättigungskonzentrationen enthält) in einer 1 cm-Zelle zugesetzt. Pro Minute nimmt dann die Absorption bei 340 nm um 0,52 nm ab. Wie groß ist die Aktivität der Creatinkinaselösung in μMol Substratverbrauch min^{-1} (mg Enzym)$^{-1}$. (Dies ist zugleich die Benennung der Enzymaktivität in Internationalen Einheiten (IU oder IE).

(b) Man kann das oben beschriebene System auch zur Bestimmung der Konzentration einer Creatinlösung benutzen.

Eine Stammlösung von Creatin wurde durch Zugabe zur Testlösung 50 fach verdünnt. Nach Zugabe der Creatinkinase nahm die Absorption bei 340 nm insgesamt um 0,8 ab. Berechne die Creatinkonzentration in der Stammlösung. (Man darf dabei annehmen, daß das von der Creatinkinase katalysierte Gleichgewicht völlig nach rechts verschoben wird.)

7. In der durch Glutaminsäure-Dehydrogenase katalysierten Reaktion

$$Glutamat^- + NAD^+ + H_2O \rightleftharpoons \alpha\text{-Ketoglutarat}^{2+} + NADH$$
$$+ NH_4^+ + H^+$$

seien die Anfangskonzentrationen der Glutaminsäure und des NAD^+ 20 mM und 1 mM. Die Reaktion lief bei pH = 7 in Phosphatpuffer ab, die Konzentration von NADH wurde spektrophotometrisch gemessen. Die Absorption bei 340 nm (in einer Küvette der Weglänge 1 cm) nahm bis zu einem konstanten Wert von 0,561 zu. Berechne die Gleichgewichtskonstante für die obige Reaktion. (ε des NADH = $6,22 \times 10^6$ cm^2 mol^{-1} bei 340 nm.) Beschreibe die wichtigsten Fehlerquellen.

11. Isotope in der Biochemie

11.1. Anwendungen der Isotopentechnik

In der Biochemie finden radioaktive Isotopen in zwei hauptsächlichen Arbeitsweisen Anwendung.

1. Analytische Anwendung

Die Radioaktivität liefert eine extrem empfindliche Analysenmethode, da ja Zerfälle einzelner Kerne gezählt werden. Kann man ein radioaktives Atom (etwa ^{3}H oder ^{14}C) in eine Verbindung einbauen, so läßt sich dann dieses Molekül unter einer Vielzahl von Bedingungen einfach durch Messung der Radioaktivität verfolgen. Dieser Weg wird im ausgearbeiteten Beispiel benutzt, auch in der Technik der „Isotopenverdünnung" (Aufgabe 1).

11.2. Ausgearbeitetes Beispiel

100 mg eines Enzyms (Molekulargewicht 50000) wurden mit einem Überschuß an ^{14}C-markierter Iodessigsäure (deren Radioaktivität 60 mCi mMol^{-1} *) betrug) umgesetzt. Nach einer Dialyse zur Entfernung der freien Iodessigsäure wurden 0,1 mg des Enzyms der Analyse zugeführt. Diese Probe wies $5,05 \times 10^5$ dpm auf. Wie viele Seitenketten im Enzym wurden markiert? (1 Curie (Ci) entspricht $3,7 \times 10^{10}$ Zerfällen pro Sekunde (disintegrations per second), dps).

Lösung

$$100 \text{ mg des Enzyms} = \frac{100 \times 10^{-3}}{50000} \text{ Mole}$$

$$= 2 \times 10^{-6} \text{ Mole.}$$

Für die Analyse nehmen wir 0,1 mg (d. h. 2×10^{-9} Mole).
Die Radioaktivität dieser Probe beträgt $5,05 \times 10^5$ dpm,

$$= \frac{5,05 \times 10^5}{60} \text{ dps}$$

Da nun 1 Curie $= 3,7 \times 10^{10}$ dps, ist diese Radioaktivität

$$\frac{5,05}{60} \times \frac{10^5}{3,7 \times 10} \; 10 \text{ Ci,}$$

also $\quad 2,27 \times 10^{-7}$ Ci.

---

*) Man bezeichnet dies oft als die *spezifische Aktivität* der Verbindung, in geeigneten Einheiten.

Diese Radioaktivität können wir in Mole umrechnen, indem wir durch 60 teilen (da die Iodessigsäure eine spezifische Aktivität von 60 Ci mol^{-1} enthält).

Die eingebaute Radioaktivität entspricht also

$$\frac{2,27 \times 10^{-7}}{60} \text{ Mole} = \underline{3,78 \times 10^{-9} \text{ Mole}}.$$

Da wir 2×10^{-9} Mole des Enzyms in der Probe hatten, macht der Einbau 1,9 *Mole Iodessigsäure pro Mol Enzym* aus.

Dieses Beispiel stellt die große Leistungsfähigkeit der Radioaktivitäts-Messungen heraus. In der Praxis wäre es noch möglich, ein Tausendstel dieser Radioaktivität präzise zu bestimmen (also aus 10^{-4} mg Enzym).

Wenn die radioaktive Verbindung Folgereaktionen im System eingeht (etwa als intermediäres Produkt einer biochemischen Reaktionskette), so können wir die Radioaktivität benutzen, um den weiteren Weg eines bestimmten Atoms der Verbindung in diesen Bahnen zu verfolgen.

Der analytische Nutzen der Radioaktivität läßt sich noch ausbauen, wenn man zwei verschieden radioaktive Atome in einer Verbindung vereinigt. So strahlen zum Beispiel ^{3}H und ^{14}C beide Elektronen (β-Teilchen) aus, aber mit sehr verschiedenen kinetischen Energien. Dies zeigt die Abb. 11.1.

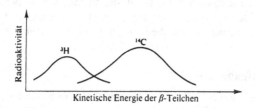

Abb. 11.1. Schematische Darstellung der Energieverteilung der β-Teilchen der Ausstrahlung von ^{3}H und ^{14}C.

Man mißt die Radioaktivität meist als Summe einer *Streubreite* der kinetischen Energie (wie auch das Absorptionsspektrum einer Verbindung). Legt man also die Meßbereiche in günstige Energiebreiten, so kann man die Einzelbeträge der Radioaktivität aus zwei verschiedenen Isotopen getrennt messen.

2. Kinetische Anwendung

Der radioaktive Zerfall ist einer Vorgang erster Ordnung. Im Kapitel 8 (Gleichung [8.1]) stellten wir fest, daß die Gleichung für einen solchen Vorgang

$$\ln([A]/[A_0]) = -kt$$

lautet. In diesem Fall benutzen wir die Bezeichnung N_t für die Anzahl der radioaktiven Atome, die nach der Zeit t noch verbleiben:

d. h. $\boxed{\ln(N_t/N_0) = -kt}$,

wobei k die *Geschwindigkeitskonstante* (Zerfallskonstante) ist; die halbe Lebensdauer des Isotops ($t_{1/2}$) wird durch

$$\boxed{t_{1/2} = \frac{\ln 2}{k} = \frac{0,693}{k}}$$

ausgedrückt.

Manchmal tragen noch andere Faktoren zur Abnahme der Gesamtradioaktivität bei. Ein Beispiel wäre etwa die Injektion einer radioaktiven Verbindung in ein Versuchstier. Der nachfolgende Abfall der Radioaktivität in Proben (z. B.) des Plasmas mit der Zeit rührt nicht nur vom radioaktiven Zerfall des Isotops her, sondern wahrscheinlich auch von einer Exkretion eines Teils der Verbindung. In der Praxis ist auch diese letztere oft ein Vorgang erster Ordnung, man ordnet ihr eine halbe Lebensdauer zu, die man als *biologische* Halbwertszeit bezeichnet.

11.3. Aufgaben

1. In analytischen Arbeiten verwendet man oft das Verfahren der „Isotopenverdünnung". 10 Mikrocurie (µCi) einer Probe von ^{14}C-Phenylalanin (der spezifischen Aktivität von 50 mCi mMol^{-1}) wurden einem Gemisch von Aminosäuren zugefügt. Eine kleine Probe des enthaltenen Phenylalanins wurde dann isoliert, sie besaß eine Radioaktivität von 2000 Zerfällen pro Minute (dpm) pro mg.

   Wieviel Phenylalanin lag im Gemisch der Aminosäuren in nichtmarkierter Form vor? (1 Ci gibt $3,7 \times 10^{10}$ Zerfälle pro Sekunde ab.)

2. Ein Vorteil radioaktiver Meßmethoden liegt in ihrer großen Empfindlichkeit. Dies zeigt die folgende Anwendung. ^{32}P ist ein künstlich erzeugter β-Strahler mit einer Halbwertszeit von 14,3 Tagen. Eine Gesteinsprobe, in der

man Phosphat vermutete (vor allem als Kaliumphosphat), wurde so bestrahlt, daß alle Phosphoratome in ^{32}P umgewandelt sein mußten. Die Ausstrahlung an β-Teilchen aus dieser Probe betrug dann 973 Zerfälle min^{-1}. Berechne die Anzahl der Phosphoratome in diesem Gestein.

3. Eine Lösungsprobe, die 10 μg tRNS enthielt, wurde mit 1 mCi ^{14}C-L-Alanin (der spezifischen Aktivität 90 mCi $mMol^{-1}$) behandelt. In Gegenwart der geeigneten Enzyme und Cofaktoren wurde die Verbindung an tRNS gekuppelt. Die L-Alanin-tRNS wurde dann abgetrennt, ihre Radioaktivität wurde zu 60000 dpm bestimmt. Berechne den Prozentsatz der tRNS in der L-Alanin-tRNS. (1 Ci entspricht $3,7 \times 10^{10}$ Zerfällen pro Sekunde. Das Molekulargewicht der tRNS beträgt 25000.)

4. Was versteht man unter der Zerfallskonstante und der Halbwertszeit eines Isotops?

Eine Verbindung X, die mit einem Isotop der Zerfallskonstante 0,08 d^{-1} markiert war, wurde in Ratten injiziert; danach wurde die Radioaktivität des Blutplasmas in Proben zu verschiedenen Zeiten bestimmt. Folgende Werte wurden erhalten:

Zeit (Tage)	2	6	10	16
Radioaktivität (dpm ml^{-1}) $\times 10^{-3}$	68,9	32,6	15,64	5,27

Welche biologische Halbwertszeit besitzt X?

Anhang 1

Die Abhängigkeit der Enthalpie und Entropie von Druck und Temperatur

Enthalpie

Wir betrachten eine Reaktion, in der a Mole A und b Mole B in l Mole L und m Mole M umgewandelt werden, also

$$a\text{A} + b\text{B} \rightarrow l\text{L} + m\text{M}.$$

Die Enthalpie der Produkte H_{End} wird durch:

$$\text{H}_{\text{End}} = l(Hm)_{\text{L}} + m(Hm)_{\text{M}}$$

ausgedrückt, wobei $(Hm)_{\text{L}}$ und $(Hm)_{\text{M}}$ die molaren Enthalpien von L und M sind. Analog ist

$$H_{\text{Anf}} = a(Hm)_{\text{A}} + b(Hm)_{\text{B}}.$$

ΔH der Reaktion ist also

$$\Delta H = H_{\text{End}} - H_{\text{Anf}}.$$

Die Änderung von ΔH mit der Temperatur beträgt

$$\frac{\text{d}}{\text{d}T}(\Delta H) = \frac{\text{d}}{\text{d}T}(H_{\text{End}}) - \frac{\text{d}}{\text{d}T}(H_{\text{Anf}}).$$

Aber

$$\frac{\text{d}Hm}{\text{d}T} = C_{\text{p}} \text{ (die molare spezifische Wärme*))}.$$

Deshalb ist

$$\frac{\text{d}(\Delta H)}{\text{d}T} = l(C_{\text{p}})_{\text{L}} + m(C_{\text{p}})_{\text{M}} - a(C_{\text{p}})_{\text{A}} - b(C_{\text{p}})_{\text{B}},$$

was man in kurzgefaßter Form schreibt:

$$\boxed{\frac{\text{d}(\Delta H)}{\text{d}T} = \Delta C_{\text{p}}}.$$

Diese Gleichung wird aus als das *Kirchhoff*sche Gesetz bezeichnet.

Nehmen wir an, daß die Reaktion zwischen den beiden Temperaturen T_1 und T_2 abläuft, dann läßt sich obige Gleichung integrieren:

---

*) C_p ist die molare spezifische Wärme, definiert als diejenige Wärmemenge, die ein Mol bei konstantem Druck absorbieren muß, um seine Temperatur um 1 °C zu steigern.

$$\int_{T_1}^{T_2} \frac{d(\Delta H)}{dT} = \int_{T_1}^{T_2} \Delta C_p, \quad \text{oder} \quad \int_{T_1}^{T_2} d(\Delta H) = \int_{T_1}^{T_2} \Delta C_p \, dT.$$

Deshalb ist

$$\Delta H_{(T_2)} - \Delta H_{(T_1)} = \Delta Cp(T_2 - T_1),$$

oder

$$\Delta H_{(T_2)} = \Delta H_{(T_1)} + \Delta Cp(T_2 - T_1).$$

Wir sollten dabei festhalten, daß die Änderung von ΔH mit der Temperatur nicht sehr ausgeprägt ist (vor allem nicht im Temperaturbereich, der von biologischem Interesse ist). Man nimmt deshalb ΔH meist unabhängig von der Temperatur an. Eine wichtige Ausnahme bilden die Proteine. So ist ΔH^0 für die Denaturierung des Lysozyms durch Guanidin-Hydrochlorid 21,6 kcal mol^{-1} (90,3 kJ mol^{-1}) (bei 25 °C). Die zugehörige $\Delta C_p = 1,32$ kcal K^{-1} mol^{-1} (5,5 kJ K^{-1} mol^{-1}). Bei 20 °C ist also ΔH^0 15 kcal mol^{-1} (62,7 kJ mol^{-1}), bei 30 °C beträgt sie 28,2 kcal mol^{-1} (11,9 kJ mol^{-1}). Der hohe Wert von ΔC_p rührt vom Aufbrechen der dreidimensionalen Struktur des Proteins bei der Denaturierung her; dabei werden zahlreiche nichtkovalente Bindungen gespalten.

Bei idealen Lösungen oder idealen Gasen ist ΔH unabhängig vom Druck.

Entropie

Den Ausgangspunkt bildet hier die Gleichung

$$H = U + PV.$$

Daher ist

$$dH = dU + PdV + VdP.$$

Setzen wir aus dem ersten Hauptsatz der Thermodynamik für dU ein:

$$dH = dq - PdV + PdV + VdP.$$

Nach dem zweiten Hauptsatz ist $dq = TdS$, also

$$dH = TdS + VdP,$$

$$\therefore \ dS = \frac{dH}{T} - \frac{VdP}{T}.$$

Da

$$\frac{dH}{dT} = nC_p \ \text{(für } n \text{ Mole)}$$

$$\boxed{\therefore \ dS = \frac{nC_p \, dT}{T} - \frac{VdP}{T}}. \qquad\qquad \text{[A. 1.1]}$$

Betrachten wir einen Vorgang, bei dem die Temperatur sich von T_1 nach T_2 bei *konstantem Druck* ($dP = 0$) ändert. Dann ist

$$\Delta S = S_2 - S_1 = \int_{T_1}^{T_2} nC_p\, dT/T,$$

$$\therefore\ \underline{\Delta S = nC_p \ln(T_2/T_1)},$$

(vorausgesetzt, daß C_p unabhängig von der Temperatur ist). Zum Beispiel ist also die Zunahme der Entropie beim Erwärmen eines Mols Wasser von $0\,°C$ auf $100\,°C$ bei einem Wert von $C_p = 18$ cal mol^{-1} deg^{-1} (75,2 J mol^{-1} K^{-1}) 5,6 e.u. (23,4 J K^{-1} mol^{-1}).

Die absolute Entropie einer jeden Substanz bei beliebiger Temperatur läßt sich nach der Gleichung

$$\Delta S = nC_p \ln(T_2/T_1)$$

feststellen. Außerdem sagt der dritte Hauptsatz der Thermodynamik aus, daß „beim absoluten Nullpunkt die Entropie aller Substanzen Null wird, sie also in einen völlig geordneten Zustand übergehen". Man kann absolute Entropien denn auch durch Messungen von C_p bei verschiedenen Temperaturen (gegen 0 K hin) bestimmen, indem man die integrierte Form der obigen Gleichung verwendet, um S bei der vorgegebenen Temperatur festzustellen. Wenn Phasenübergänge vorkommen, so müssen die zusätzlichen Entropieänderungen ($dS = dq/T$) berücksichtigt werden.

Eine graphische Darstellung von S gegen T würde demnach meist ungefähr folgende Form haben (Abb. A. 1).

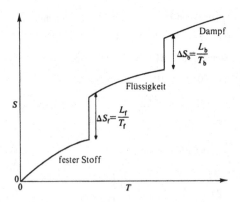

Abb. A. 1. Änderung der Entropie mit der Temperatur.

Untersuchen wir nun den Vorgang bei *konstanter Temperatur*, wobei der Druck von P_1 zu P_2 wechselt, dann ist $(dT = 0)$; aus der Gleichung [A. 1.1] ergibt sich

$$\Delta S = S_2 - S_1 = - \int_{P_1}^{P_2} \frac{V\,dP}{T}.$$

Für ein ideales Gas würde diese bedeuten:

$$\Delta S = nR \ln(P_1/P_2).$$

Für eine ideale Lösung ließe sich mit Hilfe des *Raoult*schen Gesetzes eine ähnliche Gleichung ableiten. Dieses Resultat könnten wir benutzen, um etwa Entropieänderungen bei Mischungen festzustellen.

Betrachten wir die Entropieänderung beim Vermischen *eines* Moles Sauerstoff (1 atm) mit *vier* Molen Stickstoff zu Luft bei 1 atm Druck. Der Enddruck des Sauerstoffs (also der Partialdruck) ist $\frac{1}{5}$ atm. Also ist ΔS für Sauerstoff $R \ln 5 = 3,2$ e.u. (134 J K^{-1} mol^{-1}). ΔS für den Stickstoff beträgt $4R \ln(1\frac{4}{5})$ $= 1,78$ e.u. (74 J K^{-1}). (Man beachte, daß $n = 4$). Die Gesamtzunahme der Entropie bei diesem Mischvorgang beträgt **4,98** e.u. (**20,8** J K^{-1} mol^{-1}).

Werden die n_{N_2} Mole Stickstoff bei Ausgangsdruck P mit Sauerstoff so gemischt, daß der Enddruck P ist, so wird der Partialdruck des N_2 ($X_{N_2} \cdot P$) sein, wobei X_{N_2} der Molenbruch für N_2 im Gemisch ist. Dann leiten wir aus der obigen Gleichung ab

$$(\Delta S_{\text{Mischen}})_{N_2} = n_{N_2} \cdot R \ln(P/X_{N_2}P),$$

d. h.

$$(\Delta S_{\text{Mischen}})_{N_2} = -n_{N_2} \cdot R \ln X_{N_2},$$

oder allgemein für i Komponenten

$$\Delta S_{\text{Mischen}} = -R \sum_i n_i \ln X_i.$$

Dieses Ergebnis läßt sich natürlich auf ideale Lösungen ebenso wie auf ideale Gase anwenden.

Anhang 2

Eine Gleichung für mehrfache Bindungsstellen

Wählen wir ein System, in dem ein Mol eines Makromoleküls P bis zu n Mole eines Liganden A binden kann.

	Bindungsstellen	
	besetzt	unbesetzt
$P + A \rightleftharpoons PA$	1	$n - 1$
$PA + A \rightleftharpoons PA_2$	2	$n - 2$
$PA_2 + A \rightleftharpoons PA_3$	3	$n - 3$
$PA_{n-1} + A \rightleftharpoons PA_n$	n	0

Die zugehörigen Dissoziationskonstanten für PA, PA_2 ... sollen K_1, K_2 etc. sein, also

$$K_1 = \frac{[P][A]}{[PA]}, \quad K_2 = \frac{[PA][A]}{[PA_2]} \text{ etc.}$$

Die durchschnittliche Zahl der Mole A, die je Mol P gebunden sind, (r), wird durch

$$r = \frac{[\text{Gesamtkonzentration des gebundenen A}]}{[\text{Gesamtkonzentration von P}]} \text{ gegeben,}$$

$$= \frac{[PA] + 2[PA_2] + 3[PA_3] + \dots}{[P] + [PA] + [PA_2] + [PA_3] + \dots} \text{ *).}$$

Nun ist

$$[PA] = \frac{[P][A]}{K_1} \quad \text{und} \quad [PA_2] = \frac{[PA][A]}{K_2} = \frac{[P][A]^2}{K_1 K_2}$$

und

$$[PA_3] = \frac{[P][A]^3}{K_1 K_2 K_3} \text{ etc.}$$

$$\therefore r = \frac{\dfrac{[P][A]}{K_1} + \dfrac{2[P][A]^2}{K_1 K_2} + \dfrac{3[P][A]^3}{K_1 K_2 K_3} + \dots}{[P] + \dfrac{[P][A]}{K_1} + \dfrac{[P][A]^2}{K_1 K_2} + \dfrac{[P][A]^3}{K_1 K_2 K_3} + \dots}$$

$$= \frac{\dfrac{[A]}{K_1} + \dfrac{2[A]^2}{K_1 K_2} + \dfrac{3[A]^3}{K_1 K_2 K_3} + \dots}{1 + \dfrac{[A]}{K_1} + \dfrac{[A]^2}{K_1 K_2} + \dfrac{[A]^3}{K_1 K_2 K_3} + \dots}.$$

---

*) Man beachte die Faktoren 1, 2, 3 etc. im Zähler. Sie treten auf, weil jedes Mol PA_n n Mole A enthält.

Um diese recht allgemeinen Ausdrücke zu vereinfachen, müssen wir eine Beziehung zwischen den aufeinanderfolgenden K-Werten ableiten. Nimmt man nun an, daß die Bindungsstellen voneinander unabhängig und äquivalent sind (d. h., daß die Freie Energie der Wechselwirkung des Liganden mit jeder Bindungsstelle dieselbe sein muß), dann sind die K-Werte miteinander durch statistische Faktoren verknüpft. Es kann zum Beispiel A vom PA_2-Komplex in zwei verschiedenen Vorgängen abdissoziieren, A kann aber mit den $(n - 1)$ freien Bindungsstellen im PA-Komplex nur in $(n - 1)$ Reaktionen assoziieren. Nach der allgemeinen Formulierung wird die i-te Dissoziationskonstante (K_i) gleich

$$K_i = \left(\frac{i}{n - i + 1} \right) K,$$

wobei K eine korrigierte *Dissoziations*konstante ist (also eine, die diese statistischen Zusammenhänge berücksichtigt *)).
Dann ist

$$K_1 = \frac{K}{n}, \quad K_2 = \frac{2K}{n - 1}, \quad K_3 = \frac{3K}{n - 2} \text{ etc.}$$

Unsere Gleichung für r wird nun

$$r = \frac{[A] \cdot \dfrac{(n)}{K} + \dfrac{2[A]^2(n)(n - 1)}{2K^2} + \dfrac{3[A]^2(n)(n - 1)(n - 2)}{(2)(3)K^3} + \ldots}{1 + \dfrac{[A](n)}{K} + \dfrac{[A]^2(n)(n - 1)}{(2)K^2} + \dfrac{[A]^3(n)(n - 1)(n - 2)}{(2)(3)K^3} + \ldots}$$

$$= \frac{\dfrac{[A](n)}{K} \left[1 + \dfrac{[A](n - 1)}{K} + \dfrac{[A]^2(n - 1)(n - 2)}{2K^2} + \ldots \right]}{1 + \dfrac{[A](n)}{K} + \dfrac{[A]^2(n)(n - 1)}{2K^2} + \dfrac{[A]^3(n)(n - 1)(n - 2)}{6K^2} + \ldots}$$

Die Ausdrücke sowohl im Zähler wie im Nenner in dieser Gleichung sind binomische Reihen. Man kann dann den Gesamtausdruck vereinfachen

$$r = \frac{\dfrac{[A](n)}{K} \left(1 + \dfrac{[A]}{K} \right)^{n - 1}}{\left(1 + \dfrac{[A]}{K} \right)^n} = \frac{\dfrac{[A](n)}{K}}{\left(1 + \dfrac{[A]}{K} \right)},$$

*) K ist hier tatsächlich das geometrische Mittel aller Dissoziationskonstanten: $K = (K_1 K_2 K_3 \ldots K_n)^{1/n}$.

d. h.

$$r = \frac{n[A]}{K + [A]}.$$

Diese Gleichung haben wir im Kapitel 4 (Gleichung [4.8]) zur Auswertung der Bindungsstudien bei mehrfachen Liganden-Bindungsstellen benutzt. Sie gilt unter der Voraussetzung, daß die Bindungsstellen gleichartig und unabhängig sind.

Anhang 3

Die Halbwertszeit-Methode zur Bestimmung der Reaktionsordnung

Betrachten wir die Reaktion

A → Produkte,

für die die Geschwindigkeitsgleichung lautet

$$-\frac{d[A]}{dt} = k[A]^n.$$

Dabei ist n die Ordnung der Reaktion. Für $n \neq 1$ lautet die integrierte Form

$$\frac{[A]^{1-n}}{(1-n)} = kt + c.$$

Wenn $t = 0$, $[A] = [A]_0$

$$\therefore c = \frac{[A]_0^{1-n}}{1-n}, \quad \therefore kt = \frac{[A]_0^{1-n}}{(1-n)} - \frac{[A]^{1-n}}{(1-n)}.$$

Wenn $t = t_{1/2}$, $[A] = \frac{1}{2}[A]_0$

$$kt_{1/2} = \frac{[A]_0^{1-n}[2^{n-1} - 1]}{(n-1)},$$

$$\therefore t_{1/2} = \frac{[2^{n-1} - 1]}{k(n-1)[A]_0^{n-1}},$$

d. h.

$$t_{1/2} \propto \frac{1}{[A]_0^{n-1}}.$$

Ist $n = 1$, so lautet der Ausdruck für die Halbwertszeit, wie schon abgeleitet (s. S. 123)

$$t_{1/2} = \frac{\ln 2}{k}.$$

Dann ist wieder

$$t_{1/2} \propto \frac{1}{[A]_0^{n-1}},$$

da keine Abhängigkeit von $[A]_0$ besteht.

Für alle Werte von n ist also

$$\boxed{t_{1/2} \propto \frac{1}{[A]_0^{n-1}}}.$$

Anhang 4

Die Wechselwirkung eines Enzyms mit Substrat (S) und Inhibitor (I)

Wir wählen die unten aufgezeichnete schematische Darstellung, in der E, S und I jeweils Enzym, Substrat und Inhibitor bedeuten

$$E + S \underset{}{\overset{K_s}{\rightleftharpoons}} ES \overset{k_2}{\rightarrow} E + P$$

$$\begin{array}{ccc} +I & & +I \\ K_{EI} \big\| & & \big\| K_{ESI} \\ EI + S & \overset{K_s'}{\rightleftharpoons} & ESI \end{array}$$

ESI wird als inaktiver Komplex angenommen, und K_S, K_{EI} usw. bedeuten Dissoziationskonstanten. Nun ist

$$[ES] = \frac{[E][S]}{K_s}, \quad \text{und} \quad [EI] = \frac{[E][I]}{K_{EI}},$$

und

$$[ESI] = \frac{[ES][I]}{K_{ESI}} = \frac{[E][S][I]}{K_{ESI} \cdot K_s}.$$

Der Anteil (F) des Enzyms in der Form des Enzymkomplexes [ES] wird durch

$$F = \frac{[ES]}{[E] + [ES] + [EI] + [ESI]}$$

$$= \frac{\dfrac{[S]}{K_s}}{1 + \dfrac{[S]}{K_s} + \dfrac{[I]}{K_{EI}} + \dfrac{[S][I]}{K_{ESI} \cdot K_s}}.$$

Die ausgemessene Reaktionsgeschwindigkeit (v) steht mit der Maximalgeschwindigkeit (V_{max}) in der Beziehung:

$$v = V_{max} \cdot F$$

$$= V_{max} \frac{\dfrac{[S]}{K_s}}{1 + \dfrac{[S]}{K_s} + \dfrac{[I]}{K_{EI}} + \dfrac{[S][I]}{K_{ESI} \cdot K_s}},$$

die sich wie folgt umformen läßt:

$$\frac{1}{v} = \frac{1}{V_{max}} \left(1 + \frac{[I]}{K_{ESI}} \right) + \frac{K_s}{V_{max}} \left(1 + \frac{[I]}{K_{EI}} \right) \cdot \frac{1}{[S]}.$$

Lösungen der Aufgaben

Kapitel 1

1. ΔH_f^0 (Fumarsäure) $= -193{,}2$ kcal mol^{-1} ($-807{,}6$ kJ mol^{-1}).
   ΔH_f^0 (Maleinsäure) $= -187{,}65$ kcal mol^{-1} ($-784{,}4$ kJ mol^{-1}).
   ΔH_f^0 (Maleinsäure $\rightarrow$ Fumarsäure) $= -5{,}55$ kcal mol^{-1} (-23 kJ mol^{-1}).
   Deshalb ist Fumarsäure, in der die Carboxylgruppen zueinander *trans* stehen, die stabilere isomere Verbindung.

2. $\Delta H - \Delta U = (\Delta n)RT$
   (*a*) -600 cal mol^{-1} (-2510 J mol^{-1}).
   (*b*) **0** (0).
   (*c*) -4800 cal mol^{-1} ($-480{,}7$ kJ mol^{-1}).

3. $\Delta H = -115$ kcal mol^{-1} ($-480{,}7$ kJ mol^{-1}).

4. (*a*) Aus den Werten ergibt sich

   $$Mg(f) \rightarrow Mg^{2+}(g); \quad \Delta H^0 = +562 \text{ kcal mol}^{-1} (+2349 \text{ kJ mol}^{-1}),$$

   und

   $$Cl_2(g) \rightarrow 2\,Cl^{-2}(g);$$
   $$\Delta H^0 = -116{,}8 \text{ kcal mol}^{-1} (-488{,}2 \text{ kJ mol}^{-1}),$$

   so daß

   $$Mg(f) + Cl_2(g) \rightarrow Mg^{2+}(g) + 2\,Cl^-(g);$$
   $$\Delta H^0 = +445{,}2 \text{ kcal mol}^{-1} (+1860 \text{ kJ mol}^{-1})$$

   und mit Hilfe von

   $$Mg(f) + Cl_2(g) \rightarrow MgCl_2(f);$$
   $$\Delta H^0 = -153 \text{ kcal mol}^{-1} (-639 \text{ kJ mol}^{-1})$$

   erhalten wir

   $$Mg^{2+}(g) + 2\,Cl^-(g) \rightarrow MgCl_2(f);$$
   $$\Delta H^0 = -598{,}2 \text{ kcal mol}^{-1} (-2500 \text{ kJ mol}^{-1}),$$

   d. h., die Gitterenergie von $MgCl_2$ ist **598,2** kcal mol^{-1} (**2500** kJ mol^{-1}).

   (*b*) Da $MgCl_2(f) \rightarrow MgCl_2$ (wäßr.) von der Energietönung $\Delta H = -36$ kcal mol^{-1} ($-150{,}5$ kJ mol^{-1}) begleitet wird, ist die Hydratationswärme der Mg^{2+}- und $2\,Cl^-$-Ionen (gasf.) $-634{,}2$ kcal mol^{-1} (-2650 kJ mol^{-1}).

   (*c*) Wenn der Wert von $\Delta H = -91{,}8$ kcal mol^{-1} ($-383{,}7$ kJ mol^{-1}) für $Cl^-(g) \rightarrow Cl^-$ (wäßr.) gilt, so erhalten wir die Hydratationswärme für $Mg^{2+}(g)$ zu $-450{,}6$ kcal mol^{-1} ($-1883{,}5$ kJ mol^{-1}). Dieser Wert ist numerisch größer als der für $Ca^{2+}(g)$ ($-373{,}2$ kcal mol^{-1}, -1560 kJ mol^{-1}), vor allem wegen des kleineren Ionenradius r von Mg^{2+}. Nach der Theorie ist $-\Delta H_{\text{Hydratation}}$ r^{-2} proportional. Diese bevorzugte Hydratation der Mg^{2+}-Ionen besitzt wahrscheinlich in der Biochemie eine beträchtliche Bedeutung. Mg^{2+} kommt oft als Cofaktor bei enzymatischen Reaktionen vor, besonders beim Transfer von Phosphorylgruppen. In diesen Fällen bleibt das Mg^{2+}-Ion auch hydratisiert. Anscheinend hat aber Ca^{2+} häufig die wichtige Funktion, als „struktureller Zement" zu wirken, etwa im Knochen, in Muscheln usw. In diesen Fällen ist das Ca^{2+}-Ion nicht hydratisiert.

Kapitel 2

1. (a) $\Delta S = 0,293$ cal K^{-1} g^{-1} (1,22 J K^{-1} g^{-1})

 $= \textbf{5,3}$ cal mol^{-1} K^{-1} (Entropieeinheiten, e.u.) (**22,2** J K^{-1} mol^{-1}).

 (b) $\Delta S = 1,55$ cal K^{-1} g^{-1} (6,5 J K^{-1} G^{-1})

 $= \textbf{28}$ e.u. (**117** J K^{-1} mol^{-1}).

2. Die ΔG^0-Werte für diese Reaktionen werden aus den ΔG^0_{End}-Werten abgeleitet.

 (a) $\Delta G^0 = +0,88$ kcal mol^{-1} (3,7 kJ mol^{-1}); diese Reaktion würde nicht spontan ablaufen.

 (b) $\Delta G^0 = +3,23$ kcal mol^{-1} (13,5 kJ mol^{-1}); diese Reaktion würde nicht spontan ablaufen.

 (c) $\Delta G^0 = -6,53$ kcal mol^{-1} ($-27,3$ kJ mol^{-1}); diese Reaktion würde spontan ablaufen.

 (d) Offensichtlich würde diese Reaktion unterhalb $0\,°C$ nicht spontan ablaufen. Für den Übergang Eis → Wasser ist ΔS positiv (Wasser hat größere Freiheitsgrade als Eis). Bei $0\,°C$ ist $\Delta H = T\Delta S$, da $\Delta G = 0$ (Gleichgewicht). Nehmen wir an, daß ΔH und ΔS beide von der Temperatur unabhängig sind, so wird ΔG unterhalb $0\,°C$ positiv sein, der Übergang wird nicht spontan erfolgen. Liegt T oberhalb von $0\,°C$, so ist ΔG negativ, das Eis wird spontan schmelzen.

3. Für

$$ClCH_2CO_2H + OH^- \rightarrow ClCH_2CO_2^- + H_2O;$$
$$\text{ist } \Delta H^0 = -14,9 \text{ kcal mol}^{-1} (-62,3 \text{ kJ mol}^{-1}),$$

so daß für die Dissoziation von $ClCH_2CO_2H$

$$ClCH_2CO_2H \rightarrow ClCH_2CO_2^- + H^-;$$
$$\Delta H^0 = -1,3 \text{ kcal mol}^{-1} (-5,4 \text{ kJ mol}^{-1}) \text{ ist.}$$

Da ΔG^0 der Dissoziation 4,1 kcal mol^{-1} (17,1 kJ mol^{-1}) beträgt, muß ΔS^0 der Dissoziation $= (\Delta H^0 - \Delta G^0)/T = \textbf{-18,1}$ e.u. (**-75,7** J K^{-1} mol^{-1}) sein; so ist also die Dissoziation im Bereich der Entropieänderungen sehr ungünstig gelagert. Die Neuordnung der Lösungsmittel-Moleküle durch die entstehenden Ionen (deshalb negative ΔS) ist viel gewichtiger als die Zunahme der Entropie, die man auf Grund der Zunahme der Anzahl der Molekülarten während der Dissoziation erwarten könnte.

4. Aus den Werten und der Tatsache, daß G und H beide Zustandsgrößen sind, leiten wir ab:

CH$_4$ (inertes Lösungsmittel) → CH$_4$ (wäßr.),

ΔG^0 = +2,8 kcal mol^{-1} (11,7 kJ mol^{-1}),

ΔH^0 = −2,7 kcal mol^{-1} (−11,3 kJ mol^{-1}).

Aus diesen Werten können wir ΔS^0 für den Transfer zu −18,4 e.u. (−76,9 J K^{-1} mol^{-1}) berechnen. Der Vorgang läßt sich als Modell für „hydrophobe" Wechselwirkungen darstellen. Sie sollen erklären, warum unpolare Moleküle (auch Aminosäureseitenketten) ein nichtpolares Milieu vor wäßriger Umgebung bevorzugen. Die Werte deuten an, daß der „hydrophobe" Effekt vorwiegend auf Entropietermen basiert. Man hat dies damit erklärt, daß Kohlenwasserstoffe oder andere unpolare Moleküle eine „Neuordnung" von Wassermolekülen herbeiführen, wenn sie in die wäßrige Phase eingebracht werden (daher ein negatives ΔS). In Proteinen sind deshalb Aminosäuren mit unpolaren Seitenketten vorwiegend im Inneren des Moleküls „vergraben", also von der Wasserhülle abgeschlossen.

5. Für diesen Vorgang ist ΔS^0 = +16,8 e.u. (70,2 J K^{-1} mol^{-1}). Die Reaktion wird also vorwiegend durch ihren Entropie-Term bestimmt. Er ist positiv, obwohl ein Komplex aus zwei Molekülarten gebildet wird. Beziehen wir das vorangehende Beispiel ein, so könnten wir vorschlagen, daß eine „hydrophobe" Wechselwirkung zwischen Inhibitor und Enzym bedeutsam ist.

6. $\Delta G^{0\prime}$ = +3,63 kcal mol^{-1} (15,2 kJ mol^{-1}).

7. Für die „gekoppelte Reaktion"

Kreatinphosphat + ADP → Kreatin + ATP ist
$\Delta G^{0\prime}$ = −1,7 kcal mol^{-1} (−7,1 kJ mol^{-1}),

also ließe sich die Hydrolyse von Kreatinphosphat zur Synthese von ATP aus ADP ausnutzen.

8. Die untere Schwellentemperatur für die Auffaltung kommt dann, wenn $T \Delta S^0 = \Delta H^0$, d. h.

T = 333 K

= 60 °C.

Oberhalb 60 °C ist ΔG der Auffaltung negativ. Doch könnte dort noch eine große „Aktivierungsenergie" der Auffaltung vorherrschen, so daß der Vorgang sehr langsam wird (s. Kap. 8).

Die Werte für ΔH und ΔS sind sehr groß, da sie sich auf ein Mol Protein beziehen; das ist eine große Menge an Protein. So müssen etwa bei dieser Auffaltung viele Wasserstoffbrücken aufgebrochen werden (hohes ΔH^0), dies induziert jedoch eine beträchtliche Flexibilität des Moleküls (hohes ΔS^0).

Kapitel 3

1. ΔG^0 ist auf *Standardbedingungen* bezogen.

   (a) $\Delta G^0 = 0$. Bei 100°C stehen Flüssigkeit und Gas im Gleichgewicht, so daß $\Delta G = 0$.

   Da beide im Standardzustand vorliegen, ist auch $\Delta G^0 = 0$.

   (b) $\Delta G^0 = +1,725$ kcal mol^{-1} (7,2 kJ mol^{-1}). Man kann dieses Ergebnis aus dem folgenden Zyklus ableiten.

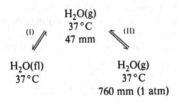

$$H_2O(g)$$
$$37°C$$
$$47 \text{ mm}$$

$$H_2O(fl) \qquad\qquad H_2O(g)$$
$$37°C \qquad\qquad\quad 37°C$$
$$760 \text{ mm (1 atm)}$$

Für den Vorgang (I) ist $\Delta G = 0$, da Flüssigkeit und Gas im Gleichgewicht stehen. Für den Vorgang (II) ist

$$\Delta G = RT\ln(P_2/P_1)$$
$$= RT\ln(760/47)$$
$$= 1,725 \text{ kcal mol}^{-1} \text{ (7,2 kJ mol}^{-1}\text{)}.$$

Für den Gesamtvorgang, der Flüssigkeit und Gas in ihrem *Standard-zustand* bei 37°C verbindet, müssen wir diese beiden Zahlen also addieren. Dies ergibt $\Delta G^0 = +1,725$ kcal mol^{-1} (7,2 kJ mol^{-1}). Man beachte, daß der Standardzustand des Gases bei 37°C nicht auch ein stabiler Zustand ist (was in diesem Zusammenhang nicht interessiert).

2. Nach dem Wert von $\Delta G^{0'}$ ist $K = 0,0118$ (M)*). Ist x M die Konzentration des L-Glycerin-1-Phosphats beim Gleichgewicht, dann ist

$$\frac{x}{(1-x)(0,5-x)} = 0,0118,$$

dann ist $x = 0,0058$, so daß die Konzentration des L-Glycerin-1-Phosphats beim Gleichgewicht **0,0058 M** beträgt.

3. (a) $K = 0,43$ (M) für diese Reaktion, beim Gleichgewicht ist dann

   [F-6-P] = **0,03** M,   [G-6-P] = **0,07** M.

   (b) $K = 18,53$ (M) für die zweite Reaktion, so daß

   $$\frac{[G\text{-}6\text{-}P]}{[G\text{-}1\text{-}P]} = 18,53, \qquad \frac{[F\text{-}6\text{-}P]}{[G\text{-}6\text{-}P]} = 0,43$$

---

*) Siehe die Fußnoten im Kapitel 3 und 4. Die eingeklammerten Werte beziehen sich auf den Standard-Zustand.

und

$$[G\text{-}6\text{-}P] + [G\text{-}1\text{-}P] + [F\text{-}6\text{-}P] = 0,1 \text{ M}.$$

Die Endzusammensetzung ist

$$[F\text{-}6\text{-}P] = \mathbf{0,029} \text{ M}, \quad [G\text{-}6\text{-}P] = \mathbf{0,0674} \text{ M}, \quad [G\text{-}1\text{-}P] = \mathbf{0,0036} \text{ M}.$$

4. (*a*) Man kann die Synthese von Glucose-6-Phosphat mit der Hydrolyse von ATP kuppeln. Für

$$\text{Glucose} + \text{ATP} \rightleftharpoons \text{Glucose-6-Phosphat} + \text{ADP}$$

ist

$$\Delta G^{0\prime} = -3,2 \text{ kcal mol}^{-1} \ (-\mathbf{13,4} \text{ kJ mol}^{-1}),$$

d. h.

$$K = \mathbf{1,74} \times \mathbf{10^2} \text{ (M)}.$$

(*b*) Die Synthese von ATP kann an die Hydrolyse von PEP angekuppelt werden. Für

$$\text{PEP} + \text{ADP} \rightleftharpoons \text{Pyruvat} + \text{ATP}$$

ist

$$\Delta G^{0\prime} = -5,9 \text{ kcal mol}^{-1} \ (-\mathbf{24,7} \text{ kJ mol}^{-1}),$$

d. h.

$$K = \mathbf{1,36} \times \mathbf{10^4} \text{ (M)}.$$

5. Für die Reaktion

$$\text{Malat}^{2-} + \text{NAD}^+ \rightleftharpoons \text{Oxalacetat}^{2-} + \text{NADH} + \text{H}^+$$

ist

$$\Delta G^0 = +12,32 \text{ kcal mol}^{-1}$$

(bei pH 0 würde also die Reaktion ungünstig liegen). Aus

$$\Delta G - \Delta G^0 = RT \ln \frac{[\text{Oxalacetat}^{2-}][\text{NADH}][\text{H}^+]}{[\text{Malat}^{2-}][\text{NAD}^+]}$$

berechnen wir, daß ΔG bei pH 7 den Wert $-\mathbf{0,42}$ kcal mol^{-1} ($-\mathbf{1,76}$ kJ mol^{-1}) einnimmt, bei pH 7 *würde* also die Reaktion spontan ablaufen.

6. Für den unten angegebenen Vorgang ist $\Delta G^0 = -3,22$ kcal mol^{-1} ($-13,5$ kJ mol^{-1}):

$$\text{Leu-Gly} + \text{H}_2\text{O} \rightleftharpoons \text{Leu} + \text{Gly},$$

d. h.

$$(\text{Aminosäure})_1 - (\text{Aminosäure})_2 + \text{H}_2\text{O} \rightleftharpoons$$
$$(\text{Aminosäure})_1 + (\text{Aminosäure})_2.$$

Für den Vorgang

$$(\text{Aminosäure})_1 + \text{tRNS} \rightleftharpoons (\text{Aminoacyl})_1 - \text{tRNS}$$

ist

$$\Delta G^0 = +7.6 \text{ kcal mol}^{-1} (+31.8 \text{ kJ mol}^{-1}).$$

Für die Kettenverlängerungsreaktion ist also $\Delta G^0 = -4.38$ kcal mol^{-1} (-18.3 kJ mol^{-1}), d. h. $K = 1.55 \times 10^3$ (M).

Die Anheftung der tRNS an die Aminosäure hat diese also genügend „aktiviert", um die Bildung der Peptidbindung nach rechts hinüberzutreiben.

7. (a) $\Delta G^0 = -2.60$ kcal mol^{-1} (-10.9 kJ mol^{-1}).

(b) Für $O_2(g) \rightleftharpoons O_2(\text{wäßr.})$

$$K = \frac{2.3 \times 10^4}{0.2} \text{ (atm M).}$$

Man beachte die Wahl der Standardbedingungen.

$$\therefore \Delta G^0 = +3.95 \text{ kcal mol}^{-1} (+16.5 \text{ kJ mol}^{-1}).$$

(c) Für $\text{Hb}(\text{wäßr.}) + O_2(\text{wäßr.}) \rightleftharpoons \text{HbO}_2(\text{wäßr.})$ ist also

$$\Delta G^0 = -6.55 \text{ kcal mol}^{-1} (-27.4 \text{ kJ mol}^{-1}).$$

Folgende Annahmen wurden hier getroffen (a) bei der Ableitung der Gleichung $\Delta G^0 = -RT \ln K$ wird *Reversibilität* vorausgesetzt, (b) man setzt *ideale* Lösungen ein, in der Gleichung für das Gleichgewicht können also Konzentrations-Terme eingesetzt werden.

8. Mit Hilfe der *van't Hoff*schen Isochore finden wir

(a) $K_{298 \text{ K}} = 1.78 \times 10^5$ (M).

(b) $K_{273 \text{ K}} = 3.71 \times 10^5$ (M).

Man beachte, daß wir hier in diesem Temperaturbereich konstante Werte für ΔH^0 und ΔS^0 annehmen.

9. Für die Reaktion

$$\text{TrisH}^+ \rightleftharpoons \text{Tris} + \text{H}^+ \text{ ist } \Delta H^0 = +11 \text{ kcal mol}^{-1} (46 \text{ kJ mol}^{-1}),$$

deshalb ist

$$\frac{K_{273}}{K_{298}} = 0.184.$$

Da nun $-\log_{10} K$ für diese Dissoziation als pK_a bezeichnet wird, können wir aussagen, daß die Änderung des pK_a zwischen 25 °C und 0 °C $+0.73$ Einheiten beträgt.

Für den Vorgang

$$H_2PO_4^- \rightleftharpoons H^+ + HPO_4^{2-}$$

ist nun $\Delta H^0 = +1$ kcal mol^{-1} (4,1 kJ mol^{-1})

und

$$\frac{K_{273}}{K_{298}} = 0,86.$$

Zwischen 0°C und 25°C ändert sich pK_a also nur um +0,067 Einheiten. Man ersieht daraus, daß der pH-Wert von Tris-Puffern gegenüber Temperaturänderungen viel empfindlicher ist als der pH-Wert von Phosphatpuffern.

10. $\Delta H^0 = +6,87$ kcal mol^{-1} (28,7 kJ mol^{-1}).
$\Delta G_{310}^0 = -2,43$ kcal mol^{-1} (-10,2 kJ mol^{-1}).
Die beiden Angaben unterscheiden sich deutlich, weil eine starke positive Entropieänderung ($\Delta S^0 = +30$ e.u. (125,4 J K^{-1} mol^{-1}) der Hydrolyse-Reaktion hinzukommt.

11. Die graphische Darstellung von $\ln k$ gegen $1/T$ ($T = $ *absolute* Temperatur) ist linear. Ihre Geradenneigung ergibt ΔH^0 zu +5,0 kcal mol^{-1} (20,9 kJ mol^{-1}). Nach der Darstellung ist $\ln K = -9,99$ (d. h. $K = 4,59 \times 10^{-5}$), wenn $T = 30°C$. Dann ist $\Delta G_{303}^0 = +6,054$ kcal mol^{-1} (25,3 kJ mol^{-1}). Daraus leitet sich ΔS^0 zu $-3,48$ e.u. (-14,5 J K^{-1} mol^{-1}) ab. Annahmen sind dabei (*a*) daß ΔH^0 und ΔS^0 in diesem Temperaturbereich *konstant* sind (was durch die Linearität der Kurve bestätigt wird) und (*b*) daß der Vorgang *reversibel* ist, um den zweiten Hauptsatz bei der Ableitung der Gleichungen zur Gänze anwenden zu können.

12. Bei 20°C ist $\Delta G^0 = -0,69$ kcal mol^{-1} (-2,9 kJ mol^{-1}), hier wäre also eine Assoziation zu Dimeren *begünstigt*.
Bei Absenken der Temperatur würde die Gleichgewichtskonstante der Assoziation abfallen (da ΔH^0 positiv ist), mehr und mehr wird dann die Dissoziation begünstigt. In vielen Fällen konnte man die „Kältelabilität" assoziierter Enzyme (also die Inaktivierung beim Abkühlen) auf die Dissoziation bei niederen Temperaturen zurückführen. Da die getrennten Untereinheiten waren dann inaktiv. Da die Assoziation mehr durch *Entropie* als durch *Enthalpie*-Beträge bestimmt wird, könnten wir nun vorschlagen, daß „hydrophobe" Kräfte daran beteiligt sind (s. Kapitel 2, Aufgabe 4).

Kapitel 4

1. Da hier ADP immer im großen Überschuß gegenüber dem Enzym eingesetzt wird, dürfen wir [ADP]$_{gesamt}$ mit [ADP]$_{frei}$ gleichsetzen. Eine graphische Darstellung der (Zahl der gebundenen Mole ADP) gegen

$$\frac{\text{(Zahl der gebundenen Mole ADP)}}{[ADP]_{gesamt}}$$

ergibt eine Gerade der Neigung $(-1/K_D)$ und mit einem Schnittpunkt mit der x-Achse von n. Daraus ersehen wir, daß $K_D = 6,4 \times 10^{-4}$ (M) und $n = 4$. Die vier Bindungsstellen sind gleichartig und unabhängig, da die graphische Darstellung der Bindung linear ist. (Pyruvatkinase besteht aus 4 Untereinheiten, jede kann ein Molekül ADP binden).

2. (a) Im dargestellten Fall sind sowohl S wie I in sehr großem Überschuß gegenüber E vorhanden, ihre *freien* Konzentrationen sind praktisch mit ihren Gesamtkonzentrationen gleich. Deshalb ist

$$\frac{[E]}{[ES]} = \frac{1}{3}, \quad \frac{[E]}{[EI]} = \frac{1}{2},$$

also ist $[E] = 0,17\,[E]_{gesamt}$; $[ES] = 0,5\,[E]_{gesamt}$; $[EI] = 0,33\,[E]_{gesamt}$.

   (b) Wird $[E]_{gesamt}$ vergleichbar groß mit $[S]_{gesamt}$ und $[I]_{gesamt}$, so gilt die oben getroffene Annahme nicht mehr. In diesem Fall müssen wir zwei quadratische Gleichungen gleichzeitig lösen, um die Konzentrationen aller Molekülarten auszuwerten. Das schließt dann die Lösung einer kubischen Gleichung ein (die man meist mit einem Computer vornehmen muß).

3. Tragen wir die Menge an gebundenem Hapten gegen die des zugefügten Haptens auf, so folgert, daß es *zwei* Bindungsstellen auf dem Antikörper gibt. Die Bindung ist hochaffin, man kann aus den Werten nicht aussagen, ob die Bindungsstellen gleichartig sind oder nicht.

4. Sowohl aus der *Scatchard*- wie aus der *Hughes-Klotz*-Darstellung ergeben sich 4 Bindungsstellen (**d. h.** $n = 4$) und $K = 1,48 \times 10^{-4}$ (M). Die Bindungsstellen scheinen äquivalent und unabhängig zu sein. (Aus anderen Untersuchungen ist bekannt, daß das Enzym aus 4 Untereinheiten besteht (d. h. jede Untereinheit bindet ein Metallion).)

Kapitel 5

1. Der atmosphärische Druck beträgt **5,38** mm.
   Man benutzt die *Clausius-Clapeyron*sche Gleichung, um den Dampfdruck des Wassers bei 91 °C zu finden.

2. Das Molekulargewicht beträgt **171**.
   Ist der gelöste Stoff zu 50% dissoziiert, so nimmt die Zahl der gelösten Teilchen um den Faktor 1,5 zu ($i = 1,5$), die Erniedrigung des Dampfdrucks wird also **0,3** mm betragen (neuer Dampfdruck = **18,7** mm).

3. Die Aktivität (a) des Wassers (d. h. p_A/p_A^+) = **0,701**.
   Der Molenbruch des Wassers (X) ist nun = **0,773**, so daß der Aktivitätskoeffizient $= a/X = 0,906$.

4. (I) Die Gefrierpunktserniedrigung ist **0,42 °C** (beachte, daß $(NH_4)_2SO_4$ vollständig in 3 Ionen dissoziiert ist).
   (II) Die Gefrierpunktserniedrigung ist **0,00093 °C**.

(III) Die Gefrierpunktserniedrigung ist **0,42093 °C** (also die Summe der Beiträge der einzelnen Molekülarten).

Diese Methode zeigt, daß die Messung der Gefrierpunktserniedrigung zu unempfindlich für die Molekulargewichtsbestimmung von Makromolekülen ist.

5. Der Gefrierpunkt der Lösung ist $-0,12\,°C$ (da die Konzentration der Glucose so niedrig ist, setzen wir die Molarität mit der Molalität gleich).

6. (a) $I = 0,3$
   (b) $I = 0,15$
   (c) $I = 0,055$
   (d) $I = 0,00131$ (die Konzentration von H^+ und Acetat$^-$ ist jeweils 1,314 mM).

7. $\log \gamma_\pm = -0,5\, Z_A Z_B/(I)$.
   (a) In 1 mM NaCl-Lösung ist $\gamma_\pm = 0,966$, daher $a_{Na^+} = a_{Cl^-} = 9,66 \times 10^{-4}$.
   (b) In 1 mM NaCl-, 3 mM KHCO$_3$-Lösung ist $\gamma_\pm = 0,93$, daher $a_{Na^+} = a_{Cl^-} = 9,3 \times 10^{-4}$.

8. Sind 99% des Fe^{3+} präzipitiert, so ist $[Fe^{3+}] = 0,5 \times 10^{-6}$ (M). Daher ist $[OH^-] = 1,26 \times 10^{-10}$, der pH-Wert ist also 4,1.

   Deshalb werden **oberhalb von pH 4,1** mehr als 99% des Fe^{3+} präzipitiert.

   Beim physiologischen pH-Wert kann nur eine sehr kleine Konzentration an Fe^{3+} ($\approx 10^{-15}$ M) in der Lösung bleiben. Man muß deshalb annehmen, daß das Fe^{3+} im Plasma mit anderen Molekülen Komplexverbindungen eingeht (in diesem Fall mit dem Protein Ferritin).

9. Bei 25 °C beträgt das Löslichkeitsprodukt **7,84 × 10^{-6}**, daher ist die Löslichkeit von Ca(OH)$_2$ = **0,93 g l^{-1}**.

   Bei 2 °C beträgt die Löslichkeit **1,355 × 10^{-5}**, die Löslichkeit ist nun **1,11 g l^{-1}**.

10. Für diese Lösung ist $I = 0,01$ (praktisch vollständig aus dem zugefügten NaNO$_3$). Nach dem *Debye-Hückel*schen Gesetz ist dann $\gamma_\pm = 0,89$, damit ist $[Ag^+] = \textbf{1,42} \times \textbf{10}^{-5}$ g Ion l^{-1}.

    Im ausgearbeiteten Beispiel lag noch ein gemeinsames Ion vor (Cl^-), die Löslichkeit von AgCl war damit unterdrückt. Diese Aufgabe illustriert, daß gering lösliche Salze in Lösungen von hoher Ionenstärke besser löslich werden, wenn kein gemeinsames Ion vorliegt.

11. Das Molekulargewicht ist **12 600**.

    In Gegenwart einer kleineren Menge an Natriumchlorid wird der *Donnan*-Effekt zu einer ungleichen Verteilung der Ionen an der Membran führen (wenn nicht das Protein ohne Nettoladung vorliegt, also an seinem isoelektrischen Punkt ist). Dies würde zur Bestimmung eines verfälschten Molekulargewichtes des Proteins führen. Der *Donnan*-Effekt ist vernachlässigbar, wenn die Konzentration des Salzes viel größer ist als die des Proteins.

12. Die osmotische Druckdifferenz beträgt **27,9** cm H_2O.

Diese Stufe ist in biologischen Systemen von großer Relevanz. Das Gleichgewicht zwischen diesem Druck und dem hydrostatischen Druck im Kapillarsystem steuert den Flux von Wasser und kleinen Ionen aus den Kapillaren in das Gewebe. Ein Absinken der Proteinkonzentration in den Kapillaren (etwa im Hungerzustand) ist einer der Faktoren, die zu einer Anhäufung von Wasser im Gewebe führen (man nennt diese Erscheinung denn auch hypoteinämisches Ödem).

13. Die Gesamtkonzentration der gelösten Moleküle ist **0,3 M**. Der Gefrierpunkt des Plasmas muß $-0,56\,°C$ sein.

Nun ist zwar 0,95% NaCl = 0,16 M, da aber NaCl in zwei Ionen dissoziiert, ist die gesamte Konzentration der gelösten Teilchen **0,32 M**, der osmotische Druck dieser Lösung ist also der gleiche, den das Plasma ausübt.

14. Die Gleichgewichtskonzentrationen: innen: $[Na^+]$ = **0,0795** M; $[Cl^-]$ = **0,0735** M; außen: $[Na^+]$ = $[Cl^-]$ = **0,0765** M.

Es führt also der *Donnan*-Effekt zu einer kleinen Differenz der Ionenkonzentrationen zwischen den beiden Seiten der Membran. In der Niere tritt aber eine Anhäufung von Na^+ und Cl^- auf der Plasmaseite der Membran auf. Ein solcher „aktiver Transport" benötigt eine Energie-Investition (ATP-Hydrolyse) und sichert einen minimalen Verlust an Ionen während der Harnausscheidung.

15. Mit Hilfe der Beziehung $|\Delta G| = RT\ln([C]_{innen}/[C]_{außen})$ können wir für jedes Ion die nötige Freie Energie angeben (Na^+): **1,58** kcal g Ion^{-1} (**6,6** kJ g Ion^{-1}) und (K^+): **1,95** kcal g Ion^{-1} (**8,15** kJ g Ion^{-1}). Die Anreicherung von K^+ auf Kosten von Na^+ ist in biologischen Systemen von entscheidender Bedeutung, etwa bei der Fortleitung nervöser Impulse.

16. (*a*) Zahlenmittel-Molekulargewicht ($\bar{M}_n$).
    (*b*) Gewichtsmittel-Molekulargewicht ($\bar{M}_w$).

Löst man die gemeinsame Gleichung für die beiden verschiedenen Molekulargewichte, so ergibt sich ein Molekulargewicht des Monomers von **10 000**, es müssen außerdem *zweimal* soviel Monomere wie Dimere vorliegen. Damit ist die Konzentration jeder Molekülart 5 mg ml^{-1} (oder **0,5** mM Monomer und **0,25** mM Dimer).

17. Aus der graphischen Darstellung ergeben sich die Molekulargewichte:
    (*a*) Kreatinkinase **40 000**.
    (*b*) Glycerinaldehyd-3-Phosphat-Dehydrogenase **36 500**.

Die Zugabe von SDS führt meist zur Dissoziation der Untereinheiten von Enzymen; diese Methode mißt also das Molekulargewicht der Grundeinheit (des Monomers) des Enzyms. Danach scheint die Kreatinkinase ein *Dimer* zu sein (hat also zwei Untereinheiten), während die Glycerinaldehyd-3-Phosphat-Dehydrogenase wohl *vier* Untereinheiten besitzt.

18. Nach der graphischen Darstellung ist das Molekulargewicht des Trypsins **22 500**.

Man beachte, daß die Methode keine denaturierenden Bedingungen anwendet, man könnte so das Molekulargewicht eines Enzyms mit mehreren Untereinheiten messen.

Kapitel 6

1. K_w (37 °C) = **2,55 × 10^{-14}**.

Dies ist eine direkte Anwendung der *van't Hoff*-Isochore, wobei ΔH^0 des Gleichgewichtes $2H_2O \rightleftharpoons H_3O + OH^- = +13,6$ kcal mol^{-1} (56,8 kJ mol^{-1}) eingesetzt wird.

2. (I) pH = **1,3**
   (II) pH = **2,88** ([H$_3$O$^+$] = [Acetat$^-$] = 1,31 × 10^{-3} M)
   (III) pH = **8,79** ([OH$^-$] = [C$_6$H$_5$NH$_3^+$] = 6,18 × 10^{-6} M)
   (IV) pH = **2,72**.

   Wir leiten dieses Ergebnis davon her, daß HCl vollkommen dissoziiert ist und damit 10^{-3} M H$_3$O$^+$ in der Lösung besteuert. Dies unterdrückt die Dissoziation der Essigsäure teilweise. Ist die Konzentration der dissoziierten Essigsäure x M, dann ist [Acetat$^-$] = x M, [Essigsäure] = $(0,1 - x)$ M, und [H$_3$O$^+$] = $10^{-3} + x$) M. Setzt man diese Werte in die Gleichung für die Dissoziationskonstante ein, so erhält man x und damit die Gesamtkonzentration an [H$_3$O$^+$].
   (V) pH = **6,98**.

   Dieses Ergebnis wird ähnlich wie bei (IV) erhalten. Die HCl trägt 10^{-8} M H$_3$O$^+$ bei. Es ist jedoch die Dissoziation des Wassers (zu H$_3$O$^+$ und OH$^-$) unterdrückt. Man addiert die H$_3$O$^+$-Anteile aus der HCl und dem H$_2$O, um den endgültigen pH-Wert zu errechnen.

3. $\gamma_{H_3O^+}$ = **0,83** ($a_{H_3O^+}$ = 8,31 × 10^{-3}, [H$_3$O$^+$] = 10^{-3}).

4. Der pH-Wert, bei dem die Gesamtladung Null ist.
   (*a*) pI = **5,59**
   (*b*) pI = **3,32**
   (*c*) pI = **9,8**
   (*d*) pI = **5,02**.
   Man beachte, daß in jedem Fall der pI das Mittel der beiden pK_a-Werte der *Zwitterionen*-Form bildet.

5. pH = pK + log $\dfrac{[\text{Base}]}{[\text{Säure}]}$.

   Danach ist das Verhältnis [H$_2$PO$_4^-$]/[HPO$_4^{2-}$] = 1,585, man benötigt also **61,3** ml der **NaH$_2$PO$_4$**-Lösung und **38,7** ml der **Na$_2$HPO$_4$**-Lösung.
   Bei 0,1 M NaH$_2$PO$_4$ ist I = **0,1**.
   Bei 0,1 M Na$_2$HPO$_4$ ist I = **0,3**.
   Für den endgültigen Puffer ist I = **0,177**.

6. Eine Pufferlösung ist eine Lösung einer schwachen Säure und ihres zugehörigen Anions, die Änderungen des pH-Wertes nach Zugabe von H_3O^+- oder OH^--Ionen verringern kann.

Die Konzentration des zuzufügenden Natriumacetats soll **0,044** M betragen.

  (I) Der pK_a der Essigsäure wird sich mit der Temperatur (in Übereinstimmung mit der *van't Hoff*schen Isochore) verändern.

  (II) Setzt man die Ionenstärke herauf, so wird die Dissoziation der Essigsäure begünstigt (daher der niedrigere pK_a-Wert). Dies rührt von der Abnahme der Aktivitätskoeffizienten bei höherer Ionenstärke her (Kapitel 5).

7. Die Lösung arbeitet am besten als Puffer, wenn pH = pK_a (bei diesem pH-Wert ist α = 0,5, der Ausdruck $\alpha(1 - \alpha)$ erreicht ein Maximum).

Bei H_2PO_4/HPO_4^{2-} ist pH = **7,2** = pK_a.

Bei Tris-H^+/Tris ist pH = **8,08** = pK_a.

  (*a*) **0,499**

  (*b*) **0,192**

  (*c*) **0,1**.

Man erhält die Ergebnisse (*a*) und (*b*), indem man α (und damit $\alpha(1 - \alpha)$) bei den verschiedenen pH-Werten mittels der *Henderson-Hasselbach*-Gleichung auswertet. Im Teil (*c*) ist α ebenso groß, aber C (die Konzentration) des Puffers hat abgenommen.

Das Ergebnis zeigt deutlich, daß man einen Puffer nur in einem kleinen Bereich (üblicherweise ± 1 Einheit) um den pK-Wert einsetzen sollte, und daß er so konzentriert wie möglich sein sollte.

8. 0,1 M Puffer, der neue pH-Wert ist **7,98**.

0,01 M Puffer, der neue pH-Wert ist **7,28**.

Man benutzt die *Henderson-Hasselbach*-Gleichung, um die Konzentrationen von Tris-H^+ und Tris bei pH 8,0 zu errechnen. Das Einfließen von 1 mM H_3O^+ aus der enzymatischen Reaktion erhöht [Tris-H^+] um 1 mM und senkt [Tris] um den gleichen Betrag. Man kann den neuen pH-Wert berechnen.

Wäre kein Puffer eingesetzt, so müßten wir die Endkonzentration an H_3O^+ zu 1 mM (also pH = 3) annehmen. Jedoch würden dann natürlich ADP und P_i in der Lösung als Puffer wirksam werden; wir könnten den neuen pH-Wert in ungefähr berechnen, indem wir annähmen, daß beide gleichwertige Puffer mit einem pK_a von 7,2 wären (s. Frage 5). Bei einer Gesamtkonzentration von P_i = 2 mM käme der pH-Wert am Ende der Reaktion auf **6,96**.

9. $[HCO_3^-]$ = **23,9** mM

$[CO_2]$ = **0,95** mM.

Nach dem Ansäuern wird das gesamte CO_2 (also CO_2 + HCO_3^-) gemessen. Es liegt nun 24,9 mM vor. Das Verhältnis $[HCO_3^-]/[CO_2]$ ergibt sich nach der *Henderson-Hasselbach*-Gleichung.

$[P_{CO_2}]$ = **0,0306** atm.

10. Tragen wir die Titrationswerte auf, so sehen wir, daß der pH-Wert sich am raschesten im pH-Bereich 7 – 10 ändert (d. h. nahe des Äquivalenzpunktes). Die am besten geeigneten Indikatoren wären demnach *Neutralrot, Phenolphthalein* oder *Thymolphthalein*.

11. Die graphische Darstellung von log (Beweglichkeit) gegen log (Molekulargewicht) ergibt für die beiden Ladungsklassen (also einfach und doppelt geladen) Gerade mit einer Neigung von $-\frac{2}{3}$, wie es der Gleichung entspricht.

Man darf annehmen, daß die Peptide der allgemeinen Formel $(Asp\text{-}Leu)_n$ entsprechen. Sie hätten dann eine Ladung von n und ein Molekulargewicht von ungefähr $240 n$. Aus der Darstellung ersehen wir, daß das Peptid der Mobilität 0,75 (d. h. log $m = -0,125$) ein Molekulargewicht von 480 haben müßte, wenn seine Ladung 2, und ein Molekulargewicht von 190, wenn seine Ladung 1 betragen würde. Offensichtlich ist dies das Peptid **(Asp-Leu)₂**.

Schwieriger wird es bei dem Peptid der Mobilität 0,45 (d. h. log $m = -0,35$). Mit der Ladung 2 hätte ein Peptid dieser Mobilität ein sehr hohes Molekulargewicht (ungefähr 1500, mit einer Ladung von 1 hätte es ein Molekulargewicht von 480. Bedenken wir, daß Asparagin (ladungsfrei) bei der sauren Hydrolyse in Asparaginsäure (mit der Ladung 1) umgewandelt wird, so können wir vorschlagen, daß die wahrscheinliche Formel des Peptids **Asp-Asn-Leu₂** ist (Asn = Asparagin).

Diese Aufgabe verdeutlicht die Schwierigkeiten bei der Entscheidung, eine bestimmte Aminosäure in einer Sequenz entweder als Asparaginsäure oder als Asparagin zu identifizieren. Ähnlich liegt das Problem natürlich bei Glutaminsäure und ihrem Halbamid Glutamin.

Kapitel 7

1. (*a*) $Zn^{2+} + 2e^- \rightarrow Zn$.
   (*b*) $H^+ + e^- \rightarrow \frac{1}{2} H_2$.
   (*c*) $Co^{3+} + e^- \rightarrow Co^{2+}$.
   (*d*) $AgBr + e^- \rightarrow Ag + Br^-$.
   (*e*) $\frac{1}{2} Hg_2Cl_2 + e^- \rightarrow Hg + Cl^-$.

Man beachte, daß wir bei (*d*) und (*e*) die Reaktionen durch Addition zweier anderer erhalten, z. B. $AgBr(f) \rightarrow Ag^+ + Br^-$ und $Ag^+ + e^- \rightarrow Ag(f)$.

$$\begin{matrix} CHCO_2^- \\ \| \\ CHCO_2^- \end{matrix} + 2H^+ + 2e^- \rightarrow \begin{matrix} CH_2CO_2^- \\ | \\ CH_2CO_2^- \end{matrix}$$

(*f*) Fumarat   Succinat

Man beachte, daß hier H^+ einer der Reaktionsteilnehmer ist (man kann also die Reduktion durch H_2 als Reduktion durch $2H^+ + 2e^-$ sehen).

   (*g*) $Cyt\ c(Fe^{3+}) + e^- \rightarrow Cyt\ c(Fe^{2+})$.
   (*h*) $CO_2 + H^+ + e^- \rightarrow HCO_2^-$.
   (*i*) $NAD^+ + H^+ + 2e^- \rightarrow NADH$.

Dies ist der Raduktion von NAD^+ durch das Hydridion äquivalent (H^- = $H^+ + 2e^-$).

2. Die elektrochemische Zellenreaktion ist

$$\text{Links (reduziert)} + \text{Rechts (oxidiert)} \rightarrow$$
$$\text{Links (oxidiert)} + \text{Rechts (reduziert)}$$

und E^0 ist E^0 (rechts) − E^0 (links).

(I) $Cu + Zn^{2+} \rightarrow Cu^{2+} + Zn$, $E^0 = -1,1$ V.

(II) $\frac{1}{2}H_2 + Ag^+ \rightarrow H^+ + Ag$, $E^0 = 0,8$ V.

(III) $\frac{1}{2}H_2 + AgCl \rightarrow H^+ + Cl^- + Ag$, $E^0 = 0,22$ V.

(IV) $\frac{1}{2}H_2 + Fe^{3+} \rightarrow H^+ + Fe^{2+}$, $E^0 = 0,77$ V.

(V) $NADH + Oxalacetat^{2-} + 2H^+ \rightarrow NAD^+ + H^+ + Malat^{2-}$,
$$E^0 = 0,15 \text{ V}.$$

Wir haben die elektrochemischen Zellen hier so formuliert, um hervorzuheben, daß $2H^+$ in der Oxalacetat^{2-}-Malat^{2-}-Halbzelle und ein H^+ in der NAD^+-NADH-Halbzelle beteiligt ist. *Man beachte*, daß in beiden Halbzellen $2e^-$ beteiligt sind (s. Lösung der Aufgabe 1).

3. Die elektrochemische Zellenreaktion ist

$$\text{Links (reduziert)} + \text{Rechts (oxidiert)} \rightarrow$$
$$\text{Links (oxidiert)} + \text{Rechts (reduziert)}.$$

(*a*) Die linke Halbzelle ist $Pb^{2+} \mid Pb$, dann ist die elektrochemische Zelle:

$$Pb^{2+} \mid Pb \mid\mid Sn^{2+} \mid Sn.$$

(*b*) $Pt \mid Pyruvat^- + 2H^+, Lactat^- \mid\mid NAD^+ + H^+, NADH \mid Pt$.

Siehe den Kommentar zur Aufgabe 2, Teil (V) zur Beteiligung der H^+-Ionen an dieser Reaktion.

4. Man bezeichnet die elektrochemische Zelle als *reversibel*, da man die Reaktion in beide Richtungen führen kann (s. Kapitel 2 und 7 wegen weiterer Einzelheiten).

(I) $\quad \Delta G^0 = \Delta H^0 - T\Delta S^0$
$$= -36,2 \text{ kcal mol}^{-1} (-151,3 \text{ kJ mol}^{-1}).$$

Deshalb würde die Reaktion *in der Richtung, wie sie hier geschrieben ist*, laufen (also von links nach rechts).

(II) Da $\Delta G^0 = -nFE^0$ und $n = 2$

$$E^0 = 0,78 \text{ V}.$$

Man muß also eine EMK dieser Größe anlegen, um die Reaktion zu verhindern (wenn die Komponenten im Standardzustand sind).

(III) Ist die angelegte EMK *größer* als 0,78 V, dann läuft die Reaktion von *rechts nach links* ab, und umgekehrt.

5. Die Zellenreaktion ist

$$Zn + 2\,Fe^{3+} \rightarrow Zn^{2+} + 2\,Fe^{2+}.$$

Da $\Delta G^0 = -nFE^0$ und $n = 2$

$$\Delta G^0_{298} = -70,7 \text{ kcal mol}^{-1} \; (-295,5 \text{ kJ mol}^{-1}).$$

Nun ist

$$\Delta S^0 = -\frac{d(\Delta G^0)}{dT}$$

$$= nF\,\frac{d(E^0)}{dT}$$

$$= 37 \text{ e.u.} \; (154,7 \text{ JK}^{-1} \text{ mol}^{-1}).$$

$$\therefore \; \Delta H^0 = -59,7 \text{ kcal mol}^{-1} \; (-249,5 \text{ kJ mol}^{-1}).$$

Annahmen sind dabei, daß ΔH^0 und ΔS^0 beide in diesem Bereich *unabhängig von der Temperatur* sind.

6. Für eine Halbzelle wird die *Nernst*sche Gleichung

$$E = E^0 + \frac{RT}{nF} \ln \frac{[\text{Oxidiert}]}{[\text{Reduziert}]} \quad \text{(siehe Text)}$$

oder bei pH 7

$$E = E^{0\prime} + \frac{RT}{nF} \ln \frac{[\text{Oxidiert}]}{[\text{Reduziert}]}$$

E	0,3	0,25	0,2	0,15	0,1
$\left(\dfrac{\text{Oxidiert}}{\text{Reduziert}}\right)$	32,7	4,71	0,68	0,1	0,014

Wegen der logarithmischen Aussageweise der *Nernst*schen Gleichung führen auch große Schwankungen des Verhältnisses [oxidiert]/[reduziert] zu verhältnismäßig kleinen Änderungen von E (man vergleiche die Beziehung zwischen ΔG^0 und K, Kapitel 3).

7. E^0 (bei pH 0) steht zu E^0 (bei pH 7) in der Beziehung

$$E = E^0 + \frac{RT}{2F} \ln \frac{[\text{NAD}^+][\text{H}^+]}{[\text{NADH}]}$$

(I) Deshalb ist bei pH 0 $E^0 = -0,11$ V.

Nehmen wir diesen Wert von E^0 (pH 0), so können wir die EMK bei pH 6 errechnen

EMK (pH 6) $= -0,29$ V.

(II) Eine ähnliche Ableitung ergibt E^0 (pH 0) dieser Halbzelle zu 0,245 V. Man beachte, daß hier *zwei* Protonen beteiligt sind, die *Nernst*sche Gleichung hat also ein Glied mit $[H^+]^2$. Deshalb ist die EMK bei pH 6 $-0,115$ V.

(III) Wir betrachten die Reaktion:

$$NAD^+ + H^+ + Malat^{2-} \rightarrow NADH + Oxalacetat^{2-} + 2H^+.$$

Bei pH 7 ist $E^{0\prime}$ dieser Reaktion $-0,145$ V.
Nun ist $\ln K' = -\Delta G^{0\prime}/RT = nFE^{0\prime}/RT$, deshalb ist

$$K' \text{ (pH 7)} = 1,3 \times 10^{-5} \text{ (M, pH 7)}.$$

Bei pH 6 ist die EMK $-0,175$ V, deshalb ist $\ln K$ (pH 6) $= nFE/RT$:

$$K \text{ (pH 6)} = 1,3 \times 10^{-6} \text{ (M, pH 6)}.$$

Steigert man also $[H^+]$ (senkt man also den pH-Wert von 7 auf 6), so wird das Gleichgewicht nach links verschoben. Die hier aufgeführte Konstante K (für alle vorgegebenen pH-Werte) beinhaltet den Term für $[H^+]$ nicht, da er schon durch die Umformung von E^0 (pH 0) in E bei anderen pH-Werten berücksichtigt ist,

d. h. $\quad K = \dfrac{[NADH][Oxalacetat^{2-}]}{[NAD][Malat^{2-}]}.$

Würden wir den Term für $[H^+]$ im Ausdruck für K berücksichtigen, so wäre K unabhängig vom pH-Wert. Deshalb wäre die wahre Gleichgewichtskonstante in diesem Fall $1,3 \times 10^{-12}$ (M).

8. Die Zellenreaktion ist hier

$$\tfrac{1}{2}H_2 + \tfrac{1}{2}HgCl_2 \rightleftharpoons Hg + H^+ + Cl^-.$$

Aus der *Nernst*schen Gleichung ergibt sich (da $n = 1$)

$$E = E^0 - \frac{RT}{F} \ln \frac{a_{H^+} \cdot a_{Cl^-}}{(a_{H_2})^{1/2}}.$$

Nehmen wir eine ideale Lösung an, und ersetzen wir die Aktivität durch die Konzentration von H^+ und Cl^-, so erhalten wir (da $a_{H_2} = 1$):

$$c_{H^+} \cdot c_{Cl^-} = 9,1 \times 10^{-5},$$
$$c_{H^+} = 9,55 \times 10^{-3} \text{ (M)} \quad (= c_{Cl^-}).$$

Der pH-Wert der Lösung ist also **2,02**.

9. Die gekoppelte Reaktion

$$Cyt\ f\ (Fe^{3+}) + Cyt\ b\ (Fe^{2+}) \rightleftharpoons Cyt\ f\ (Fe^{2+}) + Cyt\ b\ (Fe^{3+})$$

besitzt ein $E^{0\prime}$ von 0,3 V.

Für einen *Ein*-Elektronentransfer (bei einer Beteiligung von jeweils ein Mol beider Komponenten) ist $\Delta G^{0\prime} = -6{,}93$ kcal mol^{-1} (-29 kJ mol^{-1}). Dies *würde nicht ausreichen*, um die Synthese von ATP aus ADP und P_i zu finanzieren.

Werden jedoch jeweils *zwei* Elektronen durch die Redoxkette gegeben (bei einer Beteiligung von jeweils zwei Molen beider Komponenten), so wäre $\Delta G^{0\prime} = -13{,}86$ kcal ($-57{,}9$ kJ); dies würde offensichtlich *genügen*, um die Synthese von *einen* Mol ATP aus ADP und P_i zu betreiben.

Kapitel 8

1. *Erster Ordnung, k $= 0{,}01205$ min^{-1}.*

   An CO_2 würden insgesamt aus dieser Lösung 2,45 ml entwickelt werden. Aus den aufeinanderfolgenden halbwertszeiten kann man folgern, daß die Reaktion erster Ordnung ist. k läßt sich aus der Halbwertszeit bestimmen, oder aus der Darstellung von

$$\ln\left(\frac{[P]_\infty}{[P]_\infty - [P]_t}\right) \text{gegen } t. \qquad \text{(s. Seite 123)}$$

   (P ist die zur Zeit t freigesetzte Menge an CO_2.)

2. Halbe Lebensdauer von $A = 3{,}3$ min.

   B $= 0{,}05$ M nach $t = 5{,}73$ min.

   Die maximale Konzentration von B beträgt **0,07** M.

   Man erhält diese Ergebnisse, wenn man vorgibt, daß $(-d[A]/dt = (k_1 + k_2)[A]$ (wobei k_1 und k_2 die Geschwindigkeitskonstanten der Bildung von B bzw. C sind), und daß $d[B]/dt = k_1[A]$. Da $[A] = [A]_0 e^{-(k_1 + k_2)t}$, können wir dies in die zweite Gleichung einsetzen, um

$$[B]_t = \frac{k_1[A]_0}{k_1 + k_2}\left[1 - \exp\{-(k_1 + k_2)t\}\right]$$

   zu erhalten.

   In diesem Beispiel ist $k_1 = 0{,}15$ min^{-1}, $k_2 = 0{,}06$ min^{-1}.

   Man findet die Maximalkonzentration von B durch eine Auswertung von [B] bei $t = \infty$.

3. Die aufeinanderfolgenden Halbwertszeiten der Reaktion betragen 27 s, 54 s und 120 s, die Reaktion ist also *zweiter Ordnung*. Wir können daraus direkt die Geschwindigkeitskonstante erhalten ($k = $ **37** M^{-1} s^{-1}), oder durch die Darstellung einer zugehörigen Geraden.

   Für eine Reaktion zweiter Ordnung bei gleicher Konzentration der Komponenten wird diese durch

$$\left(\frac{([A]_0 - [A]_t)}{([A]_0)([A]_t)}\right) \text{gegen } t \qquad \text{(s. S. 125)}$$

   ausgedrückt.

([A]$_t$ ist die Konzentration A bei der Zeit t, d. h. ([A]$_0$ − [A]$_t$ ist dann die Menge an gebildetem Produkt.) Die Neigung dieser Geraden gibt k direkt an.

4. Da die Reaktion (nach Aufgabe 3) zweiter Ordnung ist, stellen wir den zugehörigen Ausdruck zweiter Ordnung gegen die Zeit dar (Gleichung [8.2]). Daraus ergibt sich ein Wert von k von **30 M^{-1} s^{-1}**. Man beachte, daß wir die zur Zeit t gebildete Menge des Produkts erhalten, indem wir die Konzentration von N-Acetylcystein zur Zeit t von ihrem Ausgangswert abziehen.

5. Anhand der Zerfallskurve erkennt man, daß die Reaktion *erster Ordnung* für A ist (die aufeinanderfolgenden Halbwertszeiten betragen 39 s, 41 s und 37 s). Also ist k = **0,018 s^{-1}**.

   Diese Reaktion wird unter scheinbaren Bedingungen der ersten Ordnung ausgeführt ([B] ≫ [A]). Wird die Anfangskonzentration von B halbiert, so wird auch die Geschwindigkeitskonstante der scheinbaren ersten Ordnung halbiert (d. h. k = 0,009 s^{-1}), die neue halbe Lebensdauer von A beträgt **78 s**.

   Die Geschwindigkeitskonstante zweiter Ordnung, k_2, erhält man durch Division der Geschwindigkeitskonstante der scheinbaren ersten Ordnung durch die Konzentration der Verbindung, die im Überschuß vorliegt. Es ist also k_2 = **0,018 M^{-1} s^{-1}**, bei 27 °C. Man erhält die Geschwindigkeitskonstante bei 50 °C mit Hilfe der *Arrhenius*schen Gleichung; k_2 bei 50 °C = 0,193 M^{-1} s^{-1}.

   Sind die Konzentrationen von A und B jeweils 0,1 M, so beträgt die Geschwindigkeit der Reaktion **0,00193 M s^{-1}**. (Geschwindigkeit = k_2[A][B].)

6. $$\frac{d[P]}{dt} = \frac{k_2[S]}{\{(k_{-1} + k_2)/k_1\} + [S]} ([E]_{\text{gesamt}}).$$

   Kapitel 9 gibt einen Abriß der Ableitung dieser Gleichung.

   Um die Annäherung des steady state gelten zu lassen, muß die Geschwindigkeit des Zerfalls von ES zu P vergleichbar oder kleiner als die des Zerfalls zu den Ausgangsprodukten E + S sein, auch muß [E] viel kleiner als [S] sein. Damit wird [ES] kleingehalten und auch verhältnismäßig konstant, wie es die Näherungsgleichung verlangt. Die maximale Geschwindigkeit der Bildung von P wird erreicht, wenn [S] groß im Vergleich zu dem Term $\{(k_{-1} + k_2)/k_1\}$ ist, d. h.

   $$\left(\frac{d[P]}{dt}\right)_{\text{max}} = k_2[E]_{\text{gesamt}}.$$

7. E_a = **16,58 kcal mol^{-1}** (**69,3 kJ mol^{-1}**).
   $k_{10\,°C}$ = **3,43 m^{-1} min^{-1}**.

210

8. Aus der graphischen Darstellung von $\ln k$ gegen $1/T$ (T = absolute Temperatur) ergibt sich E_a zu **7,4** kcal mol^{-1} (**30,9** kJ mol^{-1}).

9. Die Darstellung von $\log_{10}(k/k_0)$ gegen $\sqrt{I}$ ergibt eine Gerade der Neigung von -3. Da $Z_A \cdot Z_B = -3$, *stimmen die Werte mit der Gleichung überein.* Bei der Rückreaktion ist eine der Molekülsorten ungeladen, hier besteht *keine Abhängigkeit der Geschwindigkeitskonstante* von der Ionenstärke.

10. Die graphische Darstellung von $\log k_{rel}$ gegen pH ergibt eine Gerade mit der Neigung $+1$ bis pH $\approx$ 8,5. Dies zeigt, daß die nichtprotonierte Form der Aminosäure (d. h. $NH_2CHRCO_2^-$) das reaktive Molekül bei der nucleophilen Substitutionsreaktion ist. Oberhalb pH 10 flacht die Kurve von k_{rel} aus. Der pK_a-Wert der Aminogruppe wird erhalten, indem man den Schnittpunkt der linearen Anteile bildet; dabei wird pK_a = **9,5** erhalten.

Kapitel 9

1. V_{max} = **5,7** (willkürliche Einheiten).
   K_m = **30** $\times$ **10^{-6}** M.
   Die Hemmung ist *kompetitiv* (K_m wird 1,85fach erhöht, V_{max} bleibt unverändert). K_{EI} = **2,9** $\times$ **10^{-3}** M.

2. V_{max} = **5,6** (willkürliche Einheiten).
   $K_m(B)$ = **17,9** $\times$ **10^{-6}** M.
   Auf das Substrat B bezogen ist die Hemmung *nichtkompetitiv*. (K_m verändert sich nicht, aber V_{max} wird 2,08fach verringert.) K_{ESI} = 2,32 $\times$ 10^{-3} M.

   Man benutzt diese Art von Hemmungs-Untersuchungen sehr häufig zur Ergründung der Mechanismen enzymkatalysierter Reaktionen, etwa um die Frage zu entscheiden, ob die Substrate A und B „statistisch" oder in einer „geordneten" Folge an das Enzym binden.

3. Die graphische Darstellung von $\log_{10} k$ gegen den pH-Wert deutet an, daß die saure Form einer funktionellen Gruppe vom pK_a = **6,4** aktiv ist, die basische Form inaktiv. Das könnte eine Histidin-Seitenkette sein, doch wäre noch zusätzliche Information (z. B. chemischer Art, oder aus den Ionisationswärmen) nötig, um diese Folgerung zu unterstützen.

   Bei 35 °C ist der pK_a-Wert 6,2. Aus der *van't Hoff*schen Isochore können wir ΔH (Dissoziation) zu **+8,5** kcal mol^{-1} (**35,5** kJ mol^{-1}) bestimmen. Dies würde mit der Zuordnung dieser Dissoziation zu einer Histidin-Seitenkette übereinstimmen (s. Tabelle 9.1). Diese Änderung des pK_a mit der Temperatur ist klein, aber mit genauen Messungen zu erreichen.

4. Die graphische Darstellung von $\ln V_{max}$ gegen $1/T$ ist bis 42 °C linear, das ergibt eine *Aktivierungsenergie* von **13,8** kcal mol^{-1} (**57,7** kJ mol^{-1}).

   Oberhalb dieser Temperatur fällt V_{max} dramatisch ab, wahrscheinlich wegen thermischer Inaktivierung (Auffaltung) des Enzyms. Die Energieänderungen dieser Vorgänge wurden schon früher behandelt (Kapitel 2).

5. Die graphische Darstellung von ln V_{max} gegen $1/T$ ist hier *biphasisch*. Unterhalb 21 °C beträgt die Aktivierungsenergie **20,5** kcal mol^{-1} (**85,7** kJ mol^{-1}), während sie oberhalb dieser Temperatur **9,5** kcal mol^{-1} (**39,7** kJ mol^{-1}) ausmacht. Dies deutet an, daß wir es mit zwei interkonvertierbaren Formen des Enzyms (mit verschieden großen Aktivierungsenergien) zu tun haben. Zusätzliche Messungen einer Strukturänderung des Enzyms in der Nähe dieser Temperatur würden diese Schlußfolgerung unterstützen.

Kapitel 10

1. Aus $E = h\nu$ und $\nu = c/\lambda$ erhalten wir folgende Energien.
   - (*a*) **114** kcal mol^{-1} (**476,5** kJ mol^{-1}).
   - (*b*) **5,7** kcal mol^{-1} (**23,8** kJ mol^{-1}).
   - (*c*) **2,85 $\times$ 10^{-3}** kcal mol^{-1} (**1,19 $\times$ 10^{-2}** kJ mol^{-1}).
   - (*d*) **5,7 $\times$ 10^{-6}** kcal mol^{-1} (**2,38 $\times$ 10^{-5}** kJ mol^{-1}).
   - (*e*) **1,15 $\times$ 10^{-7}** kcal mol^{-1} (**4,8 $\times$ 10^{-7}** kJ mol^{-1}).

2. Dem *einfallenden Licht* der Wellenlänge 550 nm entspricht eine *Energie* von $3,6 \times 10^{-18}$ J pro Photon.

   Die minimale meßbare Energie beträgt 2×10^{-16} J s^{-1}. Deshalb ist *die minimale Geschwindigkeit des Einfalls der Photonen* $(2 \times 10^{-16})(3,6 \times 10^{-18})$ s^{-1}, d. h. ungefähr **550** Photonen s^{-1}.

   Dies hebt die extreme Empfindlichkeit des Sehorgans hervor.

3. Nach der Gleichung

   $$\text{Absorption} = \varepsilon c l$$

   ist

   $$\varepsilon_{280} = 1,11 \times 10^7 \text{ cm}^2 \text{ mol}^{-1}.$$

4. Die Menge an NADH kann man aus der Absorption bei 340 nm berechnen. Die Gesamtmenge an (NAD$^+$ + NADH) kann man aus der Absorption bei 260 nm erhalten.

   Das Resultat:

   $$[\text{NAD}^+] = 13,5 \text{ }\mu\text{M},$$

   $$[\text{NADH}] = 33,8 \text{ }\mu\text{M}.$$

5. Aus einer Darstellung des Extinktionskoeffizienten gegen den pH-Wert können wir pK_a aus dem Halbwertspunkt der Titration ablesen (s. Kapitel 6).

   Dies ergibt

   $$pK_a \text{ (Nitrotyrosin)} = 6,8,$$

   $$pK_a \text{ (nitriertes Enzym)} = 7,9.$$

Die zwei Werte unterscheiden sich, weil die Umgebung des Nitrotyrosins im Enzym von der des freien Nitrotyrosins verschieden ist. Die Zunahme des pK_a-Wertes sagt aus, daß ΔG^0 der Dissoziation im Falle des nitrierten Enzyms positiver ist (d. h., daß die nichtdissoziierte Form besser stabilisiert wird).

6. (a) Die Abnahme der Absorption bei 340 nm entspricht der Oxidation von 83,6 nMolen NADH min^{-1} ml^{-1}. Die Menge des zugefügten Enzyms beträgt 0,02 × 0,08 mg. Die Aktivität des Enzyms ist also **52,3** μMole Substratumsatz min^{-1} mg^{-1}.

Man beachte, daß einem Mol oxidierten NADH 1 mol ATP und 1 mol verbrauchtes Kreatin entspricht, da wir eine gekoppelte Reaktion zum Nachweis verwenden.

(b) 128,6 μMole NADH wurden verbraucht. Die Stammlösung des Kreatins enthält also 50 × 128,6 μM = **6,43** mM.

Man beachte, daß das Kreatinkinase-Gleichgewicht, das normalerweise stark nach links verschoben wäre (Kapitel 2), nun nach rechts geschoben ist, da es an die Systeme der Pyruvatkinase und Lactat-Dehydrogenase angekoppelt ist.

7. Beim Gleichgewicht ist die Konzentration des gebildeten NADH = 0,090 mM = [NH$_4^+$] = [α-Ketoglutarat^{2-}]. Die Konzentrationen des Glutamats$^-$ und des NAD$^+$ erhält man durch Differenzbildung. Da ja [H$^+$] = 10^{-7} M und H_2O im Standardzustand ist, wird K zu **4,05 × 10^{-15}** (M) bestimmt.

Verglichen mit der Konzentration des Glutamats$^-$ und des NAD$^+$ ist die Menge an gebildetem NADH sehr klein. Da die Konzentration des gebildeten NADH im Ausdruck für K in der dritten Potenz steht, schlägt jede Ungenauigkeit bei der Messung dieser Konzentration für die Bestimmung von K als Fehlerquelle schwer zu Buch. Bei Präzisionsarbeiten sollte man also auch den Einfluß der Ionenstärke auf die Aktivitätskoeffizienten (damit auch auf K) berücksichtigen. In der Praxis würde man die wahre Gleichgewichtskonstante aus der Extrapolation der Ionenstärke zum Wert 0 erhalten (bei unendlicher Verdünnung).

Kapitel 11

1. Ursprünglich waren **11,1** g Phenylalanin vorhanden.

Wir kommen zum Ergebnis, indem wir die Menge Phenylalanin bestimmen, die in der radioaktiven Probe zugefügt wurde. Das sind 0,2 μMole (0,033 mg), die 10 Mikrocurie Aktivität (also 2,22 × 10^7 dpm) enthalten. Da die Aktivität des nach der Verdünnung isolierten Phenylalanins 2000 dpm mg^{-1} beträgt, kann man den Verdünnungsfaktor zu 3,36 × 10^5 errechnen (es ist also die ursprünglich vorhandene Menge des Phenylalanins 3,36 × 10^5 mal so groß wie die zugefügte Menge).

2. Die Geschwindigkeitskonstante für den Zerfall von ^{32}P läßt sich zu 0,0488 Tagen^{-1} (d. h. 3,389 × 10^{-5} min^{-1}) errechnen.

Nun wird die Zerfallsrate durch $-dN/dt = kN$ (N = Zahl der vorhandenen Atome) ausgedrückt. Daraus kann man N zu $2,87 \times 10^7$ Atomen (d. h. $4,77 \times 10^{-17}$ g Atomen P) bestimmen.

3. Man fügt 4×10^{-10} Mole tRNS zu.

   Mit einer zur Frage 1 analogen Berechnung ergibt sich die an die tRNS gebundene Menge an L-alanin zu 3×10^{-10} Molen.

   Also wurden **75%** der tRNS in L-Alanyl-tRNS umgewandelt.

4. Die Zerfallskonstante k ist die Geschwindigkeitskonstante erster Ordnung, die den radioaktiven Zerfall charakterisiert. Die *halbe Lebensdauer* eines Isotops ist jene Zeit, in der sich die Zahl der radioaktiven Atome auf die Hälfte des Ausgangswertes verringert; k läßt sich nach der Gleichung $t_{1/2} = \ln 2/k$ bestimmen. (Für weitere Einzelheiten s. Text.)

   Man trägt ln (Radioaktivität) gegen die Zeit auf, um hier eine Gesamtabnahme-Konstante von 0,185 Tagen^{-1} zu erhalten. Sie setzt sich aus (I) dem radioaktiven Zerfall des Isotops und (II) aus dem Verlust an Substanz durch Stoffwechsel und Ausscheidung zusammen. Da die radioaktive Zerfallskonstante 0,08 Tage^{-1} beträgt, wird die „biologische" Abnahmekonstante 0,105 Tage^{-1}; die biologische Halbwertszeit von X ist also **6,6** Tage.

Einige nützliche Konstanten

*Planck*sches Wirkungsquantum	h	$= 6{,}62 \times 10^{-27} \text{ erg s}$
Lichtgeschwindigkeit im Vakuum	c	$= 3 \times 10^{10} \text{ cm s}^{-1}$
*Avogadro*sche Zahl	N	$= 6{,}02 \times 10^{23} \text{ mol}^{-1} \text{ K}^{-1}$
Gaskonstante	R	$= 2 \text{ cal mol}^{-1} \text{ K}^{-1}$
		$(8{,}4 \text{ J mol}^{-1} \text{ K}^{-1})$
		$= 0{,}082 \text{ l atm mol}^{-1} \text{ K}^{-1}$
1 Elektronenvolt (eV)		$= 23{,}1 \text{ kcal mol}^{-1}$
		$(96{,}6 \text{ kJ mol}^{-1})$
1 cal		$= 4{,}18 \text{ J}$
1 erg		$= 10^{-7} \text{ J}$
$\ln x$		$= 2{,}303 \log_{10} x$

Das Volumen eines Mols eines idealen Gases beträgt bei 273 K und 1 atm Druck 22,4 l. Die Vorsilben milli (m), micro (μ) und nano (n) bedeuten 10^{-3} bzw. 10^{-6} und 10^{-9}.

Sachverzeichnis

Steinkopff Studientexte

K. G. Denbigh
Prinzipien des chemischen Gleichgewichts
Eine Thermodynamik für Chemiker und Chemie-Ingenieure
2. Auflage. XVIII, 397 Seiten, 47 Abb., 15 Tab. DM 39,80

H. Göldner / F. Holzweissig
Leitfaden der Technischen Mechanik
Statik – Festigkeitslehre – Kinematik – Dynamik
5. Auflage. 599 Seiten, 602 Abb. DM 44, –

R. Haase (Hrsg.)
Grundzüge der Physikalischen Chemie
Lieferbare Bände:
  1. Thermodynamik. VIII, 142 S., 15 Abb., 6 Tab. DM 18, –
  3. Transportvorgänge. VIII, 95 S., 15 Abb., 5 Tab. DM 12, –
  4. Reaktionskinetik. X, 154 S., 43 Abb., 7 Tab. DM 22, –
  5. Elektrochemie I. VII, 74 S., 6 Abb., 3 Tab. DM 12, –
  6. Elektrochemie II. XII, 147 S., 99 Abb., 6 Tab. DM 28, –
  10. Theorie der chemischen Bindung. X, 149 S., 39 Abb., 17 Tab. DM 20, –

M. W. Hanna
Quantenmechanik in der Chemie
XII, 301 Seiten, 59 Abb., 18 Tab. DM 44, –

W. Jost / J. Troe
Kurzes Lehrbuch der physikalischen Chemie
18. Auflage. XIX, 493 Seiten, 139 Abb., 73 Tab. DM 38, –

G. Klages
Einführung in die Mikrowellenphysik
3. Auflage. XI, 239 Seiten, 166 Abb. DM 58, –

J. L. Monteith
Grundzüge der Umweltphysik
XVI, 183 Seiten, 110 Abb., 15 Tab. DM 44, –

P. Nylén / N. Wigren
Einführung in die Stöchiometrie
17. Auflage. X, 289 Seiten. DM 32, –

H. Sirk / M. Draeger
Mathematik für Naturwissenschaftler
12. Auflage. XII, 399 Seiten, 163 Abb. DM 32, –

K. Wilde
Wärme- und Stoffübergang in Strömungen
Band 1: Erzwungene und freie Strömung
2. Auflage. XVI, 297 Seiten, 137 Abb., 19 Tab., 31 Taf. DM 39,80

F. A. Willers / K.-G. Krapf
Elementar-Mathematik
Ein Vorkurs zur Höheren Mathematik
14. Auflage. XIII, 363 Seiten, 222 Abb. DM 39,80

DR. DIETRICH STEINKOPFF VERLAG · DARMSTADT